JOSÉ AROLDO GALLASSINI

UMA VISÃO COMPARTILHADA

ELIAS AWAD

JOSÉ AROLDO GALLASSINI

UMA VISÃO COMPARTILHADA

3ª EDIÇÃO

ns

São Paulo, 2025

José Aroldo Gallassini: uma visão compartilhada – a inspiradora trajetória do presidente da maior cooperativa agrícola da América Latina

DIREÇÃO EDITORIAL: Luiz Vasconcelos
PRODUÇÃO EDITORIAL: Mariana Paganini
PREPARAÇÃO: Alline Salles
REVISÃO: Luciene Ribeiro dos Santos de Freitas
DIAGRAMAÇÃO: Clara Wanderley
CAPA: Plinio Ricca
COMPOSIÇÃO DE CAPA: Raul Ferreira
TRANSCRIÇÕES: Marcelo Romano

Texto de acordo com as normas do Novo Acordo Ortográfico da Língua Portuguesa (1990), em vigor desde 1º de janeiro de 2009.

Dados Internacionais de Catalogação na Publicação (CIP)Angélica Ilacqua CRB-8/7057

Awad, Elias
José Aroldo Gallassini : uma visão compartilhada : a inspiradora trajetória do presidente da maior cooperativa agrícola da América Latina/ Elias Awad. – 3. ed. - Barueri, SP : Novo Século Editora, 2025.
368 p.

ISBN 978-65-5561-963-8

1. Empresários - Brasil - Biografia 2. Gallassini, José Aroldo,1941 - Biografia
3. Cooperativa Agropecuária Mourãoense - História I. Título

25-5696 CDD 926.58

Índices para catálogo sistemático:
1. Empresários - Brasil - Biografia

uma marca do Grupo Novo Século

GRUPO NOVO SÉCULO
Alameda Araguaia, 2190 – Bloco A – 11º andar – Conjunto 1111
CEP 06455-000 – Alphaville Industrial, Barueri – SP – Brasil
Tel.: (11) 3699-7107 | E-mail: atendimento@gruponovoseculo.com.br
www.gruponovoseculo.com.br

INTRODUÇÃO

DR. AROLDO GALLASSINI: TRANSFORMANDO SONHOS EM REALIDADE

"O sonho é melhor quando ele é compartilhado.
Um dia, um homem teve um sonho e, como o que ele idealizou era muito grande, decidiu compartilhá-lo com outras pessoas; porque a ideia, acima de tudo, era justamente repartir esforços e recursos.
Essa conquista e esse sonho caminham para conquistar 50 anos e resultaram na Coamo, uma cooperativa sólida e próspera.
Um sonho realizado, admirado, respeitado e valorizado pelas comunidades.
Esse sonho serviu para mostrar que a semente do cooperativismo e da essência dos valores éticos e transparentes geram excelentes frutos e bases, além de criar passos seguros para as próximas gerações."

SINTO-ME HONRADO E FELIZ por esta oportunidade de partilhar um pouco sobre este grande protagonista, o Eng. Agron. José Aroldo Gallassini, ou simplesmente "doutor Aroldo", como carinhosamente o chamamos em todos esses anos de trabalho conjunto, convivência e aprendizagem.

A pessoa do doutor Aroldo na idealização, fundação e desenvolvimento da Coamo foi uma escolha certa, uma oportunidade ímpar e, como se diz, decisão que uniu a ideia certa, no momento certo, realizada da maneira certa.

E foi exatamente isso que aconteceu. Doutor Aroldo mostrou-se a pessoa ideal para concretizar um empreendimento visionário, concebido no tempo certo e de forma precisa. Mais do que um simples negócio, esse empreendimento tornou-se um movimento, uma filosofia de vida, com o propósito de promover o melhor e o bem comum para todos, e o desejo de que seus membros se desenvolvam e sejam felizes, em uma verdadeira família.

Uma das grandes satisfações que tive em minha vida foi conhecer e, posteriormente, ter o privilégio de trabalhar por 50 anos com essa pessoa formidável.

Quando, em meados de 1975, fui chamado para uma entrevista na sede da ainda pequena cooperativa Coamo, que estava no início de suas atividades, não imaginava o grande protagonista que estava ali na minha frente. Fonte de inspiração a todos aqueles que sentem prazer em participar de grandes realizações.

Com toda a humildade que até hoje lhe é peculiar, o doutor Aroldo procurou colher de minha pessoa não apenas os conhecimentos técnicos ou experiências profissionais que eu poderia ter, mas, sobretudo, se aprofundou nos questionamentos sobre os valores pessoais, morais, familiares, porque – dizia ele – "São os homens que fazem as empresas". E ele desejava construir uma grande empresa onde os fundamentos voltados para valores pessoais seriam decisivos para que tivesse êxito na realização de seu sonho.

E foi assim que, a partir de junho de 1975, pude entender por que aquela ainda pequena cooperativa possuía de uma energia tão contagiante. Ela estava alicerçada em bases sólidas de moralidade e sustentada pelos firmes propósitos nos quais o doutor Aroldo acreditava, pregava e demonstrava com exemplos vivos todos os dias na cooperativa. Sua fé nos princípios da solidariedade entre os homens – fundamentos essenciais do cooperativismo – é evidente, assim como seus exemplos de honestidade, perseverança e determinação em tudo o que faz.

Alicerçado nesses princípios e valores humanos, doutor Aroldo é e sempre foi um homem obstinado pelo trabalho, prático e resolutivo, capaz de decidir rapidamente as ações e colocá-las em prática imediatamente, fazendo com que não se perca a sua oportunidade, produzindo os resultados almejados no tempo esperado.

Doutor Aroldo é o grande líder, não só junto ao quadro de cooperados como também junto a todo o quadro de funcionários da Coamo. É respeitado e admirado de forma fascinante pelos colaboradores, que sentem-se orgulhosos de seu estilo de liderança, pela forma de liderar pelo exemplo, sendo seguido por todos e em todos os níveis, observado em suas ações durante esses longos anos em que está à frente da cooperativa.

Um protagonista que sempre foi inspiração e respeitado em todos os ambientes – familiar, cooperativista, empresarial e na sociedade. Isso acontece justamente por suas ideias, convicções e maneiras de ser e agir, pensando no próximo e atuando com a firme crença depositada na prática de um trabalho responsável e sério, que deve ter como resultado os frutos da solidariedade e da cooperação.

Em sua simplicidade, doutor Aroldo jamais se recusa em atender qualquer cooperado ou funcionário que o procura. As portas de sua sala jamais se fecham para quem deseja falar com ele. Atende, escuta, aconselha e motiva a todos na busca de seu ideal. Por tudo isso e muito mais, ele conquista a admiração de todos que o cercam.

Você, que terá a oportunidade de ler a biografia do doutor Aroldo, poderá testemunhar a grande obra realizada por esse eminente brasileiro. Uma obra que não foi feita para si, mas para o município de Campo Mourão, para os estados do Paraná, Mato Grosso do Sul e Santa Catarina, para o Brasil e para o mundo. Trata-se de um legado que ultrapassa gerações, inspirando não apenas os cooperados, mas toda a nação, como um vivo exemplo de que a união entre princípios morais e o trabalho incansável do ser humano pode alcançar feitos extraordinários.

Por isso, todos nós, cooperativistas – associados, diretoria e funcionários – temos orgulho de ter o doutor Aroldo entre nós e muito a celebrar por seu jeito de ser, realizar e administrar. E assim, muito a comemorar.

Por fim, em nome de toda a equipe de colaboradores da Coamo, encerro este texto com a certeza de que, nos seus 57 anos de presença na região de Campo Mourão e de 55 anos dedicados à Coamo, o que ele mais plantou não está na terra, mas no coração do agricultor e de todos que acreditam na força da cooperação.

Foi plantada a fé, e dela nasceu a esperança. Dessa esperança, brotou a força da produção que impulsiona nossa economia.

Antonio Sérgio Gabriel
Diretor Administrativo e Financeiro da Coamo

PREFÁCIO

UMA BIOGRAFIA QUE "COOPERA" COM O BRASIL

SEMPRE DISSE AOS MEUS FILHOS e alunos que, para que uma pessoa possa vencer na vida, três questões são fundamentais: gostar do que faz, saber fazer e ter sorte.

Gostar é óbvio: só assim a pessoa se levanta todas as manhãs com a alegria de ir para o trabalho.

Saber também é essencial, para não cometer erros definitivos.

"Mas, sorte?", indagavam os ouvintes. Sim, sorte, mais ou menos nos termos do ditado que ensina que "Deus ajuda quem cedo madruga".

Em outras palavras, a gente tem que saber que o trem vai passar, e deve ir para a estação e esperá-lo. Uma hora ele passa, a gente embarca e segue viagem. Dirão os incrédulos: "... pessoa de sorte, o trem passou bem na hora que ele estava na estação"... Mas se você não se colocar na plataforma, jamais terá esta sorte.

Gallassini deu certo porque teve os três fatores do sucesso a seu favor: gosta demais de trabalhar pela coletividade, sobretudo a rural; sabe o que fazer a cada dia na presidência da notável Coamo; e esteve sempre na estação, nunca perdeu um trem.

Por isso, é muito fácil prefaciar um livro sobre ele. Cada um desses três elementos desdobra-se em inúmeras virtudes, que ele possui em abundância a habilidade de escolher os parceiros e a equipe de trabalho, o "faro" para negócios, a sensibilidade social aliada à visão empreendedora, o espírito público e mais um conjunto de qualidades pessoais enobrecedoras, como honestidade a toda prova, desprendimento, compromisso com as causas que abraça, lealdade aos companheiros de viagem, honra e, acima de tudo, a capacidade de fazer da verdade sua bússola permanente.

Com tais características, era natural que se tornasse um cooperativista e, nesse movimento maravilhoso ele se tornou um líder indiscutível; primeiro em sua região de atividade, depois no grande estado agroindustrial do Paraná, e nos estados em que a Coamo opera com firme presença – Santa Catarina e Mato Grosso do Sul – e por último, mas já há muito tempo, em todo o Brasil.

Curiosamente, ele nem nasceu no Paraná, mas em Brusque, Santa Catarina, região que não respirava agronomia, dadas suas características edáficas; mas foi para Curitiba e acabou se formando engenheiro agrônomo pela Universidade Estadual do Paraná, já com os olhos voltados para o desbravamento do interior do estado.

Já no fim dos anos 60, exercendo a profissão, corrigiu os solos considerados pobres de Campo Mourão, e em 28 de novembro de 1970 fundou a exemplar cooperativa agropecuária que lidera até hoje, com tanta competência, que sua vida e a da Coamo estão para sempre entrelaçadas.

Na verdade, a cooperativa é o maior monumento a ele, e ele é a alma dela.

Cooperativista ferrenho, compreendeu como poucos que essa modalidade de empresa precisa ter resultados positivos para sobreviver e avançar; mas é uma empresa baseada em princípios, de modo a ser sempre um instrumento para benefício dos associados, e nunca como um fim em si mesma. Determinado a ter resultados – chamados "sobras" (e não lucros) –, sempre assegurou sua distribuição anual entre seus cooperados na proporção, da sua atuação com a empresa, como prega a doutrina. Tratou de agregar valor à produção agrícola, por meio da industrialização da matéria-prima. Abriu espaço no comércio internacional e levou a produção da Coamo a dezenas de países, com competitividade e sustentabilidade. Sob sua liderança, transformou a cooperativa na maior da América Latina, reconhecida mundialmente como um modelo de excelência.

Por isso, ele tem o respeito, a admiração e o carinho de mais de 32.000 mil cooperados, de quase mais de 13.000 colaboradores, entre efetivos e temporários, e de todos os pares no cooperativismo e no Agronegócio do país.

Tenho dois momentos inesquecíveis em relação a este homem notável.

Certa vez, há uns 35 anos, ele me disse uma frase relevante: "a gente tem que cortar custos o tempo todo numa cooperativa; imagine uma toalha que você quer secar, e torce, torce e, quando acha que está sequinha, pise numa ponta dela com um pé e torça a outra ponta com as duas mãos: a última gotinha que sair vai fazer a diferença no seu custo e no seu resultado". Não é formidável, claro como a água?

Por essas e outras, o segundo momento foi uma reflexão interior, pessoal. Sempre achei que um dirigente de cooperativa deveria permanecer pouco tempo no comando da empresa, no máximo uns três mandatos. Depois disso, deveria dar lugar a outros líderes, em nome da democracia tão cara para a doutrina. Mas Gallassini me provou que essa visão estava equivocada: afinal, por que um líder deixaria o cargo se faz crescer o empreendimento, trazendo benefícios a seus cooperados, e equilibrando o social por meio do econômico? Gallassini tem feito isso há décadas, e cada vez melhor. Uma lição exemplar: enquanto for inspirador, inovador, enquanto o sucesso não se transformar em ambição, o líder deve seguir sua missão, gostando do que faz, sabendo fazer e aproveitando as oportunidades com sabedoria.

Por isso, este homem extraordinário, José Aroldo Gallassini, este grande engenheiro agrônomo, merece ser retratado num livro como ele é: honesto, honrado, pai e amigo exemplar, um ídolo a ser seguido.

Roberto Rodrigues

Engenheiro Agrônomo, Agricultor e Cooperativista

ABERTURA

JOSÉ AROLDO GALLASSINI

CARO LEITOR, MUITOS ME PERGUNTAM o motivo que me levou a aceitar que minha trajetória fosse registrada em uma biografia.

Acredito que as melhores mensagens que uma biografia pode transmitir estão em de compartilhar com os leitores aquilo que realizamos e que dá certo, o que alcança sucesso e o que aprendemos com nossos erros. A biografia permite que as experiências de vida fiquem registradas.

O empreendedorismo é algo que trago de casa. Somos descendentes de italianos. Meu pai, Henrique Luiz Gallassini, tinha uma boa fábrica de móveis em Brusque, Santa Catarina, onde eu nasci. Era um homem de princípios e bastante trabalhador.

Minha mãe, Otília Gamba Gallassini, era uma mulher correta, incansável, que criou os filhos com muito amor e dedicação. Nossa família era enorme, composta por 12 filhos: a primogênita, Íria, e depois Nívia, Agenor, Altamiro, Marlene, Aníbal, Arno, Isolde, Ivonete, Clarice e Lisete. Eu fui o sexto filho.

Registro também a participação na minha vida do meu avô materno, Estevão Gamba. Ele tinha uma fazenda, onde cultivava muito aipim e cana, e eu adorava observá-lo cuidar da horta, seja em suas terras ou no terreno de casa – uma iniciativa de minha mãe. Embora fosse uma produção de subsistência, foi observando essas práticas que meu interesse pela agronomia começou a despertar.

Através do livro é possível ainda conhecer a essência da pessoa biografada. Hoje, é um fato amplamente reconhecido que construí uma trajetória executiva de sucesso, e que a Coamo é considerada a principal cooperativa da América Latina. Mas como será que tudo aconteceu até que todas essas conquistas fossem possíveis? Como aquele sonho que tive – o de criar uma cooperativa – tornou-se realidade e uma referência mundial, cuja história está se iniciou há 55 anos?

Não quero me antecipar ao que você encontrará nas páginas seguintes, mas posso adiantar que venho de uma família que não era abastada e, por isso, tive que trabalhar para garantir meu sustento e os estudos. Passei por diversas experiências: fui vendedor em uma loja de Brusque, trabalhei como atendente de uma companhia de ônibus na rodoviária de Curitiba, e atuei em dois bancos... Até que me formei como engenheiro agrônomo.

Cheguei a Campo Mourão em 1968, para desenvolver a extensão rural. Naquela época, a cidade, com apenas 20 anos de existência, era considerada um lugar de terra ruim. Estávamos no fim do ciclo da madeira (pinheiro). Economicamente, o município perdera parte de sua identidade, já que muitas madeireiras de grande porte haviam sido desativadas.

De fato, a terra era fraca. Dizia-se que Campo Mourão era a terra dos três "S": ali só dava sapé, samambaia e saúva. Assim que cheguei como extensionista rural, deu-se o início da destoca – a correção do solo com calcário e a adubação das culturas da época.

A partir daí, posso resumir tudo o que aconteceu através de uma única palavra: trabalho! Um trabalho sério, ético, honesto, determinado, pautado em normas e regras, e que não admite favorecimentos ou privilégios. Um trabalho que busca cumprir à risca a essência do cooperativismo. E hoje me orgulho muito não apenas da minha história e da Coamo, mas por empregarmos mais de 10.000 funcionários efetivos, incluindo centenas de engenheiros agrônomos que trabalham em prol dos nossos mais de 32.000 associados.

Ao longo de minha trajetória empresarial, acompanhei com tristeza o fechamento de muitas cooperativas e empresas. Mesmo em minha cidade, Brusque, os maiores conglomerados não conseguiram resistir e ficaram pelo caminho. O principal deles era a Renaux, grupo de lojas e fábrica do setor têxtil que, para muitos moradores da cidade, representava a principal segurança profissional. Era difícil encontrar alguém que não tivesse iniciado ou construído sua carreira nesse grupo. Infelizmente, este é mais um exemplo de império econômico que ficou no passado.

Julgar não é fácil, mas talvez essas companhias devessem ter aplicado com mais profundidade os sete princípios cooperativistas. São eles: adesão voluntária e livre; gestão democrática; participação econômica dos membros; autonomia e independência; educação, formação e informação; intercooperação; e interesse pela comunidade.

Desejo que este livro, além de compartilhar da minha trajetória, mostre a você a importância do cooperativismo no Paraná e no Brasil. Trata-se de um sistema eficiente e sustentável, mas que exige seriedade e muita honestidade.

Quem lidera uma cooperativa precisa compreender que administra o patrimônio dos outros. A cooperativa Coamo não é minha; ela pertence aos cooperados. E, além de presidente, também sou produtor rural e cooperado.

Nós da Coamo cultivamos conceitos de excelência. Somos inovadores e apostamos em iniciativas diferenciadas, as nossas indústrias e serviços – representados, por exemplo, pela Credicoamo e pela Credicoamo Corretora de Seguros (antiga Via Sollus).

Sempre que novos funcionários iniciam na Coamo, faço questão de realizar uma palestra para apresentar nossa filosofia de trabalho. Além disso, eles participam de um treinamento especial coordenado pela área de recursos humanos.

Entre janeiro e fevereiro, organizamos cerca de 40 reuniões plenárias com nossos cooperados, para apresentar os resultados do ano anterior e discutir as perspectivas para o ano que se inicia; em julho, realizamos o mesmo número de reuniões com os cooperados, para abordar, entre outros temas, o desempenho da cooperativa no primeiro semestre. Nessas ocasiões, prezo pela transparência, mostrando a realidade, mesmo que o cenário seja desafiador, para não alimentar falsas expectativas.

Bem... Este livro conta a história de um jovem que começou entregando mercadorias de bicicleta em Brusque e que teve a oportunidade de criar, desenvolver e transformar a Coamo em uma das principais empresas do Paraná e do Brasil. Aproveito também para expressar minha gratidão a todos que estiveram ao meu lado nessa caminhada de 55 anos.

Sou profundamente grato à minha equipe e diretoria, composta por profissionais de altíssimo nível, muitos dos quais estão comigo há mais de 40 anos. Esses colaboradores incorporam o cooperativismo como modo de vida, como filosofia e como lei em tudo o que fazem.

Agradeço a Campo Mourão, cidade que me recebeu, acolheu e onde vivo com minha família há 57 anos.

Minha gratidão se estende a cada um dos nossos cooperados, aos nossos parceiros das entidades que tanto lutam pelo cooperativismo.

Agradeço aos meus companheiros rotarianos, que há mais de 50 anos trabalham comigo em prol das causas sociais.

Deixo também registrado meu amor e minha gratidão àquela que primeiro acreditou em mim; minha esposa, Marli Pereira Gallassini. A ela, que aceitou trocar a segurança que havia em Brusque pela aventura ao meu lado, quando estava disposto a desenvolver o interior do Paraná. À mulher que me ama e a quem eu amo, e que me acompanha há mais de cinco décadas. São cinquenta e sete anos de um amor que floresceu na existência das nossas amadas filhas, Lenara Letícia Gallassini e Larissa Lorena Gallassini, a quem dedicamos nossas vidas.

Registro minha gratidão maior a Deus. Marli, Lenara, Larissa e eu somos muito religiosos. Foi Deus quem me concedeu o privilégio do trabalho, uma família linda e sólida, irmãos unidos, pais dedicados e amigos fiéis.

Deus me deu muito mais do que eu poderia imaginar ou esperar.

Minha forma de retribuir tudo o que recebi de Deus é contar a você como dirigi meus passos. Que minha trajetória possa servir como inspiração para que você construa a sua própria história.

Espero que aprecie a leitura. Voltamos a nos encontrar ao final do livro.

José Aroldo Gallassini

ABERTURA

ELIAS AWAD

"Você não sabe como o presidente da Coamo é um homem humilde. Eu o conheço desde 1974. Naqueles tempos em que a Coamo tinha praticamente começado a funcionar, diariamente às 7h ele já estava na padaria; tomava café com leite, comia pão com manteiga e ia rodar pelas terras. No meio da manhã voltava para o escritório. É um homem sério, honesto, ninguém sabe o que vai acontecer quando ele se aposentar. O homem é presidente e não há quem o conteste! E todo final de semana o doutor Aroldo vai à missa! Ele é muito religioso."

BEM... DIZEM POR AÍ que para conhecer tudo sobre uma personalidade que reside em determinada cidade, nada como um bom e descontraído papo com um motorista de táxi local.

Realmente funciona! Durante os trabalhos de coleta de entrevistas e material para a biografia do doutor José Aroldo Gallassini, estive várias vezes em Campo Mourão. Nem todos sabiam sobre o projeto, como, por exemplo, o motorista de táxi que me levou do hotel até a Coamo.

O trajeto foi curto, mas suficiente para que eu pudesse conhecer a imagem que o doutor Aroldo projeta entre os moradores da cidade paranaense de Campo Mourão, mesmo aqueles que não estão diretamente ligados à Coamo.

O doutor Aroldo é, sem dúvida, um homem do campo. Ele personifica a essência do agricultor moderno, integrado à cidade, ao país e ao mundo. Um homem que se baseia no justo para tomar suas decisões. Um cooperativista nato, que pratica em cada gesto e escolha a máxima do cooperativismo: "A união faz a força!" E como faz... basta observar a potência que se tornou a Coamo, resultado do modelo de gestão e da alta qualidade da equipe que cerca o presidente José Aroldo Gallassini.

Eu já tinha uma ideia geral da importância do cooperativismo paranaense no sucesso do agronegócio brasileiro, e que ali estava a maior cooperativa da América Latina, responsável por um faturamento anual de bilhões de reais.

No entanto, minha curiosidade ia além: queria compreender melhor o agronegócio e o papel do cooperativismo nesse cenário. E a oportunidade veio com o convite para escrever a biografia de um líder que, cercado de mestres, consolidou-se como um sábio.

Ao longo dos meus 25 livros, biografei alguns dos mais proeminentes empresários brasileiros dos mais variados setores: indústria, comércio, ensino, prestação de serviços, terceiro setor... e Deus me honrou novamente, agora confiando-me a história do engenheiro agrônomo José Aroldo Gallassini.

Meu primeiro contato com o doutor Aroldo foi por telefone, quando combinamos minha visita a Campo Mourão para nos conhecermos, conversarmos e almoçarmos juntos. No dia 18 de setembro de 2017, por volta das 9 horas, lá estava eu, sendo recebido com um delicioso *Café Coamo* na sede da cooperativa.

Pouco tempo depois, encontrei-me com o doutor José Aroldo Gallassini, que acabara de fazer a abertura de um evento dirigido às esposas e filhas dos cooperados, e que estão também envolvidas com o trabalho na terra.

Ali encontrei um homem sorridente, do olhar direto e transparente, cercado pelo carinho, respeito e admiração daqueles que lidera e por quem trabalha de forma séria e comprometida.

Logo estávamos em sua sala, em uma conversa regada a mais *Café Coamo*. O tom descontraído logo transformou o diálogo em algo que parecia um encontro de conhecidos de longa data.

Logo no início, soube que, embora nascido em Brusque, o doutor Aroldo se tornara, de fato, cidadão mourãoense, paranaense e outras dezenas de "enses". Ao todo, foram mais de 50 títulos de *Cidadão Honorário* concedidos por municípios brasileiros.

Descobri que o jovem nascido em Brusque, cidade tradicionalmente voltada para a indústria e o comércio têxtil, decidiu trilhar um caminho diferente, optando por se tornar engenheiro agrônomo. Para financiar seus estudos, ele enfrentou diversos desafios: trabalhou no comércio, vendeu passagens de ônibus na rodoviária e atuou em bancos.

Durante nossa conversa, fiquei sabendo que o doutor Aroldo também serviu ao exército, experiência que reforçou ainda mais sua convicção sobre a importância da determinação, organização e respeito às regras e hierarquias para alcançar o sucesso.

Ao concluir a faculdade, já casado, ele assumiu o papel de extensionista na Acarpa. No entanto, abriu mão da estabilidade desse emprego para apostar em um sonho: criar uma cooperativa. Assim nasceu a Coamo, fruto de sua visão e coragem diante das incertezas.

Ao longo de agradáveis horas de conversa, recebi mais uma porção de informações sobre a trajetória que transformou José Aroldo Gallassini em uma das maiores referências do agronegócio brasileiro e mundial, ou *agribusiness*, como se diz em inglês.

Por fim, com grande honra, compreendi que havia sido escolhido pelo doutor Aroldo, fundador e presidente da Coamo, para a missão de escrever sua biografia.

Posso assegurar que é uma história que cativa, emociona e ensina que valores éticos e morais não envelhecem. Uma trajetória que oferece o melhor dos exemplos de conduta pessoal e profissional, especialmente em um momento em que o Brasil sofre reconquistar sua credibilidade e necessita de líderes que personifiquem esses princípios, como o doutor Gallassini.

Esta é a história de um homem que reuniu mais de 32.000 cooperados, sendo reeleito ao longo de 50 anos como presidente executivo e do Conselho de Administração da Coamo. Não é raro ouvir dos cooperados: "O doutor Aroldo cuida da Coamo melhor do que todos nós juntos. A Coamo é o doutor Aroldo, e vice-versa".

Ah... além do episódio do taxista, gostaria de compartilhar outro momento dos bastidores do período em que eu estive em Campo Mourão na coleta de entrevistas para a produção do livro.

Na Assembleia de apresentação dos resultados da temporada 2017/2018, ocorrida em fevereiro de 2018 e que culminou com a distribuição aos cooperados das "sobras", como são chamados os resultados da cooperativa, fui ao a um espaço reservado e estava numa daquelas cabines com porta. Foi quando um grupo de cooperados teve a mesma ideia, ou necessidade, também foi para lá.

De repente, começaram a falar sobre o evento. Fiquei atento ao que diziam. Foi quando um deles comentou: "Dá gosto de ouvir esse homem falar. O doutor Aroldo tem a nossa linguagem, a gente entende tudo que ele quer transmitir".

Logo aquele grupo se foi, e veio outro: "Viram só! Tudo que o doutor Aroldo colocou foi aprovado por unanimidade! A gente fica tranquilo com esse homem na presidência..."

Fiquei ainda mais um pouco naquele local tão "privilegiado". Outros vieram e mantiveram os elogios "àquele homem", o doutor Aroldo.

Agora que você sabe como conheci e me tornei o biógrafo do doutor José Aroldo Gallassini, é hora de conhecer tudo que ele viveu, fez e construiu durante sua trajetória pessoal e profissional – uma trajetória de sucesso, cuja essência está em respeitar e obedecer aos direitos e deveres, sem espaço para concessões ou privilégios.

Esta é história de alguém que soube distinguir o certo do errado, o permitido do proibido, o próprio do alheio, o positivo do negativo... Alguém que, de forma "simples", apenas fez o que precisava ser feito, demonstrando que o caminho para que o Brasil possa se reerguer é seguir com retidão.

Boa leitura!

Elias Awad

SUMÁRIO

CAPÍTULO 1

A FAMÍLIA GALLASSINI

A CASA DOS GALLASSINI

MESA FARTA E CASA CHEIA: assim era a moradia dos Gallassini em Brusque. A cidade sempre foi evoluída economicamente, por ter grandes indústrias, principalmente têxteis, e de longa tradição. Pelo fato de ser uma região montanhosa, ali quase não havia agricultura. A população era basicamente oriunda da imigração alemã, italiana e polonesa.

A família era composta pelo patrono Henrique Luiz Gallassini, a matriarca Otília Gamba Gallassini, e os doze filhos: Íria, Nívea, Agenor, Altamiro, Marlene, José Aroldo, Aníbal, Arno, Isolde, Ivonete, Clarice e Lisete. Seriam quinze filhos ao todo, mas três faleceram.

Henrique Gallassini demonstrava ser um homem de valor. Perdeu o pai aos nove anos, e logo começou a trabalhar. O homem chegou a lutar na Revolução Constitucionalista de 1932, também conhecida por Revolução de 1932 ou Guerra Paulista. O conflito, que ocorreu entre julho e outubro de 1932, foi provocado por um movimento do estado de São Paulo, que visava derrubar o governo provisório de Getúlio Vargas, o que levou à convocação de uma Assembleia Nacional Constituinte. São Paulo esperava contar com o apoio de muitos outros estados brasileiros, mas, na verdade, apenas o então Mato Grosso aderiu ao movimento paulista.

No terreno em que moravam os Gallassini havia criação de vacas de leite, cabras e porcos; em média, se matava um porco a cada três meses. No vasto terreno havia ainda plantação de frutas e legumes para subsistência. Otília cozinhava para um batalhão e cuidava da casa, além de comprar tecidos e costurar roupas para os filhos. As meninas ajudavam a mãe. Otília era uma mulher dedicada e delicada, do lar.

O patriarca Henrique costumava dizer aos filhos: "Homem tem que estudar, para ter uma profissão, trabalhar e sustentar a família. E mulher trabalha em casa, cuida da família" – tanto que muitos anos depois a filha Marlene começou a trabalhar quando já estava com 25 anos e Henrique só permitiu porque o dono da loja que a contratou, além de amigo, foi conversar com ele.

O sustento dos Gallassini vinha da boa fábrica de móveis criada por Henrique, uma das melhores da região; as peças eram de qualidade e, além de belas, duravam muito: cômodas, camas, mesas, cadeiras... Os pedidos eram feitos pelos clientes de Brusque, mas a fama dos Móveis Gallassini chegou a outras cidades, de onde também vinham encomendas.

Os filhos mais velhos, como Agenor e Miro, ajudavam na produção, enquanto que os mais novos, como José Aroldo e Arno, faziam serviços menos pesados.

Além do trabalho abundante, o único passatempo que restava a Henrique era o de se reunir com amigos para algumas partidas de "Pife", jogo de cartas.

Sexto entre os filhos, Jose Aroldo nasceu em 3 de maio de 1941. Estávamos praticamente na metade de Segunda Guerra Mundial, iniciada em 1939. A cidade de Brusque, habitada mais por alemães do que italianos, viveu anos tensos, sendo que as pessoas evitavam falar seus idiomas de origem; na casa dos Gallassini, era comum que Henrique falasse italiano em dialeto tirolês, enquanto Otília conversava com o pai dela em dialeto bergamasco, tradição que não foi seguida pelos filhos.

A Alemanha nazista, de Adolf Hitler, era aliada da Itália fascista, de Benito Mussolini; ambas compunham ao lado do Japão os "Países do Eixo". Hitler comandou a barbárie que vitimou mais de seis milhões de judeus.

Para combater e derrotar a Alemanha e seus pares, foi criado o grupo de "Países Aliados", integrado inicialmente por Estados Unidos, Reino Unido e União Soviética, e que ganhou apoio de mais de 50 países, como França, Checoslováquia, a então Iugoslávia, entre outros. O Brasil, presidido por Getúlio Vargas, também aderiu aos "Países Aliados", chegando a enviar tropas para os combates em território europeu. A Segunda Guerra terminou em 1945, com a derrota da Alemanha.

Desde pequeno, José Aroldo era organizado, gostava de tudo certinho e no horário determinado. Ele curtia presenciar as conversas sobre futebol entre o vascaíno Miro e o flamenguista Agenor. Cada um deles tentava convencer os outros irmãos e conquistar mais um torcedor para seus respectivos times. No caso de José Aroldo, Agenor levou a melhor, pois, ele passou a torcer pelo Flamengo. Em Santa Catarina, havia forte influência do futebol carioca.

Mas logo que começou a estudar, ainda no primário, José Aroldo, que já demonstrava toda habilidade com a mão esquerda, foi obrigado pelo pai a utilizar e a escrever apenas com a mão direita, tornando-se destro; assim como muitos imaginavam naqueles tempos, ser canhoto era um "defeito" a ser "corrigido". Henrique não admitia que o filho começasse na escola antes de solucionar o "problema" da escrita, o que atrasou a entrada de José Aroldo para cursar o primário. E qual foi a "metodologia" utilizada? A mesma da época: amarrar a mão esquerda na cadeira de casa e só permitir que o menino escrevesse com a mão direita, além de uma grande carga de exercícios de caligrafia.

A duras penas o pequeno Aroldo se transformou de canhoto em destro, e a "sequela" que ele carregou pelo resto da vida foi a de não ter mais a letra tão bonita como quando manuseava a caneta e o lápis com a mão esquerda.

Também quando estava com quase 10 anos, José Aroldo teve a vida colocada em risco. O garoto não andava nada bem e sentia fortes dores abdominais. Até a "Bia", curandeira da região, "prescreveu" aquecer farinha, colocar num saco e deixar sobre o local dolorido.

A mãe Otília estava internada e Aroldo foi visitá-la num domingo. Por "sorte", o médico estava no quarto e viu o sofrimento de José Aroldo. O doutor chegou a diagnosticar que seria algo grave. Prescreveu-lhe então um remédio. Depois de tomar a medicação, a dor aumentou! Aroldo foi levado às pressas para o hospital, em estado crítico. Era apendicite.

Chegou até a correr pela cidade a notícia de que ele havia falecido. Mas o garoto foi socorrido a tempo, passou por cirurgia e teve a vida salva!

Ao todo, o garoto ficou 25 dias internado. A irmã Marlene se manteve no quarto ao lado de Aroldo, dia e noite. Diariamente, ela rezava pela saúde do irmão, que se restabeleceu plenamente.

A família Gallassini vivia numa boa casa de três quartos. Na parte de baixo; em dois deles dormiam as filhas, e o terceiro, o do casal, era mais espaçoso. Havia um único banheiro na residência.

Na parte de cima da casa ficava o sótão, onde foram colocados beliches, para poder acomodar todos os filhos. As camas eram de madeira, produzidas na fábrica da família, e os colchões de palha.

Entre os filhos que dormiam no sótão, estava José Aroldo. Quando um dos irmãos fazia bagunça, ele ficava incomodado. E o pai mais ainda. Conhecido por sua rigidez, Henrique não hesitava em pegar o cinto e subir para o sótão para impor disciplina. A bagunça cessava na hora!

A ROTINA DA FAMÍLIA

O trabalho e a casa dos Gallassini estavam interligados. A oficina da fábrica de móveis tinha uma porta de acesso à cozinha da residência.

Como eram muitos assentos à mesa, Henrique até confeccionou uma base que sustentava uma madeira redonda e giratória, onde os pratos eram colocados, facilitando para que todos pudessem se servir dos alimentos.

O primeiro a colocar comida no prato era sempre o chefe da casa, Henrique. Depois dele, um a um os filhos iam se servindo. Certo mesmo é que Henrique não admitia que nenhum dos filhos se levantasse da mesa antes de "limpar o prato", ou seja, comer tudo que havia sido colocado. O homem não tolerava desperdício! E muito menos brincadeiras à mesa; Arno e Anibal eram os mais arteiros, e Jose Aroldo o mais comportado.

Era certo que primeiro se sentassem à mesa os pais e os irmãos mais velhos. Se sobrasse espaço, os mais novos se acomodavam. As meninas ficavam nas pontas da mesa. Os mais novos não abriam a boca, era proibido dar palpites. E durante as refeições praticamente só se falava de negócios; Henrique adorava elogiar seus funcionários e contava passagens do dia de trabalho.

A movimentação, tanto na casa quanto na fábrica, começava cedo. Perto das 6h Otília preparava o café para Henrique, que tomava a bebida com um pedaço de pão. Às 6h30 os funcionários da marcenaria, entre 10 e 12, começavam a trabalhar.

Apesar do rápido café de Henrique, a rotina alimentar respeitava os hábitos europeus. Às 8h tinha o pequeno almoço, composto por uma boa mesa de café da manhã completo. Ao meio-dia, a família se reunia para o almoço; terminada a refeição, Henrique tirava uma sesta de uma hora, das 13h às 14h. Às 16h havia o café da tarde. E depois, à noite, por volta das 19h, novamente todos estavam reunidos para a ceia, ou jantar.

Eram os costumes da época. Antes de cada refeição todos que estavam à mesa rezavam em agradecimento a Deus pelos alimentos. Logo que acabava o jantar, a família tinha por hábito se reunir na sala, para rezar o terço. E depois também todos ficavam um pouco mais naquele ambiente, para ouvir rádio. Na casa dos Gallassini só era permitido acompanhar a transmissão de missa e música; os que gostavam de novela tinham que ouvir escondido, baixinho, para Henrique não perceber.

Como a relação entre a vizinhança era bastante próxima, vez por outra uma ou algumas famílias amigas participavam desses momentos com os Gallassini. Brusque era uma cidade pequena, onde praticamente todos se conheciam.

Depois da reza e aos finais de semana, Otília e Henrique gostavam de se sentar nas cadeiras de balanço na varanda, enquanto as crianças brincavam em frente ao casal. Já às sextas-feiras, a família inteira se reunia para rezar. Todos se ajoelhavam ao redor da cama no quarto dos pais, onde uma imagem da Sagrada Família era mantida no guarda-roupa. A fé era um valor profundamente cultivado pelos Gallassini.

Por ser uma família grande, havia sempre muito trabalho para todos, tanto na fábrica quanto em casa. Cuidar dos animais criados pela família, tirar leite da vaca, tratar a horta, lavar e enxugar a louça, varrer a casa, ajudar na cozinha... e aos finais de semana era preciso ainda limpar a oficina. Todas essas tarefas eram encaixadas em meio às aulas e lições de casa dos filhos.

Os únicos momentos de descontração na casa dos Gallassini ficavam por conta do Natal, onde a família se reunia para montar o presépio; Otília e as filhas produziam flores artificiais, para vender na cidade. E na noite do dia 24 de dezembro, um amigo de Henrique se vestia de Papai Noel e distribuía presentes para os filhos do casal Gallassini; entre os menores, as meninas ganhavam bonecas e os meninos carrinhos. Alguns parentes mais próximos vinham para a farta ceia de Natal. Mas no dia 25, o almoço era reservado à família: Otília, Henrique e os doze filhos.

O Dia de Reis, em seis de janeiro, também era festejado; na tradição cristã, a data representa o dia em que os três reis magos, Baltazar, Gaspar e

Melchior ou Belchior, foram presentear a Jesus Cristo. Moradores de Brusque com habilidade musical iam tocar em frente às casas e, em agradecimento, Henrique lhes oferecia cerveja.

No mais, os Gallassini não eram de grandes festividades. Nem mesmo nos aniversários dos integrantes da família havia festa, apenas desejavam parabéns; o aniversário de Otília era o único a ser festejado.

Além de todo o trabalho na casa e no cuidado com os filhos, Otília tinha dons artísticos. Era uma mulher dedicada à família. Ela comprava peças de tecidos em metro e costurava para o marido e os filhos; nada era desperdiçado, pois, as roupas iam passando dos mais velhos para os mais novos.

Ela sempre orientava aos filhos mais velhos para que nunca cometessem atos dos quais pudessem se arrepender. Otília fazia isso preocupada com o futuro deles e com o exemplo que deixavam para os filhos mais novos.

A mulher cozinhava maravilhosamente e fazia pratos deliciosos, mas o preferido de José Aroldo era "minestra", tradicional sopa da culinária italiana, feita de feijão com arroz ou macarrão. E também um bom prato de sopa de legumes sempre havia sob o fogão a lenha da casa.

Aos domingos, a macarronada com carne ou frango era obrigatória! Otília preparava a massa em casa. Henrique e Otília gostavam de convidar o padre para almoçar; era uma oportunidade para que o sacerdote reforçasse junto aos filhos a importância da religião e dos estudos. Aos domingos, Otília preparava um bom e saboroso café da tarde, com biscoitos de polvilho, que eles chamavam de "coruja", e requeijão, "batizado" de queijinho. A irmã de Otília, Amélia Gamba Kunitz, geralmente participava com o marido, Vicente Paulo Kunitz, e os filhos.

Como ainda não havia geladeira, os frangos eram abatidos e já preparados; no caso dos porcos, depois de abatidos eram cozidos e colocados imersos em latas com banha, que ainda servia de óleo para cozinhar. Parte da carne era seca e salgada, utilizada para fazer charque, além da produção de linguiça caseira e defumada no fogão a lenha. Com menos frequência também se abatia uma vaca para alimento da família.

A primeira geladeira foi adquirida apenas em fins da década de 1950. Era uma peça pequena, cujo funcionamento exigia que se colocasse uma barra de gelo sobre a geladeira.

O pão a matriarca preparava e assava em casa. Os filhos ficavam com água na boca ao verem aqueles pães fresquinhos e quentinhos saírem do forno.

Mas Otília não permitia que se comesse da nova fornalha antes de terminar a antiga. Era uma forma de preservar e respeitar o alimento. Entre os filhos, Arno era quem mais gostava de pão e chegava a comer umas 20 fatias por dia.

Boa parte das verduras, frutas e legumes que os Gallassini consumiam era colhida da horta que havia no terreno da casa. Aliás, cuidar da horta era uma especialidade de Otília e do pai dela, Estevão, um pequeno agricultor que manteve no Brasil a tradição dos pais, que vieram da Itália e cultivavam milho e mandioca. Os netos adoravam visitar as terras dele, por causa do rio que lá havia. Estevão era um homem honesto e de grande caráter, um exemplo de pessoa direita, correta e que buscava compartilhar tais valores com Aroldo e os outros netos.

O pequeno José Aroldo também adorava plantar, colher e cuidar da horta; com mais idade, Otília reservou-lhe um pedaço de terra onde ele mantinha o plantio de tomates e berinjela, que vendia após a colheita. Diziam que além do gosto pelo trabalho no campo, outra semelhança de Aroldo com o avô Estevão Gamba era o temperamento tranquilo e o hábito de fazer tudo da forma correta e sem quebra galho.

Logo que completou 15 anos, o mais velho entre os irmãos, Agenor, foi estudar e viver em Curitiba, na casa do tio Arthur Gamba, irmão de Otília, casado com Laura e dono de uma boa loja de secos e molhados. Ele era um homem bem-sucedido, com um belo armazém no alto da Rua XV, que ficava ao lado da enorme casa em que ele a esposa e os filhos moravam. Arthur era o porto seguro dos sobrinhos que queriam morar e estudar em Curitiba, pois, poderiam residir com o tio e trabalhar em sua loja.

Apesar de todos os filhos terem estudado em escolas particulares, Henrique Gallassini não tinha posses para pagar o custeio e os estudos para todos os filhos fora de Brusque, então, investiu no mais velho.

Agenor trabalhou com o tio e completou o colegial, até que entrou em odontologia, formando-se dentista. Agenor mudou-se para Toledo, também no Paraná, sendo um dos primeiros dentistas do local. Naquele tempo, por volta de 1961, nem havia ainda luz elétrica na cidade.

Com a saída de Agenor, Altamiro, o Miro, optou por não seguir com os estudos e assumiu o papel de braço direito do pai na empresa. Arno, depois de trabalhar por uns tempos fora, passou também a estar com o pai e o irmão Miro na marcenaria.

Por ter demorado a entrar na escola, o garoto José Aroldo tinha terminado o primário com 10 para 11 anos. Aroldo era um aluno mais contido, bastante estudioso e que se sentava sempre nas primeiras carteiras. Os momentos em que ele reservava para conversar com os colegas ficavam para depois das aulas e no recreio, onde saboreava o lanche preparado pela mãe, geralmente, com pão de forno a lenha, queijo colonial e linguiça.

Um dos amiguinhos de sala era Attilio Fernando Facchini, cujo pai tinha um caminhão de frete e fazia entregas, inclusive, para a fábrica dos Gallassini.

Com 13 para 14 anos, Aroldo terminou o ginasial no Colégio Cônsul Carlos Renaux. Ele sempre estudou em escolas religiosas, sendo católica no primário, Colégio Santo Antonio de Brusque, e evangélica no ginásio, o Colégio Cônsul Carlos Renaux. Mas as escolas focavam mais nos estudos do que na religião.

Em ambas as instituições educacionais, Aroldo teve aulas de Latim. Eram colégios de linha dura. O diretor do primário, de nome Arno Restow, era enérgico, embora Aroldo nunca tenha sido "convidado" a ir até a diretoria, para receber castigo. Entre as matérias, a que ele mais gostava era português, tornando-se *expert* em revisão de textos. Aroldo era bastante estudioso e tinha por hábito ficar no quarto lendo as matérias em voz alta.

Aroldo temia fazer educação física. O professor, Sargento Geraldino, ministrava as aulas com apito na boca e cordinha de couro nas mãos, para dar nas pernas dos "preguiçosos". Na quadra praticamente se jogava vôlei e futebol; como, digamos, Aroldo não era de arrancar suspiros com a bola nos pés, na hora da divisão de times no futebol, cinco para cada lado, ele sempre ficava de fora.

E como curiosidade, Henrique Gallassini não admitia que os filhos jogassem futebol, por medo de que eles quebrassem a perna. Bastava aparecer uma bola em casa que ele rasgava com canivete. Mesmo assim, a garotada jogava escondido.

Apesar de Aroldo ser católico e de ter estudado em escola evangélica, as famílias não aprovavam namoros e casamentos com mescla de opção religiosa. Assim, muito raro um católico namorar uma evangélica, e vice-versa.

As escolas respeitavam na época o nacionalismo e, diariamente antes das aulas, se cantava o Hino Nacional e o Hino à Bandeira.

Por opção, e já pensando em trabalhar, Aroldo estudou na primeira turma noturna do ginásio em Brusque. Ele era muito esforçado e, além da escola, cursava datilografia.

Durante o ginasial, Aroldo até tentou trabalhar na fábrica de móveis, onde pintava e envernizava as peças. Mas a atividade preferida dele era a de fazer cobrança; Aroldo aprendia bastante nas conversas com os devedores, principalmente, em como não cair no "conto do vigário..."

Como não ganhava nenhum dinheiro na marcenaria, ele até brincava com os irmãos e amigos: "Eu tenho duas frustrações: uma quando recebo o 'salário' e outra quando recebo as notas na escola..." – e todos riam da fala de Aroldo.

Mesmo assim, a marcenaria não era a sua vocação. O pai respeitou a decisão do filho, de não trabalhar no negócio da família e seguir o próprio caminho. Aliás, assim como fez com todos os outros filhos.

O "TEMIDO" PELZNICKEL

Papai Noel do Mato... Ou, conforme a tradição alemã, Pelznickel! Diz a lenda que Pelznickel era ajudante de São Nicolau, que por ser muito bondoso, não amedrontava as crianças malcriadas. O papel de amedrontá-las ficava então a cargo de Pelznickel, que logo no início de dezembro, antes do dia seis, quando se comemora o dia de São Nicolau, saía do mato e abordava as crianças, perguntando a elas:

Vocês têm obedecido aos seus pais? Vocês têm ido bem na escola? Tem feito malcriações?

Assim como o Papai Noel, que se materializava através da vestimenta usada por alguém, o Pelznickel seguia o mesmo ritual. Só que, contrariamente ao bom velhinho, a "fantasia" do Pelznickel é temível: roupas maltrapilhas e que pareciam sujas, com galhos e folhas presos ao corpo, além de barba postiça ruiva e comprida, máscaras horríveis e correntes amarradas à cintura.

Do mesmo modo que Aroldo quando pequeno, os primos, Sérgio Higino Kunitz e Marcos Francisco Kunitz, morriam de medo quando se deparavam com um Pelznickel. Por vezes, o "monstro" os abordava e fazia aqueles questionamentos habituais.

Depois que se tornaram homens maduros, quando Aroldo ia visitar a tia Amélia, irmã de Otília, e o tio Vicente, pais de Sérgio e Marcos, e por quem cultivava grande carinho, eles relembravam e se divertiam com os tempos de Pelznickel.

AVENTURA EM CURITIBA

Logo que terminou o primeiro grau, no fim de 1954, Aroldo decidiu parar de estudar. Ele conversou com os pais sobre o assunto e externou seu desejo de morar e trabalhar em Curitiba, com o mesmo tio que recebera Agenor. Otília e Henrique concordaram, e em janeiro do ano seguinte Aroldo, ainda com 13 anos, se mudou para Curitiba. Mas a curta experiência não foi tão satisfatória quanto para o irmão. Desta forma, Aroldo retornou para casa.

Assim, de volta a Brusque, José Aroldo arrumou emprego, inicialmente numa pequena loja de calçados, mas ele estava de olho numa vaga na Renaux, grupo composto por indústrias têxteis, como a fábrica de tecidos Cônsul Carlos Renaux, e a loja de departamentos que vendia tecidos, ferragens, secos e molhados, entre outros produtos. Logo surgiu uma possibilidade de emprego na loja; Aroldo se candidatou e foi contratado, dando início a uma vida de trabalho com carteira assinada. Foi naquele período que Henrique Gallassini comprou o primeiro televisor para distração da família.

Além da Renaux, os outros dois conglomerados econômicos de Brusque eram Schlösser e a Buettner, ambas as empresas do setor têxtil e que também absorviam boa parte da mão de obra da cidade e da região. Havia outras pequenas fábricas de fiação e tecelagem, o que elevava a oferta de emprego. Quem não trabalhava nessas empresas, ou era autônomo ou tinha negócio próprio.

Agricultura? Quase nada... Brusque era repleta de morros. Pecuária havia, mas muito pouco. A forte presença da atividade industrial poderia ser explicada pela expressiva presença da colônia alemã na região.

Os Gallassini tinham por hábito se entregar ao trabalho, assim como agir com ética e seriedade. Eram pontos que formavam a personalidade da mãe, Otília, e do pai, Henrique, que procuravam compartilhar os valores com os filhos. Tanto que Henrique costumava guardar dinheiro numa das gavetas do móvel da sala e apenas ele e Otília manuseavam as notas; nenhum filho ousava tocar no dinheiro.

Naquele tempo, Brusque era uma cidade de poucos carros e muitas bicicletas, situação que se inverteu com o tempo. Aroldo então passou a utilizar uma bicicleta disponibilizada pela empresa Renaux, para fazer as entregas dos clientes. Depois, ele foi lotado numa função interna da loja. Mas, como já citado, em função da obrigatoriedade de passar a escrever com a mão direita e não com a esquerda, a letra do jovem era muito feia. Aroldo até exercitava a letra, escrevendo em cadernos de caligrafia. Tal situação enfurecia o já bravo por natureza gerente da loja, Reinoldo Gleich, de origem alemã, de temperamento difícil e de pouca conversa.

O homem gostava de tomar uns tragos durante o trabalho. Perto das 11h ele saía de fininho para ir ao bar. O pessoal já sabia, então, assim que o gerente passava pela porta que dava acesso à rua, um dos funcionários batia na madeira; era a senha para avisar a turma que Reinoldo estava fora. O ambiente relaxava... Em contrapartida, quando o gerente estava voltando, o sistema de aviso era o mesmo, para que todos estivessem atentos. Reinoldo, convenhamos, exercia liderança sobre os funcionários, mas era mais pelo medo que despertava neles do que por virtude.

Irritado com a letra feia, o homem queria demitir Aroldo a todo custo. Mas o chefe do escritório, de nome Osni Pereira, gostava do estilo comprometido de Aroldo e o levou para trabalhar com ele. E Osni foi um grande chefe, investindo nos conhecimentos do garoto. Tanto que aos sábados à tarde, das 14h às 16h, lhe ensinava contabilidade e até pediu para ele fazer o balanço da farmácia do sindicato dos trabalhadores.

Aroldo queria mesmo aprender, tanto que logo na sequência, das 16h às 18h, fazia aulas de desenho e elaboração de plantas de casa. Ele era tão dedicado e esforçado que ainda arrumava tempo para continuar a cursar datilografia, exigência da época. Logo ele foi promovido por Osni a caixa geral do departamento, sendo responsável por fechar o movimento dos três caixas que atendiam ao público.

Também na "Lojas Renaux" trabalhava um amigo que estudara com Aroldo, Attilio Fernando Facchini. Mas o garoto passou por sérios problemas familiares. Quando ele estava com 16 anos, o pai sofreu princípio de infarto e não poderia mais dirigir o caminhão que garantia o sustento da família com os carretos.

Ele então teve que assumir o trabalho. Como era menor de idade, a mãe, oriunda de família tradicional em Brusque, conseguiu com o delegado da cidade uma licença mensal para o rapaz dirigir. Attilio passou a atender Henrique Gallassini, levando-o com frequência para comprar madeira em Blumenau e que seria utilizada na confecção de móveis.

Sobre o trabalho de Aroldo na Renaux, a mudança de departamento foi satisfatória, tanto que ele trabalhou por três anos na empresa, entre 1957 e

1959. Durante o período, ele também entendeu que sem estudos o futuro seria incerto. Então, voltou para a escola, que cursou no período noturno em Brusque.

Apesar do interesse de Aroldo em voltar a estudar, nem todos os jovens entendiam que fazer faculdade e ter uma profissão era importante. A busca era pelo emprego! Na segunda metade da década dos anos 1950, os jovens considerados inteligentes eram os ex-seminaristas, que tinham estudado para padre.

Por ser muito católico, indo com a família à missa todos os domingos, Aroldo chegou a querer entrar para o seminário e ser padre, sendo congregado mariano desde a infância. Mas o pai, Henrique, vetou a ideia, dizendo: "Não pode ser, porque o enxoval é muito caro!" Só restou ao rapaz tirar aquela ideia da cabeça e continuar os estudos. Anos depois, a caçula, Clarisse, pensou em ser freira, mas também não seguiu o celibato.

Aos finais de semana, era comum que os jovens frequentassem bailes e fizessem seus passeios pela cidade. As irmãs mais velhas tentavam a todo custo despistar José Aroldo. Isso porque o irmão, bastante ciumento, não dava sossego e "cuidava" delas, atrapalhando seus namoricos. Entre as opções de lazer da garotada estava ir a um dos dois cinemas da cidade, que só exibia filmes para maiores de idade. As mais jovens, de 13 e 14 nos, tentavam "furar o bloqueio", mas Aroldo intercedia e não deixava.

A despeito da irritação das meninas, aquilo virava motivo de diversão quando os irmãos Gallassini estavam reunidos.

Apesar de "proteger" as irmãs dos rapazes de Brusque, Aroldo certa vez surpreendeu Isolde. Aos 16 anos ela já tinha um pretendente, mas Otília não autorizou o relacionamento, dizendo que a filha era muito nova e deveria esperar até completar 18 anos. Aroldo conhecia o rapaz e sabia que era de boa família. Apesar de jamais desafiar a mãe, ele tentou em vão demovê-la da posição de proibir o namoro de Isolde. Como Otília não recuou, Aroldo ao menos consolou a irmã, dizendo: "Fique tranquila. Uma hora isso vai passar e a mamãe aceitará o seu relacionamento". O namoro realmente não deu certo, mas Isolde apreciou a preocupação de Aroldo.

A irmã que Aroldo mais "pegava no pé" era Marlene, considerada a segunda mãe pelos irmãos e que o apelidou de "Zeca". Bastava encontrá-la com as amigas, ou de papo com algum rapaz, que ele franzia a testa e fazia sinal com a cabeça, querendo dizer: "Vá para casa!" E como "troco", Marlene cantarolava, para irritar o irmão José Aroldo: "Zé Perequeté... tira o bicho do pé... *pra* tomar com café..."

Mas Aroldo também "socorria" as irmãs quando necessário. Como quando Isolde ficou de segunda época, ou recuperação, em matemática e ciências. Aroldo estudou com a irmã entre o Natal e Ano Novo. A menina fez as provas e conseguiu ser aprovada.

Os outros irmãos também tinham apelidos, como Agenor, que era o "Nori", e Anibal, o "Niba". Os apelidos das irmãs eram sempre no diminutivo.

NOVOS RUMOS

No início de 1959, aos 17 anos, Aroldo tomou uma decisão importante: pediu as contas na Renaux, para ir se alistar, estudar e depois de servir ao exército trabalhar em Curitiba. Aroldo já tinha uma certeza: queria ser engenheiro agrônomo. Havia duas cidades onde ele poderia cursar faculdade: Pelotas, no Rio Grande do Sul e que era a escolha da maioria, ou Curitiba, que acabou sendo a preferida de Aroldo, principalmente, porque ele tinha alguns parentes na capital paranaense.

Como era benquisto pelos colegas de trabalho, Aroldo convidou os mais chegados para um jantar de despedida. O chefe do escritório, e por quem Aroldo cultivava grande respeito e gratidão, Osni Pereira, cuja prima Marli veio a ser namorada e anos depois esposa do rapaz, esteve presente.

Ao final do jantar, Osni deu um forte abraço em Aroldo, dizendo-lhe:

— Eu cultivo grande admiração por você. Mesmo tão novo você não teve medo de pedir a conta para estudar e ir em busca dos seus sonhos. Eu, infelizmente, não tive a mesma coragem...

Aroldo não contou a Osni, mas o que o fez pedir as contas foi justamente constatar que ali havia gente acomodada, já com certa idade e anos de casa, que trabalhava simplesmente pela segurança do salário. Decididamente, não era isso que Aroldo projetava para o próprio futuro.

Ele então agradeceu pelas palavras, e disse ao ex-chefe:

— Senhor Osni, acredito que o caminho mais curto entre não ter nada e ter alguma coisa é o de estudar – e Osni sinalizou com a cabeça, concordando com Aroldo.

"Pensar de forma coletiva fortalece.
Quanto mais pessoas envolvidas com
um mesmo ideal, mais fácil será alcançá-lo.
Juntos e unidos, somos maiores e melhores."

A RICA EXPERIÊNCIA NO EXÉRCITO

Em Curitiba, com 17 para 18 anos, Aroldo se alistou e foi servir ao exército, onde se praticava respeito às regras, à disciplina e à hierarquia! Aroldo sempre seguiu tais conceitos, mas no exército respeitar as regras, a disciplina e a hierarquia representam à base do serviço militar.

Pode-se dizer que Aroldo adaptou-se perfeitamente à estrutura do exército. Como se costumava dizer, ele ficou "arranchado", ou seja, servia e morava no exército, a Companhia do Q.G., o Quartel General. Aroldo esteve acomodado num grande salão com outros soldados. Ali, os jovens precisavam cumprir as normas do exército, além de lavar e cuidar da própria roupa e dos acessórios, arrumar a cama, fazer refeições...

À noite, Aroldo estudava, onde cursava o primeiro ano do científico. Vivíamos os tempos do curto governo de Jânio Quadros, 22º presidente do Brasil, que sucedeu a Juscelino Kubitschek e se manteve no posto por poucos meses, de 31 de janeiro a 25 de agosto de 1961, quando renunciou. Em função do conturbado quadro político daqueles meses, Aroldo chegou a ficar por vários dias de plantão, mantendo-se apostos para uma eventual reviravolta política e que acabou mesmo por acontecer.

A prática de esporte era obrigatória. Em função do esforço excessivo, Aroldo teve hérnia e precisou ser operado no hospital do exército. Depois de recuperado, ele foi lotado na tesouraria, onde cuidava da folha de pagamento dos generais, inclusive, dos oficiais do Centro de Preparação de Oficiais da Reserva, o CPOR. Ele já tinha experiência na função, pois, a exercera na Renaux, em Brusque.

A rotina era árdua: acordar cedo, ginástica, trabalho e atividades internas... e nos dias de serviço tinha que ficar de guarda na portaria do quartel.

Basicamente, no período em que serviu ao exército Aroldo reforçou e incorporou algumas regras de conduta às quais se encaixavam perfeitamente no seu modo e estilo rígido e determinado de pautar sua vida: exatidão nas ações, aprender a ser responsável pelo material e pelos próprios atos, muita disciplina e respeito à hierarquia.

Como ele costumava dizer: "O exército é a 'desmama' da família".

Ao final do período de um ano, Aroldo tinha até a possibilidade de seguir carreira no exército, mas o caminho não se mostrou cativante. A profissão a seguir já estava definida!

TRABALHAR E ESTUDAR

Por ser bastante econômico e mesmo recebendo um pequeno salário, Aroldo conseguiu guardar algum dinheiro que ganhou no exército e que juntou às economias. Aquela era a base para que ele conseguisse se manter em Curitiba.

Por indicação do irmão Agenor, que chegou a residir no local, Aroldo passou a morar num pequeno apartamento do Edifício Tijucas, na Praça Osório. Mas ele logo também se empregou. Inicialmente, passou a trabalhar de dia no Banco Noroeste e à noite estudava no colégio estadual do Paraná; as refeições ele fazia no restaurante dos secundaristas, onde a comida era boa e o preço baixo e compatível com os bolsos dos estudantes.

Ali ele não ficou por muito tempo e depois passou a atuar numa empresa de ônibus, a Auto Viação Catarinense, onde vendia passagens na rodoviária. Era puxado, Aroldo trabalhava sozinho no horário. Ele ficava das 18h até perto da uma hora da madrugada no emprego, pois, só poderia ir embora depois que o último ônibus, vindo de Blumenau, chegasse à rodoviária.

Em função do novo horário profissional, Aroldo teve que estudar no período matutino e às 6h pulava da cama. Ele já estava para concluir o colegial e aproveita uma parte da tarde para se preparar para o vestibular.

Aroldo não tinha por hábito reclamar e sabia que era daquela forma que deveria levar a vida naquele momento, para seguir com os estudos e poder se sustentar. Mas depois teve que novamente trocar de emprego, pois, a Viação Catarinense foi vendida.

Ele então foi contratado pelo Banco do Comércio S.A.. A carga de trabalho do banco voltou a ser em horário comercial, de manhã e à tarde. Assim, Aroldo teve que novamente mudar o horário da escola e passou a estudar à noite.

Vez por outra em Curitiba, Aroldo encontrava com o irmão Agenor e a cunhada Dirce na casa dos pais dela. Eram conversas saborosas, pois, Aroldo queria estudar agronomia. Desta forma, ele e a sogra de Agenor passavam longo tempo falando sobre o trato da terra e das plantas, tema que também a interessava.

Quem aparecia em Curitiba nas férias era Isolde, que se hospedava na casa de Íria, a irmã mais velha. Era certo que Aroldo fosse encontrar Isolde e levasse a irmã para passear e fazer compras na cidade.

REENCONTRO DE BRUSQUENSES

Em 1962, em Curitiba, Aroldo Gallassini reencontrou um amigo de Brusque, Aníbal Bartz, cujas famílias moravam próximas e tinham um bom relacionamento; a família Bartz era também cliente da fábrica dos Gallassini. Aníbal, depois de cursar o primeiro ginasial em São Leopoldo, no Rio Grande do Sul, optou por concluir o curso em Curitiba.

Assim como Aroldo, Aníbal também se matriculou na mesma escola estadual. Como acontecia em Brusque, eles se encontravam quase que diariamente.

No período de férias ou feriados prolongados, quando ambos voltavam para casa, era certo que se encontrassem e conversassem em Brusque. Havia bastante afinidade de pensamentos entre eles, tanto que Aníbal dizia ao amigo:

– As pessoas com a mesma filosofia se aglutinam. Quando se encontram, atualizam as ideias.

Naquele período Aroldo fez teste vocacional. Apesar de ele já ter se definido por ser engenheiro agrônomo, o resultado confirmou: Agronomia!

ENAMORADO...

Olá... Meu nome é Aroldo... Você aceita dançar comigo?

Brusque, dezembro de 1963! O mundo ainda acompanhava extasiado as repercussões do chocante assassinato do presidente dos Estados Unidos, John Fitzgerald Kennedy.

Alheio à tragédia, a troca de olhares durante o baile já vinha de algum tempo. A moça, Marli Pereira, acompanhada dos pais, aceitou o convite de Aroldo que, digamos, teve que se esforçar bastante... Afinal, dançar não estava entre as suas principais qualidades.

Aroldo tinha ido ao baile na companhia de amigos dos tempos em que trabalhara na Loja Renaux. Mas logo que percebeu a presença de Marli, não tirou os olhos da moça.

Durante a dança, que se estendeu por algumas músicas, eles conversaram bastante. Aroldo contou que estava de férias na cidade e que morava, trabalhava e pretendia cursar agronomia em Curitiba. Quanto a Marli, contou que havia concluído o curso de normalista e que passaria a dar aulas; inicialmente, Marli daria aulas em Camboriú, mas já havia possibilidade de logo ser transferida para Brusque.

Daquela dança e conversa, nasceu um namoro. Nos dias seguintes, eles se encontraram e foram ao cinema. Mas o relacionamento não seguiu adiante. Aroldo continuaria a morar em Curitiba e aquela parecia ser uma relação sem perspectivas futuras. Eles então decidiram terminar e Aroldo foi passar uns dias na casa da irmã, em Camboriú.

Mas nos dias em que lá esteve Aroldo ficou pensativo, triste, parecia lhe faltar algo... Até que ele descobriu o motivo de se sentir assim! Logo que retornou a Brusque ele procurou Marli e, depois de falarem sobre vários temas e assuntos, Aroldo propôs:

— Você quer voltar a namorar comigo?

Marli aceitou! Eles sabiam que o amor teria que ser maior que a distância entre Brusque e Curitiba que os separaria pela maior parte do tempo de faculdade.

Não tardou e Aroldo levou Marli para conhecer a família dele. Um belo almoço foi preparado por Otília, que mostrou a Marli a extensa propriedade em que eles viviam, cuja área do terreno ligava uma rua à outra, e onde havia a fábrica de móveis, a casa e uma vasta área de plantação; quando podia, Aroldo ajudava e se deliciava no trato com a terra, nos cultivos de jabuticaba, tomate, uva, mamão, goiaba, limão, entre outros; as frutas eram utilizadas por Otília no preparo de deliciosas compotas e geleias.

Marli também conheceu o avô de Aroldo, Estevão, de quem o namorado herdara o gosto pelo trato da terra.

Nos tempos seguintes, nas férias e feriados, Aroldo sempre ia a Brusque para ficar com Marli e a família. E nas conversas com a namorada, ele contava as novidades e deixava claro algo sobre o futuro dos dois:

— Marli, eu não me vejo voltando a trabalhar e morar em Brusque ou em alguma outra cidade de Santa Catarina. Meu futuro profissional está voltado para a agricultura do Paraná. Assim, quando casarmos, é lá que deveremos desenvolver nossa vida a dois.

O SONHO DE CURSAR FACULDADE

Ano de 1963! Aroldo prestou vestibular em agronomia na Universidade Federal do Paraná. Naquele tempo, levava quatro anos para tirar o diploma – depois, passou a ser cinco anos.

As boas opções de faculdade de agronomia estavam em Pelotas (RS), Rio de Janeiro, São Paulo e Curitiba, que foi a opção de escolha de Aroldo. Um fato era certo: quem se formava como engenheiro agrônomo não sabia onde ia morar. Conforme conversara com a namorada Marli, Aroldo só tinha uma certeza: no caso dele, não seria em Brusque, sua terra natal.

Haveria várias provas do vestibular, sendo duas de matemática. Em uma delas, Aroldo não foi bem e imaginou não ter chance de ficar com uma das 73 vagas disponibilizadas. Desmotivado, ele nem prestou a outra prova de matemática, com matérias que ele bem dominava, ficando eliminado.

Apesar de já ter se definido por ser engenheiro agrônomo, com o desempenho alcançado ele ao menos conquistou vaga em outro curso: jornalismo; Aroldo gostava de escrever histórias. O status de ser universitário garantia certos privilégios, como poder se alimentar a um baixo custo na "Casa do Estudante" e também descontos em alguns estabelecimentos, como cinema. A universidade ainda oferecia moradia com bom preço, mas Aroldo não conseguiu vaga.

Assim, Aroldo se matriculou no curso de jornalismo e passou a frequentar as aulas. Quanto à agronomia, depois ele soube que muitos dos que prestaram vestibular tiraram também notas baixas naquela prova de matemática e que, se ele tivesse feito a outra avaliação, teria enormes chances de entrar na faculdade.

Ele então cursou jornalismo, encantando-se com as aulas de texto, e fez paralelamente cursinho, para voltar a prestar agronomia. No final do ano, ele novamente fez vestibular para o curso de sua preferência na Universidade Federal do Paraná. Desta vez, Aroldo teve melhor desempenho e fez todas as provas, tendo sido aprovado em 19º lugar, para iniciar o curso em 1964!

Como era comum, Aroldo passou pelo "trote" na universidade e teve a cabeça raspada. Foi com o "novo visual" que Aroldo foi a Brusque, para visitar e compartilhar a boa notícia com Marli e a família. Apesar da alegria, o pai deixou claro:

— Aroldo, eu não tenho dinheiro para pagar os seus estudos.

Ele deu então outra bela notícia ao pai:

— O senhor não deve se preocupar. Entrei numa universidade federal, do governo, que é gratuita.

Aquilo em nada mudou os planos de Aroldo, que estava acostumado a custear as despesas de moradia em Curitiba. Desta forma, Aroldo deixou de cursar jornalismo.

Depois de um ano no Banco do Comércio S.A., Aroldo havia atuado em todas as seções da agência, participando de vários cursos e palestras promovidos pela instituição e aprendendo bastante. Ele era considerado pelo gerente um funcionário versátil e imprescindível ao banco. Aroldo já tinha passado por outro banco e dominava bem a contabilidade, que aprendera ainda em Brusque. O grande aprendizado daquela experiência profissional foi o de analisar balancetes de empresas.

Mas a boa trajetória de Aroldo foi interrompida. O gerente da agência foi demitido e ele convidado a assumir o posto. Como queria priorizar os estudos e o curso de agronomia, Aroldo recusou a proposta.

Um novo gerente foi contratado e permitiu que Aroldo cumprisse expediente em horários alternativos, parte na manhã, na tarde e até durante à noite. Mas quando Aroldo estava ainda no primeiro ano de faculdade o banco foi vendido; os auditores do novo dono (Banco Moreira Salles, que veio a se tornar Unibanco e depois fez fusão com o Itaú) logo dispensaram Aroldo, não lhe permitindo as mesmas "regalias" de horário.

Como não era de ficar parado, Aroldo passou a prestar serviços para uma empresa familiar de Curitiba, que fazia topografia no interior do Paraná, prestando serviço para o estado. A cada estudo realizado, ele ganhava um valor determinado.

Era a atividade perfeita para conciliar com a universidade, pois, ele recebia as medições e podia trabalhar em casa, utilizando-se da máquina de calcular para preparar o material que seria apresentado. Aos finais de semana, ele acordava às 5h e trabalhava até cumprir as tarefas.

Aroldo recebia boa remuneração pelos serviços prestados e se manteve na atividade até concluir agronomia. Como era bastante econômico, Aroldo fez uma boa poupança e ainda conseguia melhorar a renda, emprestando dinheiro a juros para os colegas. Desta forma, ele se bancou tranquilamente até o final da universidade.

Aroldo ia bem nos estudos, sempre dedicado, assistindo as aulas e fazendo as tarefas, trabalhos e provas. Ele não era de tirar nota 10, mas passava de ano com tranquilidade mantendo geralmente nota sete ou oito nas matérias.

Naqueles tempos não havia tanta cobrança profissional, o objetivo era o de ter um bom emprego. Em Curitiba, apesar do clima frio, se plantava verduras e trigo. Em meados da década de 1960 o café ainda era forte no

Paraná, principalmente ao norte do estado. Mas Aroldo só foi conhecer uma plantação de café já no final do curso, em 1967.

Uma das matérias que lhe chamou atenção foi Cooperativismo, abordando o tema das cooperativas que atuavam no Brasil e também em outros países e continentes, como na Europa.

Ainda em 1963, o irmão Agenor Gallassini, já casado com Dirce Luiza Gallassini, fez um surpreendente convite a Aroldo. O casal acabara de ter o primeiro filho:

– Você aceita ser padrinho do nosso bebê, o Fábio?

Bastante feliz, Aroldo topou de imediato. E o batizado aconteceu em Curitiba.

O BRASIL E O MOMENTO POLÍTICO DE 1964

Na virada do dia 31 de março para o dia primeiro de abril de 1964, mesmo ano em que José Aroldo Gallassini entrou na universidade, ocorreu a "Revolução de 1964", também conhecida por "Golpe de Estado" ou "Contrarrevolução".

Os fatos que culminaram com a tomada do poder pelos militares, contrários aos ideais comunistas de João Goulart, conhecido por "Jango", teve início com a renúncia de Jânio da Silva Quadros da presidência, em agosto de 1961; como vice de Jânio, "Jango" assumira o país. Vale reforçar o registro de que enquanto serviu ao exército, Aroldo chegou até a estar de plantão durante o curto e tenso período em que Jânio Quadros presidiu o Brasil.

Nas universidades, era natural haver movimentos estudantis de esquerda. Aroldo, além de não compactuar com os ideais, só pensava em estudar e logo se colocar no mercado de trabalho. Além disso, os movimentos e greves pouco atingiam aos alunos de agronomia e da turma de Aroldo, sendo mais ativos em outros cursos.

Depois que o novo governo militar assumiu, tendo como presidente um dos articuladores do golpe, o marechal Humberto de Alencar Castelo Branco, que ficou no poder entre 15/04/1964 e 15/03/1967, ações repressivas foram colocadas em prática. Entre elas, a cassação e exílio de políticos contrários ao novo sistema de governo, o fim da eleição direta para presidente, a criação do bipartidarismo, a limitação de direitos constitucionais e a suspensão da imunidade parlamentar. Em contrapartida, houve intenso trabalho e investimentos na construção de estradas e no setor das telecomunicações.

Sempre que retornava a Brusque, Aroldo conversava bastante com o primo Amilcar Kunitz, que também demonstrava intenção de cursar agronomia. As informações passadas por Aroldo motivaram ainda mais Amilcar, que prestou e entrou em agronomia na Universidade Federal do Paraná dois anos depois, em 1966.

Durante os anos em que esteve na universidade, Aroldo, que sempre teve facilidade de escrever à máquina e organizar textos, além da prática de escritório nos tempos da Renaux, ajudava os colegas que não tinham a mesma habilidade, montando gratuitamente seus currículos. A notícia se espalhou entre os alunos e constantemente alguém lhe pedia esse favor.

A PERDA DO PATRONO DOS GALLASSINI

Em 8 de outubro de 1968, aconteceu uma dura baixa para os Gallassini: o falecimento do patrono Henrique Luiz, ocorrido em Curitiba, onde ele estava internado.

A doença que acometeu Henrique foi diabete. Ele teve certos problemas físicos e custou a descobrir a doença. Depois de sofrer por cinco anos com o problema, Henrique Gallassini faleceu aos 59 anos.

O homem gostava de comer bem e não cuidava da saúde, apesar das recomendações médicas; principalmente, para evitar e cortar certos alimentos, como a carne de porco. Henrique sofreu muito durante todo o processo, tendo que amputar o pé e depois a perna.

Com o trabalho, Henrique conseguiu dar um bom padrão de vida para a família, a quem não faltava nada. Havia a segurança da casa própria e ele nunca precisou pagar aluguel. Henrique teve bicicleta, quando este era o melhor meio de transporte em Brusque; depois, mesmo sem dirigir, comprou o primeiro carro, um Chevrolet 50, sempre pilotado pelos filhos.

Henrique era artesão dos bons, querido em Brusque e, anos depois do falecimento, foi homenageado, tendo seu nome dado a uma das ruas da cidade.

José Aroldo, que ainda era solteiro, viajou para Brusque, para se despedir do pai e estar ao lado da mãe e dos irmãos naquele triste momento para a família.

Com o falecimento de Henrique, a fábrica de móveis dos Gallassini continuou em atividade, sendo dirigida pelo filho Altamiro, o "Miro", que depois contou com a participação também de Arno.

OS PAIS DE MARLI E A MÃE DE AROLDO

Os pais de Marli formavam um casal além de seu tempo. Victor Quintino Pereira tinha uma oficina mecânica e era um homem de diálogo com o filho Darci e as quatro filhas: além de Marli, havia Marilene, Miriam e Roselene, a Rose, que veio a namorar e depois se casar com José Luiz Sassi, que se tornou amigo de Aroldo.

O ambiente da casa dos Pereira era leve e descontraído. Havia o hábito de os pais interagirem bastante com os filhos.

A mãe de Marli, Ana Maria Pereira, adorava e bajulava o futuro genro Aroldo. Preparava o que ele gostava de comer e sempre tinha um bom cafezinho e saborosos quitutes para recepcioná-lo. Marli era professora e amava dar aulas.

A mãe de Aroldo, Otília, também era uma mulher sensível, artesã de mãos cheias, de conceitos avançados. Sempre vaidosa, de cabelos arrumados; pronta para um bom conselho quando acionada, mas incapaz de palpitar na vida de alguém.

Depois do falecimento do marido, Otília efetivamente assumiu a responsabilidade da família; entre os filhos havia ainda quatro adolescentes que ficaram sem a presença física do pai.

A matriarca era uma mulher incrível, que se posicionava fortemente. Ela dizia: "antes de morrer eu ainda vou dirigir carro, andar a cavalo e vestir calça comprida", pois, as mulheres basicamente usavam vestidos e saias. Ela realmente aprendeu a dirigir e sempre buscou melhorar o modelo do carro da família, incentivando todas as filhas a também aprenderem a dirigir e a terem vida independente, namorar, trabalhar e seguirem seus caminhos.

Marli costumava chamar a sogra carinhosamente de "Vó". Como já citado anteriormente, em Brusque havia grande divisão religiosa; apesar de as pessoas viverem em harmonia, eram incomuns namoros e casamentos entre cristãos e evangélicos. As pessoas se encontravam e conversavam na praça, mas cada qual subia para sua igreja no horário da missa.

Algumas das irmãs de Aroldo namoraram e se casaram com evangélicos. E isso gerou um fato curioso. Otília matinha em casa há 30 anos uma imagem da Sagrada Família, confeccionada em mármore italiano.

Marli "namorava" a peça e pedia:

— Vó... eu quero muito essa imagem...

Até que um dia Otília se decidiu:

— Marli, tem duas pessoas que querem a imagem: uma é você, e a outra se casou com evangélico. Então, quem vai ganhá-la é você.

Uma das frases preferidas de Otília era: 'O que tiver para ser, será'.

PRONTO PARA O MERCADO DE TRABALHO

Os engenheiros agrônomos não tinham possibilidade de empregos em abundância. As opções de trabalho se restringiam às vagas nas estatais e colocações na Secretaria da Agricultura do Estado, Instituto Brasileiro do Café (IBC), Ministério da Agricultura, entre outros.

Com a possibilidade de fortalecimento do setor, algumas multinacionais que passaram a atuar e a expandir os negócios no país começaram a contratar agrônomos. Depois os profissionais foram absorvidos por áreas do agronegócio, como cerealistas, fazendeiros e cooperativas, tema que despertava enorme interesse em Aroldo Gallassini.

No final do curso de agronomia, Aroldo se candidatou para fazer estágio remunerado em máquinas agrícolas no Departamento Estadual do Ministério da Agricultura de São Paulo (Dema), situado em Franca, no interior de São Paulo. Após as avaliações, Aroldo foi contratado, embora tenha trabalhado ali por pouco tempo. Mas no período em que se manteve em Franca, importante polo calçadista brasileiro, Aroldo comprava vários pares de sapatos para vender com bom lucro em Curitiba ou mesmo Brusque.

Logo que se formou, Aroldo se definiu por seguir um caminho seguro: o da extensão rural. Desta forma, ele prestou e passou no concurso da Associação de Crédito e Assistência Rural do Paraná, Acarpa, tendo sido contratado como técnico da entidade.

O ESTÁGIO

Bastante motivado, a Acarpa designou Gallassini para cumprir estágio em Imbituva. Como era de praxe, ele recebeu um carro da Associação e dirigiu perto de 180 km de Curitiba a Imbituva. Dentro do que era exigido pela atividade, Aroldo percorreu pelas propriedades dos agricultores locais, para conhecer o tipo de terra e plantio. Mas ele não gostou do que viu, pois, percebeu que era uma terra fraca, difícil de extrair alta produção.

Além disso, doenças se desenvolveram na região, como a doença de chagas e a hanseníase. Uma das famílias chegou a ser acometida por esta última, e a vizinhança se afastou e se isolou dos integrantes. Aroldo soube do ocorrido e foi visita-los. A família ficou bastante emocionada com a atitude de Aroldo, que até cafezinho tomou.

Ao menos pela Acarpa, já estava definido que Aroldo assumiria o escritório da Associação em Imbituva, eembora ainda não tivesse sido comunicado sobre isso.

Terminado o estágio, Aroldo retornou para a sede da Acarpa em Curitiba, pois, estava programado que ele participaria de um curso.

ENTENDER MELHOR O COOPERATIVISMO

De janeiro a maio de 1968, Aroldo Gallassini participou de um curso em Florianópolis, na sede da Associação de Crédito e Assistência Rural do Estado de Santa Catarina (Acaresc, considerada "irmã" da Acarpa). Entre os temas, um deles era sobre Cooperativas e Aroldo pôde se aprofundar sobre a dinâmica do sistema: processos, assembleias, atas, dinâmicas...

Nas aulas sobre Cooperativismo, o professor sempre alertava:

– O perfil do agricultor é ser desconfiado e ter origem simples!

Ao todo, o grupo era composto por uns 30 alunos, entre técnicos, agrônomos, veterinários e pessoas que militariam na área de serviço social. O objetivo era o de desenvolver trabalho diverso junto às esposas dos agricultores e que permitia uma participação maior delas no negócio da família.

Havia bastante interação entre os participantes, que depois das aulas costumavam se reunir no famoso "bar do seu Ari", que ficava próximo ao local do curso. Ali eles conversavam sobre as aulas, o mercado e as perspectivas futuras, assim como de temas pessoais e das famílias.

Outra forma de unir o grupo era o jogo de futebol depois das aulas, ao final da tarde. E quem diria que de um tombo nasceu uma boa amizade... Isso porque numa das divididas de bola durante a partida, Aroldo e Carlos Rodolfo Vasconcelos Kruger se chocaram e Aroldo levou a pior: se estatelou no chão.

Carlos Rodolfo, que trabalhava na Acarpa, foi em socorro do companheiro. E depois aquele "encontrão" valeu boas risadas e conversas. Em especial sobre o cooperativismo, pois, Carlos Rodolfo registrava a preocupação da Acarpa com a grande deficiência dos agricultores pela falta de insumos, maquinário, transportes, armazenagem e tudo que eles produziam; era certo que a criação de cooperativas se mostrava como solução. O modelo a ser desenvolvido estava traçado: o técnico da Acarpa juntava uma turma de agricultores associados, montava a diretoria, supervisionava os negócios, presidia a reunião, preparava a ata... e tinha então criado uma cooperativa!

Outro dos bons contatos que Aroldo fez no curso promovido pela Acarpa foi com Wilson Thiensen, ligado ao Instituto Nacional de Desenvolvimento Agrário (Inda), órgão responsável pelo cooperativismo – em 1971, O Inda se fusionou ao Instituto Brasileiro de Reforma Agrária (IBRA), dando origem ao Instituto Nacional de Colonização e Reforma Agrária (INCRA).

O curso era organizado e oferecido pelo Estado do Paraná, e ministrado pelos conceituados professores Maria Henriqueta e Paulo Godói, ambos de São Paulo. Godói chegou a referendar Aroldo e Thiensen, dizendo-lhes: "Vocês são jovens destemidos!"

Tempos depois, Gallassini apresentou a Thiensen um projeto de constituição do primeiro armazém sementeiro, algo ainda inédito. Aroldo era técnico extensionista da Acarpa, mas já idealizava investir esforços na criação de uma cooperativa.

Mais uma amizade de Aroldo que se fortaleceu no curso foi com Egor Webster, que havia se formado agrônomo em Porto Alegre; Egor iniciara na Acarpa junto com Aroldo. Eles conversavam bastante sobre o desejo que cultivavam de desenvolver uma boa carreira na Acarpa.

Ao final do curso, Egor foi trabalhar na Lapa, no Paraná, na Cooperativa Bom Jesus, onde passou a atuar junto aos Comitês Educativos.

Já Gallassini, pensava ter ainda destino indefinido, mas este já estava decidido pela Acarpa.

A SORTE BATE À PORTA DE GALLASSINI

Eu fui muito bem recebido em Imbituva. Mas, infelizmente, a agricultura do município não é promissora. A terra local não ajuda a produção rural. – e fez uma alta exigência para quem acabara de chegar à Acarpa – *Confesso que não tenho interesse em continuar naquele município. Gostaria que me transferissem. Caso isso não seja possível, irei pedir as contas.*

Essa foi a resposta de Gallassini ao chefe, assim que soube que a Acarpa o havia designado para assumir o escritório da entidade em Imbituva.

A direção da Acarpa prometeu avaliar. Havia a possibilidade de ele se manter num escritório em Curitiba, que seria composto por dois extensionistas, um agrônomo, no caso Aroldo, outra agrônoma e uma secretária. Mas Aroldo queria mesmo era trabalhar no campo e não em um ambiente fechado.

Como era sexta feira, Aroldo seguiu para Brusque, onde estaria com a família e a noiva Marli. Na segunda feira, no retorno ao trabalho, o superior o chamou em sua sala, e deu uma boa notícia:

— Aroldo... você é um rapaz de sorte! Surgiu uma vaga em Campo Mourão. Fica no Centro-Oeste do estado. O extensionista que está lá, chamado José Carlos de Carvalho, foi promovido a regional.

Antes de ser perguntado, e mesmo sem nunca ter ouvido falar na cidade, Aroldo confirmou interesse:

— Eu aceito me transferir para Campo Mourão!

Assim foi feito. Estávamos em 1968. Logo José Aroldo Gallassini chegou com seu jipe em Campo Mourão, cidade emancipada em 1947. Algumas decisões tomamos por puro instinto; foi desta forma que Aroldo Gallassini se definiu por Campo Mourão!

VIDA NOVA

Como era de praxe, ele recebeu um jipe da Acarpa e dirigiu de Curitiba a Campo Mourão. Ainda em adaptação na cidade, Aroldo hospedou-se no Hotel Sardenha, local simples, mas ideal para aquele início de vida em Campo Mourão; Aroldo fazia as refeições no restaurante do hotel.

Havia muitos comentários em Campo Mourão sobre a ação de matadores profissionais. No hotel se falava bastante sobre os "bandidos matadores".

Aroldo até chegou a percorrer as terras de um deles, para fazer avaliação pelo Banco do Brasil. O sujeito realmente não tinha a vida e a ficha limpas, por envolver-se em atritos de posse de terra. Mas certo dia o sujeito foi cortar cabelo e um dos "bandidos matadores" deu fim ao homem na própria cadeira do salão de barbeiro.

Era triste, mas até comum. Para o bem do município e dos moradores, esse tipo de gente começou a não ter mais ambiente para viver ali, debandando para outras áreas.

Logo que chegou Aroldo foi conhecer a região, disposto a aplicar o que aprendera na teoria com os estudos e na prática em Imbituva.

Como estava em início de carreira e não tinha muita experiência, apesar de dominar bem o que aprendera na universidade, Aroldo desenvolveu uma estratégia de atuação, e costumava dizer: "Como eu sou recém-formado, faço o agricultor me contar como ele trabalha e aplica os processos. Na sequência, ensino para ele a forma técnica."

Depois de tudo acomodado, Aroldo começou a trabalhar. De cara percebeu o perfil da agricultura local: a lavoura não era mecanizada e havia apenas cinco tratores na região; ele já imaginou ser este um ponto no qual os agricultores precisavam investir. Era também o fim do ciclo da madeira. Havia fortes madeireiras em Campo Mourão, mas o excesso de extração e a pouca reposição de plantio levaram ao fim da exploração.

Apesar das dificuldades, Aroldo percebeu haver melhores perspectivas de progresso em Campo Mourão, onde o solo apresentava manchas arenosas, com terras ácidas e fracas, havendo necessidade de correção de solo com calcário e adubação.

A região passou a receber agricultores gaúchos e catarinenses, atraídos pelo baixo custo das terras e que trouxeram a cultura do plantio de trigo. Ali se plantava milho, algodão e arroz de sequeiro, tudo em pequenas quantidades, mais para o sustento e manutenção familiar. Mas pouco ainda se falava em soja, cuja cultura veio a se desenvolver tempos depois.

Os donos das terras de Campo Mourão também reclamavam da qualidade do solo. Diziam eles que o município era lugar de terra ruim e dos três *S*: "Aqui só dá *S*amambaia, *S*apé e *S*aúva".

De cara, Aroldo fez um aprofundado estudo denominado tecnicamente de "Levantamento da realidade rural"; este era mesmo o trabalho dos extensionistas. O material apresentou o seguinte perfil: a economia de região era basicamente de pinheiro e já vivia o fim do ciclo; levantamento das lideranças rurais; acertos e ajustes para melhorar a qualidade produtiva da terra, considerada ácida demais, com excesso de alumínio; transformar o formato de produção da agricultura, que era manual e de manutenção, ou seja, colhia pouco e vendia o que sobrava.

Além do solo, havia bastante precariedade. Vivenciar aquilo era uma escola de vida. A maioria das casas, muitas de chão batido e cobertas de tábuas de madeira, não tinha saneamento e muito menos vaso sanitário. Este era também um ponto que fazia parte do projeto que Aroldo foi desenvolver em Campo Mourão, o de orientar e melhorar as condições de trabalho e a qualidade de vida dos agricultores, por meio de assistência técnica e social.

Aroldo fazia todos os levantamentos e encaminhava para a Acarpa e, posteriormente, para o Ministério da Agricultura. Depois das análises, Aroldo comunicou à direção da Acarpa a necessidade de corrigir o solo, através da aplicação de calcário. Aroldo ainda apresentou um projeto para ajudar a estruturar a agricultura regional, com a realização de levantamentos de dados e assistência técnica, além de financiar máquinas e tratores aos produtores via Banco Regional de Desenvolvimento do Extremo Sul, o BRDE, e Banco do Brasil.

Aroldo ia de propriedade em propriedade, visitando as famílias como extensionista rural, para realizar levantamento de dados da produção e depois tabulá-los. Numa das visitas, aconteceu um fato divertido. Aroldo explicou ao agricultor que todos os dados que colhia ele ia "tabulando", no sentido de reuni-los numa tabela. Pois o homem adorou a palavra difícil e, na sequência, sugeriu à mulher:

— Bem, que tal ir tabulando um cafezinho...

Naquele período, Aroldo, ainda como extensionista da Acarpa, intermediou a venda de um trator na região. Havia um empresário local, de nome Ivo Mário Trombini, que além de madeireira tinha a representação da Chevrolet e de marcas de tratores para a região. O trator foi financiado pelo BRDE.

Depois de concluída a venda, Aroldo foi procurado pelo empresário Ivo Trombini, que agradeceu pela apresentação do cliente e intermediação do negócio. E como forma de reconhecimento, deixou-lhe sobre a mesa um bolo de notas de dinheiro, dizendo:

— Em toda venda que faço, eu pago comissão. Como a venda veio através de você, é justo que lhe pague um percentual.

Aroldo nem teve tempo de argumentar. O homem se despediu e foi embora. Aroldo pegou o dinheiro e, incomodado com a situação, colocou na pasta e foi para casa. Depois de muito refletir e de viver um conflito, ele definiu o que fazer: "Não me sinto bem com isso. Vou devolver o dinheiro ao senhor Ivo."

No dia seguinte, logo cedo, Aroldo foi ao encontro de Ivo Trombini e conversou com ele:

— Senhor Ivo, agradeço a sua gentileza, mas não posso aceitar o dinheiro. Eu não sou vendedor de trator. Eu trabalho para a Acarpa. Sempre que alguém precisar de tratores, indicarei a sua empresa, mas não quero nada em troca por isso.

Ivo pegou o dinheiro e anda teceu palavras elogiosas a Aroldo. Assim que ele saiu, Ivo conversou com os sócios e com o filho, Velci Luiz Trombini, a quem narrou os fatos e disse:

— O Aroldo é uma pessoa séria, confiável, de caráter.

Quando Aroldo iniciou na Acarpa, o Coordenador Estadual da área de organização cooperativista era Silvio Tedéo. Tempos depois, Silvio também acompanhou mais de perto o treinamento de pré-serviços para os extensionistas que assumiriam funções no campo.

Inclusive, quando Aroldo foi designado para ser extensionista em Campo Mourão, Silvio era integrante do grupo de seleção. O critério de lotação do pessoal nos municípios era definido pela necessidade local.

A relação entre Aroldo e Silvio ficou mais próxima em Campo Mourão, pois, a Acarpa "elegeu" a cidade para desenvolver um trabalho de organização dos produtores. Aroldo, ao lado de Silvio, atuou no processo, que ajudou a "plantar a semente" do cooperativismo, com apoio do Banco do Brasil, representado pela área de crédito rural.

Campo Mourão tinha sido eleito pelo INCRA como "município modelo", o que representava ser uma importante credencial. As condições de agricultores e de produção acenavam com grande potencial. Campo Mourão demonstrava ter capacidade para ser sede de uma cooperativa que pudesse congregar os agricultores num processo de organização rural, no sentido de fornecer a eles bens de produção, estabelecendo um processo de recebimento de mercadorias para comercialização no mercado.

Os avós Paulina e Estevão, de quem Aroldo herdou a vocação agrícola.

Othilia e Henrique Luiz Gallassini com os filhos, entre eles Aroldo, posicionado entre o casal.

Aroldo no momento do Eucaristia.

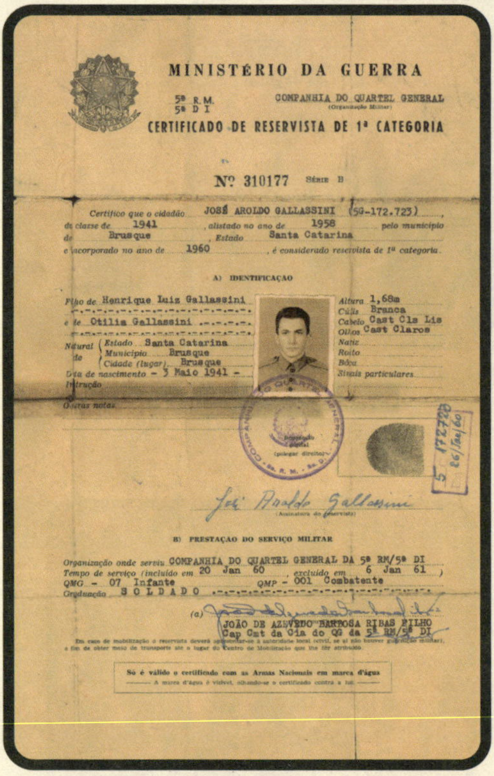

MINISTÉRIO DA GUERRA

5ª R.M.
5ª D I

COMPANHIA DO QUARTEL GENERAL
(Organização Militar)

CERTIFICADO DE RESERVISTA DE 1ª CATEGORIA

Nº 310177 Série B

Certifico que o cidadão JOSÉ AROLDO GALLASSINI (5G-172.723), da classe de 1941, alistado no ano de 1958 pelo município de Brusque, Estado Santa Catarina e incorporado no ano de 1960, é considerado reservista de 1ª categoria.

A) IDENTIFICAÇÃO

Filho de Henrique Luiz Gallassini
e de Otilia Gallassini
Natural de: Estado Santa Catarina; Município Brusque; Cidade (lugar) Brusque
Data de nascimento – 3 Maio 1941 –
Instrução
Outras notas

Altura 1,68m
Cútis Branca
Cabelo Cast Cls Lis
Olhos Cast Claros
Nariz
Rosto
Bôca
Sinais particulares

Impressão digital (polegar direito)

(Assinatura do reservista)

B) PRESTAÇÃO DO SERVIÇO MILITAR

Organização onde serviu COMPANHIA DO QUARTEL GENERAL DA 5ª RM/5ª DI
Tempo de serviço (incluído em 20 Jan 60, excluído em 6 Jan 61)
QMG – 07 Infante QMP – 001 Combatente
Graduação SOLDADO

(a) JOÃO DE AZEVEDO BARBOSA RIBAS FILHO
Cap Cmt da Cia do QG da 5ª RM/5ª DI

Em caso de mobilização o reservista deverá apresentar-se à autoridade local (civil, se aí não houver guarnição militar), a fim de obter meio de transporte até o lugar do Centro de Mobilização que lhe fôr atribuído.

Só é válido o certificado com as Armas Nacionais em marca d'água
A marca d'água é visível, olhando-se o certificado contra a luz.

O jovem Aroldo servindo ao exército e seu certificado de reservista.

Em 1967, Aroldo (da dir. para a esq., o quarto em pé, na primeira fila, de camisa escura e calça clara) com o grupo de formandos em Agronomia na Universidade Federal do Paraná, em Curitiba.

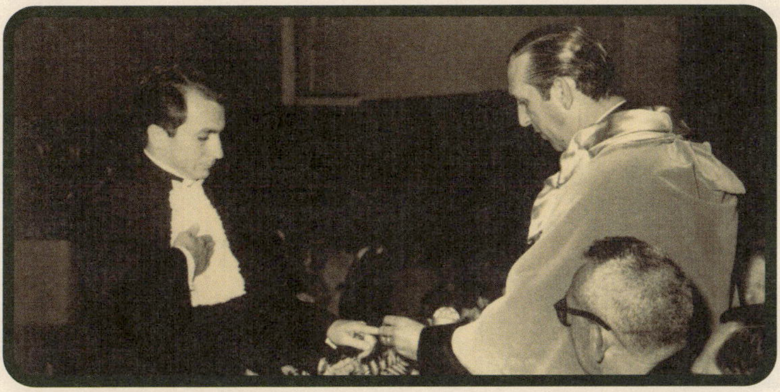

Aroldo Gallassini recebe anel de formatura e faz juramento ao ser diplomado engenheiro agrônomo.

O jovem agrônomo durante a realização de levantamento topográfico, em 1967.

Em 1968, logo que chegou a Campo Mourão, o extensionista da Acarpa, Aroldo Gallassini, ao lado do jipe que utilizava para visitar os agricultores.

O engenheiro agrônomo conduzindo os primeiros experimentos de trigo na região de Campo Mourão.

Othilia entrando com o filho na igreja, no dia do casamento de Aroldo.

O Casal Marli e Aroldo Gallassini, durante matrimônio em 26 de julho de 1969.

Em 1969, Gallassini, ainda como extensionista, difundindo o cooperativismo e "plantando a semente" da criação da futura Coamo.

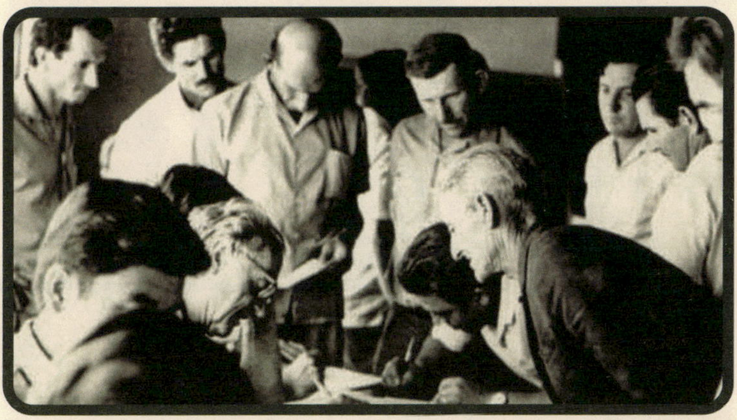

Momento histórico: assinatura da Ata de Constituição da Cooperativa Agropecuária Mourãoense Ltda., em 28 de novembro de 1970.

Em 1971, o presidente Fioravante João Ferri e o então gerente geral da Coamo, José Aroldo Gallassini.

Inauguração do primeiro armazém da Coamo, em 1972. Na foto abaixo, Gallassini é o terceiro (da esq. para a dir.)

Marli e Aroldo Gallassini com a filha caçula Larissa Lorena.

Gallassini (no canto direito) participa de reunião sobre cooperativismo na década de 1970.

Aroldo Gallassini, já como presidente da Coamo, despontava como um dos líderes do cooperativismo paranaense.

Desde o início, a Coamo sempre esteve ao lado dos cooperados, criando entrepostos para o recebimento da produção agrícola.

O presidente da Coamo faz a abertura da Olimpíada dos Funcionários da Cooperativa, com a disputa de diversas modalidades esportivas.

Aroldo Gallassini e Fioravante João Ferri (esq.), apresentam maquete da indústria de óleo de soja da Coamo.

Ainda dentro do mundo do cooperativismo que se desenhava na trajetória de José Aroldo Gallassini, ele se aproximou de Eugenio Bohatch, formado em Agronomia desde 1962. Em seu início profissional Bohatch trabalhou no Café do Paraná, ligado à Secretaria da Agricultura, onde depois se tornou funcionário concursado.

Pois foi justamente atuando em extensão e fomento pela Secretaria que Bohatch conheceu Aroldo na Casa Rural do Ibaiti, onde ele realizou rápido estágio. Bohatch gostou do estilo de Aroldo, que se mostrava interessado e com bom nível de conhecimento técnico.

Quando Aroldo já atuava pela Acarpa, a Secretaria da Agricultura fez convênio com o Instituto Brasileiro de Café, o IBC, para conservação do solo e combate à erosão. Bohatch e Aroldo chegaram a atuar conjuntamente no processo; Aroldo, inclusive, participou da demarcação das terras e da disseminação das técnicas de plantio de feijão, milho e café junto aos agricultores locais.

No ano de 1969, o destino deles voltou a se cruzar, pois, Bohatch foi transferido para Maringá, onde passou a chefiar o setor regional que abrangia, inclusive, a base de Campo Mourão. Foi quando o governo federal criou o Apoio Governamental de Implantação do Sistema Nacional de Sementes, Agiplan; Bohatch também fez parte do projeto.

Eram constantes as conversas entre Bohatch e Aroldo, que já traçava estudos sobre tendências de os agricultores da região plantarem com vasta produção; além do trigo, Aroldo estudava a plantação de feijão, milho e algodão, além de idealizar a produção de soja posteriormente.

O chefe do departamento técnico da Acarpa, que depois veio a se tornar secretário executivo, era o engenheiro agrônomo Hans Henning Günther. Havia necessidade de mão de obra, pois, desde o fim da década de 1960 crescia a migração de agricultores do Rio Grande do Sul para o Oeste do Paraná. Tanto que a Acarpa recrutava extensionistas do nordeste ao sul do país, sempre de forma criteriosa nos aspectos de seleção, treinamento e desenvolvimento de pessoal. Era criado um plano estratégico, o de colocar a pessoa certa no lugar certo!

O primeiro contato entre Aroldo Gallassini e Hans Henning Günther aconteceu quase que simultaneamente com a chegada de Aroldo a Campo Mourão.

Anos depois, em 1975, Hans seguiu novo rumo profissional, indo para a Federação da Agricultura, onde assumiu o posto de chefe do departamento econômico, vindo depois a ser diretor técnico.

O ACIDENTE

Em fevereiro de 1969, Aroldo sofre grave acidente de carro. Aroldo foi designado para ensinar um técnico agrícola da Acarpa, e que trabalhava com ele, a dirigir.

Tudo ia bem, até que o rapaz se atrapalhou com a poeira na estrada e saiu da mão da pista. Conclusão: o jipe bateu de frente com um caminhão transportador de madeira e que vinha pela via oposta, mas que por sorte estava vazio.

O rapaz nada sofreu, mas Aroldo, que estava no banco do passageiro, se machucou bastante. Ele foi levado ao melhor médico de Campo Mourão, o doutor Manoel Andrade, que fez o diagnóstico:

— Aroldo, como você bateu o rosto no para-brisa, têm cacos de vidro dentro da sua face. Além disso, você quebrou o nariz e fraturou o maxilar. E teve ainda uma fratura no braço ao tentar diminuir o impacto na batida do seu rosto. Este é um caso é grave. Melhor encaminhar você para Curitiba, onde eles têm mais recursos para trata-lo.

Assim que Dulio José de Paola, secretário executivo da Acarpa, e Hans Henning Günther, diretor técnico, souberam do ocorrido, prestaram toda assistência a Aroldo. Eles disponibilizaram a ambulância que fez a remoção e a internação no hospital de Curitiba, onde era a sede da Acarpa.

Horas depois, Aroldo chegou à capital paranaense. Realmente, a decisão do médico, solicitando a transferência, foi a melhor a ser tomada. Em função do procedimento com o maxilar, Aroldo teve que se alimentar apenas de líquido por semanas.

Assim que recebeu alta, Aroldo ficou um tempo em Curitiba, na casa da tia Laura e do tio Arthur, irmão da mãe dele. Ainda conseguiu passar uns dias em Brusque, na casa dos pais. Durante todo o período de recuperação, Aroldo esteve licenciado da Acarpa.

Quando se sentiu relativamente bem, Aroldo retornou as atividades em Campo Mourão.

Os planos de Aroldo e da noiva Marli eram os de ter se casado em maio, mas devido ao acidente e à recuperação, a cerimônia foi transferida para julho.

CASAMENTO E VIDA FAMILIAR

Vinte e seis de julho de 1969! Esta foi a data da união entre Marli e José Aroldo Gallassini. O casal recebeu em torno de 200 convidados numa festa no Clube Bandeirantes, em Brusque. Como as famílias eram grandes, elas prevaleceram entre os que estavam na festa.

Após a cerimônia, Marli e Aroldo viajaram de carro em lua de mel para Gramado e Canela, no Rio Grande do Sul. O passeio durou pouco mais de uma semana; no dia 4 de agosto, aniversário de Brusque, eles já estavam de volta.

Mas enquanto o casamento não acontecia, Aroldo, em Campo Mourão, assumiu a responsabilidade de montar a moradia do casal. A procura foi grande, mas Aroldo não conseguia encontrar uma casa para alugar. Faltavam residências para locação e só se conseguia uma casa com a desistência do locatário. Casa de alvenaria, então, nem pensar; havia pouquíssimas em Campo Mourão.

Com muito custo Aroldo encontrou uma casa de madeira. Imóvel garantido, Aroldo providenciou a limpeza do terreno, que estava muito sujo. O enxoval e os presentes recebidos no casamento foram enviados de Brusque para Campo Mourão. Aroldo organizou tudo na casa e ainda comprou alguns móveis e eletrodomésticos. Os móveis foram produzidos na fábrica da família Gallassini, em Brusque.

Como Marli era professora em Brusque, e dava aulas de manhã e à tarde, além de fazer um curso à noite, ela não pode antecipar sua ida para Campo Mourão.

Desta forma, Aroldo se preocupou com tudo e a casa estava pronta e arrumada para o início de vida do casal. Marli foi surpreendida positivamente quando entrou pela primeira vez na residência em que eles iriam morar e viu tudo na mais perfeita ordem: toalhas bordadas e engomadas sobre as mesas, geladeira cheia de alimentos, cozinha arrumada... até aparelho de televisão, algo raro em Campo Mourão, ele comprou.

Logo depois do casamento, Marli seguiu com Aroldo para Campo Mourão. Valia enfrentar um grande processo de mudanças para seguir o marido, mas o início da nova vida de casada não foi fácil. Marli, sempre muito ligada à família, vivia chorosa e se ressentia da ausência dos pais, do irmão e das irmãs. Na cidade só havia asfalto na avenida principal, o que fazia levantar muita poeira e deixava a casa sempre precisando de cuidados. Para ela tudo era novo.

Com bom gosto, Marli realizava melhorias na casa. Mas isso gerou um problema, pois, quanto mais transformado ficava o imóvel, mais o proprietário queria aumentar o aluguel.

Depois de uns três anos, Marli e Aroldo decidiram comprar a residência e fizeram uma proposta ao dono, que foi aceita. Eles tinham uma parte do dinheiro e o restante foi levantado por meio de empréstimo no banco, para quitar a casa.

Agora sim as melhorias poderiam ser feitas sem o medo de aumento do aluguel. Eles então colocaram calçada, muro, arrumaram o jardim, criaram um pátio...

Uma forma de encurtar a distância familiar era com as cartas que Marli escrevia para os pais e a sogra, contando sobre o novo modo de vida dela e do marido. Otília ficava tão feliz que passava a carta de mão em mão, para que todos soubessem das novidades.

Marli contava das peculiaridades de Campo Mourão, cidade ainda nova, fundada em 10 de outubro de 1947 e com pouco mais de 20 anos de existência.

Logo que chegou Marli deu aulas. Para melhor adaptação à vida de casado, Marli e Aroldo decidiram esperar três anos antes de pensar em gravidez. Assim, Marli fez amizades na cidade, inclusive, com as esposas dos amigos de Aroldo.

Aos finais de semana, Aroldo realizava avaliações para o Banco do Brasil e no pouco tempo de folga que restava ia passear de carro com Marli; ele havia comprado um fusca. Nesses momentos de descontração, Aroldo sempre brincava com a esposa, relembrando das palavras do pai dela durante o noivado:

— Aroldo, se você quer mesmo casar, saiba que terá que sustentar a minha filha, porque eu não aceito devolução! – e ambos riam da lembrança.

COMPANHEIRO DE TRABALHO, AMIGO E SÓCIO

Muito prazer. Eu, eu me chamo Antonio Alvaro Massareto e iremos atuar juntos como avaliadores do Banco do Brasil.

Estávamos em 1969. A família de Massareto chegara em Campo Mourão em 1955, mas o rapaz acabara de retornar à cidade, depois de se formar em agronomia. Na verdade, Massareto deveria ter sido contratado pelo então Banespa, Banco do Estado de São Paulo, mas durante estada em Campo Mourão ele soube que havia vaga para avaliador no Banco do Brasil, e fechou com o banco.

O encontro se deu depois de Aroldo voltar às atividades profissionais na Acarpa, já recuperado do acidente de jipe, assim como de prestar serviço de avaliações ao Banco do Brasil.

De colegas de trabalho eles se tornaram amigos, montaram escritório e abriram uma empresa de planejamento juntos, a Platec, com mais outros dois sócios, um veterinário e um economista.

O sócio Massareto ficava impressionado com a dedicação e comprometimento de Aroldo ao trabalho, fosse como extensionista da Acarpa, nas avaliações do Banco do Brasil ou na Platec; eles também compraram em sociedade uma propriedade rural na região. E o mais importante: por princípios éticos, Aroldo nunca utilizava o horário de uma atividade para fazer a outra!

Às vezes, Massareto convidava Aroldo para uma festa, um churrasco ou encontro social, e dele ouvia:

— Massareto, só se for da meia noite às 5h. Neste horário eu ainda tenho agenda livre... - e ambos riam da brincadeira.

O ROTARY CLUB DE CAMPO MOURÃO

Era comum que alguns casais, ao todo 16, se reunissem socialmente, onde falavam de negócios, da vida e do desenvolvimento de Campo Mourão. Entre eles, estavam Marli e José Aroldo Gallassini.

A lavoura era tema certo nas conversas e Aroldo dizia aos amigos, muitos deles agricultores: "Se tiver cuidado com a terra, ela produz!"

Daí nasceu a ideia lançada por Aroldo da criação de uma cooperativa em Campo Mourão. Essa era, aliás, uma das missões dele como extensionista da Acarpa.

Com sua capacidade de fazer com que as pessoas entendessem suas mensagens por meio de linguagem simples e direta, a ideia ganhou corpo e força.

Em meio ao processo, surgiu outra iniciativa: o grupo decidiu formar uma base do Rotary em Campo Mourão. Na primeira reunião de criação do Rotary, Marli e algumas das esposas escreveram a ata da reunião. Assim, em 1969, um grupo de 29 companheiros, liderado por Luiz Massareto, fundou o Rotary Club de Campo Mourão.

Entre os futuros participantes do clube rotariano, estava Ademar Batista de Melo, que também havia chegado a Campo Mourão praticamente junto com Aroldo Gallassini. Eles eram bastante próximos e valorizavam pontos em comum, como o respeito à família e à religiosidade. Pela liderança que Aroldo exercia, Ademar costumava brincar, chamando-o pelo carinhoso apelido de "chefinho".

Do grupo participavam ainda Jorge E. Faria Arias, Vicente Urbano Leite, Manoel Nascimento, Sérgio Luiz Panceri, entre outros. Havia também Nelson Teodoro de Oliveira, o "Nelsinho", outro avaliador do Banco do Brasil. O pai dele, Joaquim Teodoro de Oliveira, era um importante agricultor local e admirador de Aroldo Gallassini. Tanto que costumava dizer para quem quisesse ouvir:

— Campo Mourão existe depois da chegada de Aroldo Gallassini. Ele revolucionou a cidade!

Nas reuniões do Rotary, mesmo os temas centrais sendo as ações do clube e os trabalhos sociais a serem realizados junto ao município, sempre sobrava espaço para se falar da ideia da cooperativa.

Aroldo procurava reforçar os conceitos:

— Uma cooperativa forte e estruturada leva à união, respeito mútuo e valorização dos produtores.

Boa parte dos rotarianos fechou com Aroldo e deu sinal verde para que a ideia da cooperativa saísse do papel.

"PLANTAR" A IDEIA DO COOPERATIVISMO

Dentro do quadro, Aroldo identificou que ali havia necessidade de reinvenção do plantio; existia enorme caminho a ser percorrido.

Ele então passou a identificar lideranças locais, formando um grupo de agricultores que "comprou" a ideia lançada por Aroldo: "Vamos criar uma cooperativa!".

Aroldo dominava muito bem o tema do cooperativismo, estudado na universidade e principalmente no curso que fizera pela Acarpa.

Mas havia um senão para implantar o projeto. Apesar da existência de algumas cooperativas de sucesso no oeste do Paraná e no Rio Grande do Sul, pelos lados de Campo Mourão ao menos cinco tentativas de criar uma cooperativa não obtiveram sucesso. Algumas até geraram prejuízos aos agricultores associados. O pessoal da região sabia como era importante a criação de uma cooperativa, mas a desconfiança imperava.

Ao menos um ponto estava definido: o projeto inicial da cooperativa estaria voltado para a produção de trigo. Aroldo passou a fazer experimentos de trigo através da entidade gaúcha Ipeas, Instituto de Pesquisas e Experimentação Agropecuárias do Sul.

O tema foi maturado praticamente por um ano. Aroldo, na companhia da esposa Marli, reuniu casais de agricultores, alguns já com lavouras com tratores e boa plantação de trigo, para falar sobre cooperativismo. Os encontros aconteceram na Sociedade Mourãoense, clube social da cidade, onde eram debatidos temas sobre a produção e o cooperativismo, sendo que o segundo despertava bastante interesse dos participantes.

Aroldo visitou algumas cooperativas, para conhecer seus modelos de atuação e gestão. Também organizou vários cursos dirigidos aos agricultores. Até que, em dezembro de 1969, Aroldo já tinha um grupo formado e disposto a iniciar a cooperativa. E foi no último dia de aula de um dos cursos que o então prefeito de Campo Mourão, Horácio Amaral, compareceu e deu uma notícia que motivou a todos para efetivamente seguirem adiante com a ideia:

— Se através da iniciativa do Aroldo vocês realmente formarem a cooperativa, eu cederei o terreno para a sede. Ali, inclusive, havia sido doado para uma cooperativa de leite que nem chegou a funcionar.

A alegria e a certeza de constituir a cooperativa foram gerais!

Como Aroldo já tinha direito a férias na Acarpa, saiu para descanso no dia 20 de dezembro e viajou para Brusque; ele programou férias de 30 dias, até 20 de janeiro, o que se tornou um hábito que nunca mais abandonou. Mas antes Aroldo deixou o tema da criação da cooperativa "engatado", para ser retomado assim que voltasse a Campo Mourão. Até o estatuto Aroldo já tinha estudado e preparado.

CAPÍTULO 2

NASCIMENTO DA COAMO

A CONSTITUIÇÃO DA COOPERATIVA

UM MÊS DEPOIS, EM JANEIRO DE 1969, quando voltou das férias, Aroldo foi pego de surpresa. Um grupo de famílias de agricultores de origens alemã e italiana iniciou movimentação para criar uma cooperativa de trigo em Campina do Amoral, e não em Campo Mourão, distante 30 quilômetros do vilarejo. Até a diretoria já estava nomeada.

Aroldo, que inclusive fazia trabalho como extensionista da Acarpa nas terras deles, foi contrário. Campina do Amoral não comportava uma cooperativa; nem luz elétrica havia no local. Aroldo sustentou a ideia inicial:

— Temos que montar a cooperativa em Campo Mourão!

O impasse durou seis meses, até que a ideia da cooperativa em Campina do Amoral foi esquecida e o projeto migrou de volta a Campo Mourão. A ideia era atender agricultores de outros 15 municípios. As famílias alemãs e italianas que encabeçaram a mudança de rota aceitaram participar do projeto inicial.

Era necessário enviar a documentação ao INCRA, processo bastante demorado. Nesse ínterim, ocorriam as reuniões com os cooperados. Alguns nomes para a razão social foram sugeridos, mas não agradaram: Coagro, Cocampo, Comourão, entre outros.

Até que o agricultor Gelindo Stefanuto lançou a ideia:

– Que tal Cooperativa Agropecuária Mourãoense, Coamo? – que contou com adesão geral!

Em 28 de novembro de 1970, foi fundada a Coamo e definida a diretoria da cooperativa na Associação do Banco do Brasil, assim como o número inicial de cooperados. Um a um os agricultores iam chegando e assinando suas adesões à cooperativa.

Um dos que participou com Aroldo nos treinamentos doutrinários dos produtores, e também da Assembleia de filiação da Coamo, foi Silvio Tedéo, com grande expertise em cooperativismo.

O primeiro cooperado foi o agricultor e engenheiro agrônomo Lourenço Tenório Cavalcante, o "Tenório", assessor da Acarpa e dono de 15 alqueires em Peabiru. Aí vieram outros: Joaldo Saran, Ervalino José Guadagnin, Theodoro de Andrade... os irmãos Franz e Martin Kaiser foram, respectivamente, o décimo primeiro e décimo segundo cooperados; o pai deles, de origem Iugoslava, já defendia a criação de uma cooperativa em Campo Mourão, algo comum na Europa. Franz e Martin trabalhavam com lavoura de arroz e trigo; mais tarde, vieram a plantar soja, negociando a produção com uma fábrica de óleo chamada Nata.

Os Kaiser, assim como outros agricultores, perderam cargas de arroz e milho, em função do calote dos compradores, antes da criação da Coamo. Eles acompanharam iniciativas anteriores da criação de cooperativas, mas que não seguiram adiante. Os Kaiser apoiaram integralmente a proposta apresentada por Aroldo, mobilizando, inclusive, a vizinhança. Eles subiam no trator que tinham na propriedade e iam falar com outros agricultores. Alguns fecharam com a ideia, mas houve quem não a recebesse bem, dizendo:

– Outras cooperativas já deram errado. Eu não confio.

Ao final, 79 produtores constaram na relação inicial de cooperados, sendo o último nome o de Rosalino Mansuetto Salvadori.

Mas havia um impasse: de onde viria o capital para começar tudo? Aroldo Gallassini desenvolveu um sistema que chamou de "cooperativa de resultado". O estatuto foi criado já pensando em capitalizar a Coamo. Pedir um percentual da produção para cada um dos cooperados não seria boa ideia. Então, foi colocado no estatuto um percentual de 10% de reserva, para eventuais perdas, e 5% de Fate (Fundo de Assistência Técnica e Educacional), sendo que ambos constavam na lei. Ainda foram colocados 35% de fundo de desenvolvimento, para capitalizar a cooperativa. O aumento de capital era de até 3%. Daquilo que o cooperado entregava, até 3% poderiam ser descontados e colocados na conta dele como capital; com o tempo, o percentual foi reduzido para 2% e depois 1%. Quando deixasse de ser cooperado, seria feito o acerto com o agricultor do valor acumulado. E quanto ao resultado, parte era capitalizada e parte reservada para ser devolvida aos cooperados.

Havia ainda a programação de trabalhar com insumos, comprar e fornecer aos cooperados, o que proporcionaria a eles uma boa economia, podendo ser uma excelente fonte de capitalização para a cooperativa.

Tudo definido, o próximo passo foi registrar a cooperativa e alugar um escritório no centro de Campo Mourão; Aroldo também contratou dois funcionários.

Um fato curioso aconteceu com o agricultor Antonio Sabino Guadagnin. Ele já conhecia Aroldo desde a chegada dele em Campo Mourão e logo que surgiu a ideia apoiou a criação da cooperativa. Como não tinha carro, Guadagnin pegou carona com outro agricultor para se associar. Mas o pneu do jipe furou e eles perderam um longo tempo. Quando chegaram ao local da Assembleia, todos já haviam assinado a Ata. Conclusão: eles tiveram que voltar na semana seguinte e Guadagnin se tornou o 83º associado.

Nesse meio tempo, Aroldo foi promovido a Chefe Regional da Acarpa, com atuação compreendida de Ivaiporã a Ubiratã. Ele então passou a comandar um grupo de agrônomos da Acarpa e que atendia a região. Ali um fato chamou-lhe a atenção: os agricultores locais torravam soja para dar como alimento aos porcos. Isso porque, se dessem a soja crua, os porcos ficavam pesados, tinham problemas de osteoporose e quebravam os ossos.

Agora como chefe, Aroldo teve que ser substituído por outro extensionista em Campo Mourão. Mas o técnico ficou por pouco tempo no município.

A ESCOLHA DO PRESIDENTE

O grupo de cooperados, já com a diretoria definida, mas que ainda não tinha escolhido o presidente, procurou Aroldo, pedindo a ele que assumisse a gerência da cooperativa.

A indicação partira do empresário e agricultor Ivo Mário Trombini, o mesmo a quem Aroldo devolvera a comissão que ele pretendia pagar, pela intermediação da venda de um trator.

Mas havia um inconveniente: Aroldo não teria como receber salário, pois, a cooperativa estava em início de atividade.

Claro, ele agradeceu a confiança, mas disse que não poderia abrir mão da Acarpa, pois, precisava do salário. Ao menos se comprometeu a ajudar o grupo a escolher o presidente.

Durante a reunião, o mesmo Ivo Trombini, sugeriu o nome de um forte empresário local e de credibilidade perante a comunidade: Fioravante João Ferri, homem benquisto e que sempre investiu no desenvolvimento de Campo Mourão. Como quando, anos antes, trouxe duas famílias da cooperativa agrária de Guarapuava e a elas forneceu áreas de terra e madeira para pagarem quando e como pudessem. A intenção de Ferri era a de incentivar a agricultura local.

Parte da família de Fioravante João Ferri, como o irmão Ildefonso Cesar Ferri e os sobrinhos, entre eles, Moacir José Ferri e Benito Ferri, estava entre o grupo de 79 agricultores que formou a relação inicial de cooperados da Coamo. O próprio Fioravante era o 28º cooperado.

Um grupo de pessoas foi até a casa de Fioravante Ferri, para convida-lo a assumir a presidência. O homem, que havia sido vereador na cidade, já tinha a saúde até certo ponto debilitada. Ele ouviu lisonjeado as colocações e o pedido, para que assumisse a presidência, mas quis um tempo antes de dar a resposta:

— Muito me orgulha tal convite, mas preciso de uns dois dias para pensar. Voltaremos a nos falar em breve.

Enquanto o grupo discutia algumas ações, Fioravante Ferri chamou Aroldo de lado e disse:

— Volte aqui amanhã. Antes de dar a minha resposta sobre a presidência quero ter uma conversa reservada com você.

Na manhã seguinte, lá estava Aroldo Gallassini na casa de Fioravante Ferri, que lhe disse:

— Aroldo, eu só irei aceitar a presidência se você for o gerente. Eu pouco ou nada entendo sobre cooperativas. Cedo meu nome e o prestígio acumulado após anos de árduo trabalho para o posto de presidente da cooperativa, mas confio em você e quero que seja o gerente, para que possa também atuar como administrador do negócio.

Agora era a vez de Aroldo precisar de um tempo para pensar. E ficou de responder até o final da tarde. Era honroso contar com a confiança de Fioravante João Ferri, um dos homens mais corretos, respeitados e bem-sucedidos da região, mas ser gerente da Coamo significava ter que pedir demissão da Acarpa e deixar de ter a garantia de um salário mensal, para apostar no sucesso futuro da cooperativa.

A esposa Marli foi consultada, e deixou Aroldo à vontade para se definir pela escolha:

— Percebo que você está muito entusiasmado com a criação da cooperativa. Você acredita nisso! Então, Aroldo, faça o que o seu coração manda. Você tem o meu total apoio.

Como era algo em que Aroldo realmente apostava no sucesso, ele aceitou ser o gerente, mas fez uma exigência:

— Sr. Ferri, muito me alegra e honra saber que o senhor confia em mim. Vou aceitar este desafio ao seu lado! Mas, como o senhor bem sabe, casei faz pouco tempo e necessito sustentar a minha família. A Coamo hoje não poderia me pagar um salário, muito menos próximo ao que recebo da Acarpa.

Fioravante Ferri acompanhava atento à explanação de Aroldo, na espera da conclusão:

— Sendo assim, eu proponho assumir a gerência, mas ter autorização para fazer projetos de financiamento para o Banco do Brasil aos sábados e domingos. Sei que terei uma queda na receita mensal, mas assim consigo me sustentar até que a Coamo possa me remunerar.

O sinal verde foi dado. Aroldo sabia que com as avaliações ao menos conseguiria manter-se financeiramente; ele fazia em torno de cinco a seis avaliações por final de semana. Aroldo também atuava na parte técnica como agrônomo para três produtores de sementes de trigo, recebendo deles 3% da produção. No dia seguinte, o pessoal voltou à casa de Ferri, de onde saiu com duas novidades:

— Eu aceito ser o presidente da Coamo! Mas isso só foi possível porque o Aroldo se dispôs a estar comigo na administração e ser o gerente da cooperativa. Ele irá se desligar da Acarpa, mas tem a minha permissão para realizar avaliações do Banco do Brasil aos finais de semana.

Com Fioravante João Ferri de presidente e Gelindo Stefanuto de vice, o próximo passo foi solicitar para a Acarpa a liberação de Aroldo. Mesmo não sendo regra, a direção da Acarpa permitiu que Aroldo fosse atuar na Coamo. Pesou também na decisão a vontade de Aroldo em trabalhar na cooperativa.

Como cultivava de grande conceito com a direção da Acarpa, dela Aroldo ouviu:

— Siga seu caminho tranquilamente. Pode ter a certeza: se algo não der certo, as portas da Acarpa estarão abertas para você!

Aroldo, que já tinha comprado terras, entre elas, a Fazenda Monjolo, com 10 alqueires plantados e uma área para pasto, que pagou na colheita da safra, para plantar arroz na região, até pensava em ser cooperado da Coamo, mas como assumiu a gerência, desistiu da ideia.

Naquele tempo, um alqueire de terra custava em torno de Cr$ 600 (cruzeiros), praticamente o salário que ganhava da Acarpa, embora ele ainda recebesse as comissões do Banco do Brasil e um salário extra, assessorando três produtores de sementes. Mas Aroldo não manteve a atividade por muito tempo, pedindo depois para que os agricultores atuassem diretamente apenas como cooperados da Coamo.

A compra da Fazenda Monjolo foi feita em sociedade com Geraldo Laurani, que trabalhava no Banco do Brasil, onde Aroldo conheceu o sócio; Laurani era de Ourinhos, no interior de São Paulo, e chegara a Campo Mourão em 1962. Havia um impasse: como Geraldo trabalhava no Banco do Brasil, não podia ter terras no nome dele. Então, o sócio que aparecia no contrato e na escritura era o irmão dele, José Carlos Laurani, que veio a se formar como engenheiro agrônomo.

Desta forma, tudo foi acomodado. E como Geraldo Laurani costumava brincar com o sócio e amigo:

Nossa sorte, Aroldo, é que você entende de agronomia e lavoura, e eu de cuidar das contas...

Unindo as capacitações, o negócio prosperou e foram levantados recursos de financiamentos para máquinas e as lavouras. Depois a sociedade se ampliou, com a entrada de Osmar Ferrari. Logo outra fazenda anexa foi adquirida e depois uma terceira, a fazenda Lorena.

Ao todo, eles chegaram a ter seis áreas. Mas havia uma regra definida entre eles: quando cada uma delas chegasse a 60 alqueires, eles fariam a divisão da sociedade. Isso realmente aconteceu em 1977 de forma clara e transparente. O patrimônio envolvia terras e maquinário usado, sempre mais difícil de avaliar. Pois Aroldo fez uma justa divisão em blocos de máquinas e deu a Laurani e a Osmar a opção de escolha dos lotes.

"Digo a você também para que trabalhe sempre com dedicação e amor ao que faz. E que, se está infeliz na carreira e profissão, que tenha forças e coragem para mudar."

Em novembro de 1970, um novo agricultor se associa à Coamo. Era Ezequiel Eluir Slompo, cooperado de número 415, que ganhara 20 alqueires do sogro. Ele trabalhava como diretor financeiro da revenda da Volkswagen de Campo Mourão.

Com o tempo, Ezequiel pegou gosto pela agricultura e comprou mais terras. Assim, passou a estar com frequência na Coamo e criou vínculo de amizade com Aroldo Gallassini, gerente da cooperativa.

Ezequiel admirava a capacidade de trabalho de Aroldo, assim como sua simplicidade no trato com os agricultores. Ele jamais fazia distinção, independentemente do tamanho da propriedade do cooperado.

Eram tempos complicados, onde havia dificuldade para se comprar sementes.

MÃOS À OBRA

Assim que deu início a Coamo, José Aroldo Gallassini, na companhia do presidente Fioravante Ferri, fez visitas à Coopagro, primeira cooperativa da região oeste do Paraná, para trocar ideias e absorver o modelo de cooperativismo praticado.

A busca por informações continuou por parte de Gallassini, que além de buscar literatura específica se reuniu com a direção da Cocamar, de Maringá, e de outras cooperativas, entre elas, algumas de Santa Catarina. Gallassini também agendou um encontro com gestores de cooperativas da Alemanha, que estavam de passagem pelo Paraná.

Outra vez, os contatos entre Aroldo Gallassini e Eugenio Bohatch se intensificaram. A Agiplan, à qual Bohatch estava ligado, criara o Programa de Produção e Tecnologia de Sementes e Fiscalização do Comércio. Como a Coamo trabalharia com trigo, e iniciaria ações com soja, Bohatch fiscalizava a produção não só dos cooperados da Coamo, mas também de outros produtores da região.

Aroldo passou a implantar o tratamento de semente de trigo, pois, os agricultores não usavam proteção para lidar com fungicida. Aroldo também orientava o manuseio, alertando para que o produto não fosse inalado ou tivesse contato com a pele durante a aplicação. Para ajudar na desintoxicação, era fornecido diariamente um litro de leite por agricultor.

Quanto à Coamo, as adesões aumentavam. Assim como ela, outras cooperativas estavam surgindo. Tanto que foi criado um programa governamental, o Projeto de Integração do Cooperativismo (PIC). Por meio da Acarpa, Aroldo soube do projeto e procurou se inteirar dele, para aplica-lo na formatação da Coamo. Quanto às cooperativas mais consolidadas, entre elas estavam Cocamar e Coopagro.

Neste momento, já avançávamos pelo ano de 1971. E logo, mesmo que ainda de forma precária, a Coamo recebeu sua primeira safra de trigo, produto básico da cooperativa.

A safra, adquirida de vários produtores, foi alocada em armazéns alugados. Alguns eram do governo, como os da Companhia Paranaense de Silos e Armazéns, a Copasa, outros de multinacionais e que estavam ociosos. Houve também boa participação da Cetrim, comissão de trigo do governo, ligada ao Banco do Brasil, que adquiria trigo e deu importante apoio naquele início.

A primeira nota fiscal, cujo modelo se assemelhava ao da Cocamar, acabou sendo preenchida em punho pelo próprio Aroldo.

Foi justamente com o advento do trigo mecanizado que surgiu a Coamo. Com o cooperativismo, começaram a surgir também as vendas de tratores financiados pelo governo. O cooperado passou a se sentir mais protegido, pois agora tinha onde financiar e escoar sua produção, além de contar com quem se encarregasse da comercialização da mercadoria. A estruturação foi ocorrendo conforme surgiam as necessidades.

Depois da primeira carga, outras foram sendo entregues. O produtor rural passou a comprar também insumos. O volume de recebimento, venda e dinheiro começou a aumentar. O trabalho também! Desta forma, Aroldo precisou admitir pessoal. E logo foi reservado um valor mensal, como salário, para Aroldo Gallassini.

Quanto à contabilidade, era tudo manual. Um contador da Cocamar, de Maringá, ia à noite e aos finais de semana trabalhar na Coamo, para difundir o sistema fiscal por eles utilizado. Depois ele chegou a ser contratado pela própria Coamo.

Em relação aos associados, havia substancial aumento, tanto que a Coamo já passava dos 800 cooperados nos primeiros dois anos de atividade.

Nesse início de trabalho da Coamo, os caminhões de entrega chegavam a ficar até três dias na fila para descarregar. Aroldo sabia que este era um problema a ser rapidamente resolvido. Tanto que sempre conversava sobre o tema com um dos transportadores de cargas que prestava serviços para a cooperativa, Nevio Hanel, cuja família possuía alguns caminhões e também era cooperada da Coamo; anos depois, Nevio veio a se tornar um dos maiores fornecedores de eucalipto da Coamo, utilizado como matéria prima energética nas indústrias ligadas à cooperativa.

Em 1972, Aroldo levantou financiamento junto ao Banco Regional de Desenvolvimento Econômico, o BRDE; para a construção do primeiro armazém da Coamo. Para tal operação, ele contou com aval dos 79 produtores cooperados, que assinaram notas promissórias para elevar o capital da Coamo, como garantia da dívida. As promissórias eram de cores diferentes, de acordo com o porte do produtor, e foram monitoradas por Augusto Tezelli Neto, que iniciara na empresa naquele mesmo ano.

Na hora de votar o tamanho do armazém que seria construído, a maioria apostava num pequeno e não de 80 mil sacas, como idealizavam Aroldo e parte do grupo. Mas a proposta de 80 mil sacas foi mantida e, na safra seguinte, já se pensava em construir um novo armazém, agora de 500 mil sacas.

Para conseguir apoio dos cooperados, Aroldo reuniu o grupo e explicou a situação:

— O banco só financiará se tivermos um compromisso assinado por vocês. Claro, podemos ter problemas no futuro, mas praticamos uma gestão séria, atenta e preocupada em fazer o melhor pela Coamo e pelos cooperados.

E Aroldo reforçou:

— Eu sempre fui rígido com pagamento e cobrança. Aprendi isso com meu o pai, que tinha uma pequena fábrica de móveis em Brusque. Eu costumo dizer que pagar conta é questão de disciplina. Não tem esse negócio de deixar *pra* lá. A bagunça administrativa quebra qualquer um! Na cooperativa não há lugar para apadrinhamento!

O que pesou mesmo na decisão de todos assinarem as promissórias foi a confiança na palavra de Aroldo. Inclusive, após a explanação de Aroldo, um dos cooperados puxou a fila:

— Se o Aroldo falou, eu assino!

Nenhum dos cooperados precisou pagar alguma parcela ao banco e o dinheiro rendeu tanto que ajudou, além da construção do depósito, para aquisição de insumos, adubos e sementes, destinados ao fornecimento para os cooperados. Como a semente de trigo local não era da melhor qualidade, Aroldo passou a adquiri-la da região sul do Paraná.

Com o dinheiro levantado, houve a mudança da sede da Cooperativa, para uma área mais afastada do centro de Campo Mourão e de melhor acesso para os agricultores e para as entregas e despachos de mercadorias.

No mesmo período, ficou decidido que pessoas ligadas à política partidária não poderiam participar do Conselho da Coamo.

APROVEITAR TALENTOS

Estão criando uma cooperativa em Campo Mourão. O idealizador é o agrônomo José Aroldo Gallassini, ex-profissional da Acarpa.

Logo que Antonio Granado Martinez chegou a Campo Mourão, soube da novidade. Martinez trabalhava na Companhia Paranaense de Silos e Armazéns, sediada em Maringá. Ele era auditor itinerante e viajava pelas cidades, para fiscalizar os armazéns.

Mas Antonio Granado Martinez tinha casado cedo, aos 22 anos, e praticamente não parava em casa, em função das viagens. Desta forma, ele pediu ao chefe para que pudesse se manter em algum armazém. O homem concordou e, depois de várias possibilidades, Martinez escolheu a cidade de Campo Mourão para se fixar e cuidar do armazém da Copasa.

Desta forma, Granado seguiu seu trabalho e acompanhou o nascimento e desenvolvimento da Coamo a partir de 1972 e que, inclusive, chegou a utilizar os armazéns em parceria com a Copasa, para guardar mercadorias. Entre 1972 e 1975, a Copasa já mantinha 12 unidades armazenadoras, muito em função do volume movimentado pela Coamo.

Mas era preciso ainda mais espaço, e tanto a Coamo quanto a Copasa utilizaram os primeiros armazéns infláveis. Antonio Granado Martinez acompanhava tudo rigorosamente de perto, destinando cada mercadoria entregue da cooperativa para a conta da Coamo.

A aguçada visão empreendedora de Aroldo Gallassini logo percebeu que ele seria importante reforço para a Coamo. E fez-lhe então a proposta de trabalho, para que gerenciasse uma das unidades armazenadoras.

Granado aceitou de pronto, mas teve dificuldade de se desligar da Copasa, que queria segurá-lo a todo custo. Mesmo assim, no dia 17 de fevereiro de 1975 ele iniciou na Coamo.

O que pesou para a troca de emprego foi a admiração que Antonio Martinez cultivava por Gallassini. Depois que o pai faleceu, o rapaz perdeu suas referências, deixou de ter em quem se espelhar. Pois quando conheceu Gallassini, Granado percebeu que os conceitos dele e do pai eram muito parecidos. Desta forma, passou a se espelhar em Gallassini e a tê-lo como modelo de conduta ética e moral.

Após ser mantido por quatro anos na gerência da unidade de Engenheiro Beltrão, em 1979, Granado foi deslocado para a área comercial da Coamo.

Inicialmente, ele não apreciou a mudança:

— Doutor Aroldo, eu não posso aceitar a área comercial, porque sou do setor operacional.

Mas o que ouviu do presidente o sensibilizou:

— Granado, eu preciso de alguém de confiança no departamento comercial!

Aroldo dizia a Martinez que ele seria o "comercializador" de produtos como arroz, feijão, aveia e centeio. Apesar de não estar acostumado com o setor, logo ele se adaptou e passou a apreciar as vendas.

O funcionário participava do Rotary de Engenheiro Beltrão e, como voltou para Campo Mourão, passou a integrar o grupo de rotarianos da cidade e do qual Gallassini era um dos fundadores.

Mais adiante, ele assumiu a superintendência operacional, que englobava construção civil mecânica, transporte e logística.

UM AGRADÁVEL REENCONTRO

Ora... vejam só... eu aqui avaliando o pedido de financiamento de um calouro...

Desta forma divertida começou a conversa entre José Aroldo Gallassini, o calouro, e Werner Tschoeke, o veterano e formado em agronomia pela Universidade Federal do Paraná em 1965, portanto, dois anos antes que Aroldo.

Ambos se falavam com certa frequência. Werner sabia do trabalho desenvolvido por Aroldo ainda pela Acarpa desde que chegou a Campo Mourão, cumprindo, inclusive, a missão de iniciar a cooperativa.

A reunião definiria a viabilidade de o BRDE, Banco Regional de

Desenvolvimento do Extremo Sul, liberar financiamento para a Coamo; no caso, para a construção de armazéns. Werner trabalhava no Banco como técnico e avaliava e avalizava a possibilidade de financiar as cooperativas e empresas.

O processo contava também com apoio do INCRA, da própria Acarpa e da Secretaria de Agricultura, através do Departamento de Assistência e Cooperativismo, o DAC.

No encontro, ficou evidente o empenho de Gallassini em movimentar a união dos agricultores em torno de investir em estrutura para a cooperativa.

Ele sempre costuma dizer:

— O agricultor deve pensar em vender o seu produto pelo melhor preço e comprar pelo menor preço. E a Coamo é um porto seguro para que isso aconteça.

ACOMODAR A IRMÃ CLARISSE

Depois de morar por alguns meses na casa da irmã Íria, em Curitiba, onde pretendia cursar medicina, Clarice Gallassini mudou seus planos. Foi ali que ela conheceu Conrado Costa, com quem namorou e veio a se casar. Como não entrou na faculdade, ela foi morar por três meses com Marli e Aroldo em Campo Mourão. O casal ainda não tinha filhos.

Bastante preocupado com Clarisse, Aroldo procurava orienta-la. E nas conversas com o irmão, Clarisse desistiu de medicina e decidiu cursar Educação Física. Aroldo sempre lhe dava conselhos para estudar e construir uma boa carreira profissional.

Mas Clarisse queria morar e estudar em Florianópolis. Marli e Aroldo foram levá-la até a capital Catarinense, onde Clarisse se alojou e seguiu a vida. Clarisse relembrou ao irmão que, quando o pai deles era vivo, não admitia que as filhas saíssem do raio de casa, e dizia: "As meninas têm que estudar e ficar em Brusque".

Às vezes, Clarisse e Aroldo se encontravam com outros irmãos. Agenor e Aníbal gostavam de pássaros, e mantinham alguns em gaiolas. Pois Aroldo não admitia pássaros presos e, quando chegava na casa deles, já ia avisando: "Estou abrindo a portinha da gaiola! Lugar de pássaro é solto na natureza, e não preso dentro de casa..." – e vibrava ao ver as pequenas aves baterem asas e se perderem de vista.

A CHEGADA DA PRIMEIRA FILHA

Aroldo... quando nos casamos, combinamos que esperaríamos três anos para ter filhos. Pois... os três anos se passaram... e temos um bebê a caminho!

Dia 12 de janeiro de 1972! Foi quando a pequena Lenara Letícia Gallassini veio ao mundo. O nome da menina foi uma homenagem de Marli a duas pessoas representativas em sua vida.

Uma delas era sua aluna, Lenara, uma graça de menina, muito educada; a mãe da garota disse para Marli que copiara o nome da filha de uma bailarina russa. A outra, Letícia, fora sua professora de crochê e a ensinara a confeccionar roupas de bebê; a mulher, forte e de muita garra, perdera um braço e era tia do médico da família.

Marli sofreu bastante com refluxo durante toda a gravidez e contou com o apoio de amigos e vizinhos queridos, como o casal Sônia e Nelson Teodoro, o Nelsinho. A irmã de Marli, Miriam, também passou um tempo com ela, em torno de um ano, para ajudar nos cuidados com Lenara.

E foi nessa estada na casa da irmã e do cunhado que Miriam, na época com seus 15 anos, teve uma lição que levou para o resto da vida. Não por mal, mas se a aparência do prato não agradasse... ela tinha mania de fazer "cara feia" para algumas comidas que não gostava.

Era uma segunda feira e a moça que trabalhava na casa de Marli e Aroldo faltara. Pois todos estavam sentados à mesa para o almoço e, ao ver o prato principal, uma carne com molho, Miriam torceu o nariz.

Aroldo percebeu a reação e que a moça não tocou na comida. Apesar de incomodado, apenas depois de alguns minutos ele disse à cunhada, mantendo seu tradicional e equilibrado tom de voz:

— Miriam, aqui temos por hábito comer todo alimento que é servido. Portanto, se você não quer comer, melhor que saia da mesa.

A moça se levantou e foi para o quarto, bastante envergonhada. Naquele dia, Miriam ficou sem almoçar, mas a partir dali nunca mais ela voltou a repetir aquela reação ou mesmo deixou de experimentar um alimento.

Bem, mas com Lenara a casa ganhou alegria. Uma criança na rotina transforma o ambiente. Aroldo também ajudava nos cuidados com a filha.

Para batizar a menina, Marli e Aroldo definiram que o padrinho seria Amilcar Kunitz, primo de Gallassini e engenheiro agrônomo como ele. A madrinha seria a própria Miriam, irmã de Marli.

Mas uma fatalidade mudou os planos. Amilcar se envolveu num acidente de carro e acabou por falecer. Gallassini e Amilcar eram bastante próximos e a notícia chocou Aroldo. Outro amigo, Alvaro Massareto, foi convidado para batizar Lenara.

Nos finais de semana, Marli, Lenara e Aroldo costumavam ir às "Termas de Jurema", estância de água nos arredores de Campo Mourão. Aroldo ficava com a filha nos braços e Lenara se divertia ao estar com o pai naquelas piscinas aquecidas. E Marli registrava tudo em fotos!

A MISSÃO DAS COOPERATIVAS

Em fins dos anos 1960 e início dos anos 1970, as estratégias determinadas por gestores da Acarpa definiam que seus técnicos estivessem atuando nos municípios com a missão básica de criar uma cooperativa por município, ou, no máximo, por municípios circunvizinhos. A cooperativa teria a função social e econômica de atender aos associados das regiões.

Essa proposta tinha um objetivo principal definido pelo governo: o de organizar os produtores e a produção, gerando alimentos para garantir a segurança alimentar para o país.

A proposta foi realmente aplicada na prática e feita de forma eficiente. Principalmente, porque havia ainda certo descrédito em relação ao cooperativismo, pois, nem todos entendiam bem sua metodologia. O cooperativismo é uma ideologia de desenvolvimento de pessoas e não de poder. O próprio sindicalismo combatia o cooperativismo.

Os extensionistas vinculados à Acarpa foram os grandes responsáveis por difundir a educação cooperativista entre os municípios e os cooperados, ou seja, a governança e a gestão do negócio.

Um dos que encabeçou esse movimento em prol do cooperativismo foi Guntolf Van Kaick, que desde 1964 passara a estudar o assunto, e que conheceu José Aroldo Gallassini já em Campo Mourão. Quando se aproximaram, enquanto Aroldo desenvolvia a cooperativa de Campo Mourão, Guntolf Van Kaick participava do Projeto Iguaçu de Cooperativismo, cujo objetivo era a reestruturação e a criação de cooperativas na região oeste do Paraná.

Logo no primeiro contato, Van Kaick percebeu ser Aroldo um engenheiro agrônomo conhecedor da realidade da agricultura; um técnico capaz de fazer uma real análise da agricultura e a difusão tecnológica das mudanças e do desenvolvimento que se pretendia no setor.

Inclusive, Van Kaick, que depois migrou para a Ocepar, participava das reuniões de grupo da Coamo, trocando ideias também sobre o trabalho desenvolvido em outras cooperativas. Eles mantinham reuniões específicas, para tratar da organização do setor de crédito cooperativo da Coamo, já pensando num modelo em que a cooperativa não dependesse apenas da participação de bancos e pudesse fazer operações financeiras diretamente com seus cooperados. Era algo inovador!

CONQUISTAR NOVO COOPERADO

Em 1972 o agricultor Alcides Brunetta fixou-se em Mamborê. O gerente da Coamo, Aroldo Gallassini, resolveu visita-lo, na tentativa de torna-lo cooperado.

Sem cerimônia, Aroldo foi até a casa de Alcides e por ele foi recebido. Mas, ao entrar na casa, Aroldo tropeçou na escada e caiu. Os dois ficaram por um bom tempo rindo e se divertindo da situação.

Apesar de Alcides ainda não ser cooperado da Coamo, com seu discurso Aroldo ganhou a confiança do agricultor. E Alcides pensou: “Sinto a necessidade de ter uma pessoa assim como o Aroldo à frente dos meus negócios. Vou me associar a Coamo”.

Valeu o tombo! Depois de um bom tempo de conversa e das argumentações de Aroldo que conquistaram a confiança de Alcides, a Coamo ganhou mais um cooperado, o de número 561, e também um importante membro do Conselho de Administração para o futuro!

OUTRO REFORÇO DA ACARPA PARA O MERCADO

Efetivamente, a Acarpa e seus extensionistas desempenharam significativo trabalho no suporte e direcionamento técnico ao agricultor. Outro colega de Acarpa, mas que se formou em 1972, também na Universidade Federal do Paraná, mesmo ano em que iniciou na ainda Acarpa, foi João Paulo Koslovski.

Por três anos João Paulo foi extensionista da entidade na Lapa, situada há uns 60 km de Curitiba, atuando na Cooperativa Mista Bom Jesus, criada em 1952, considerada referência na prática da filosofia e ideologia do cooperativismo do trigo.

Mas essa ainda não era a realidade do cooperativismo no país. Já existia uma cartilha com a filosofia, a ideologia, os princípios e os valores que eram respeitados e praticados. Mas algumas regiões do Paraná ainda tinham infraestrutura muito pobre; o ponto positivo é que a própria organização das cooperativas foi motivada em função dessa deficiência de atendimento do estado.

Em algumas regiões, como no Oeste do Paraná, o estado provocou as cooperativas para que pudessem desenvolver trabalhos e atividades que beneficiassem ao agricultor. Houve um estímulo das cooperativas em dar assistência técnica de como plantar, colher, comercializar e oferecer crédito.

O cooperativismo do Paraná saiu em vantagem, porque na década de 1970 foram criados os Pitcoops – Projetos de Integração Cooperativista. O primeiro envolveu as regiões oeste e sudoeste do Paraná, ajudando a organizar as cooperativas.

As cooperativas estavam pulverizadas. As entidades então se uniram e fizeram um trabalho visando que, onde houvesse mais de uma cooperativa, que elas se juntassem para dar viabilidade ao negócio; onde não houvesse nenhuma delas, a missão era a de incentivar a criação de cooperativa.

Este foi o ponto que passou a organizar o sistema, além de projetos pontuados durante os anos 1970: em 71, foi o Projeto Iguaçu Oeste e Sudoeste; em 1974, surgiu o Norcoop, com o Norte e Noroeste do Paraná; e em 1976 o Sulcoop, no Centro-Sul. Esses projetos de integração começaram a fomentar a extensão.

Isso gerou uma grande contratação de mão de obra especializada: os engenheiros agrônomos, veterinários e técnicos agrícolas se formavam e queriam ser alocados em cooperativas, onde recebiam boa formação e cargos de assessoria. Eles saíam das universidades e rumavam para os municípios, onde eram empregados nas áreas técnicas ou mesmo na administração, assistência técnica, na orientação, comitês educativos ou onde a cooperativa determinasse.

Pode-se dizer que esse trabalho da extensão rural foi, além de muito importante na década de 1970, determinante para o modelo que se solidificou, desenvolveu e transformou o cooperativismo paranaense em referência nacional.

Do período compreendido entre o início dos anos 1970 até 1982 ocorreu a época de estruturação básica do cooperativismo. Mérito dos excelentes trabalhos desenvolvidos por entidades como a Coamo e seu presidente, José Aroldo Gallassini, que aliaram gestão e credibilidade perante os cooperados, fazendo-os se sentir realmente os donos da Coamo e participativos nos processos de estruturação e ampliação do negócio.

Outro ponto que merece registro aconteceu entre 1974 e 1976, quando o Ocepar manteve um sistema de radiofonia que transmitia diariamente, para uma gama de cooperativas, a cotação da bolsa de Chicago, para balizar a comercialização do produto. Em 1976, João Paulo Koslovski era diretor executivo da Ocepar e passou a ter contatos constantes com Gallassini, concordando com o presidente da Coamo em sua luta de organizar os produtores.

Foram ações que abriram caminho para um setor que veio a se tornar orgulho do Brasil. E durante o transcorrer do livro saberemos dos motivos que levaram a isso!

NASCE A EMBRAPA

No ano de 1973, em 26 de abril, durante o governo militar do presidente Emílio Garrastazu Médici, foi registrada na junta comercial a Empresa Brasileira de Pesquisa Agropecuária (Embrapa).

A empresa nasceu com a missão de *"Viabilizar soluções de pesquisa, desenvolvimento e inovação para a sustentabilidade da agricultura, em benefício da sociedade brasileira".*

Desde a sua criação, a Coamo buscou trabalhar em parceria e sintonia com a Embrapa, tornando-se importantes parceiras.

AÇÕES ARROJADAS

Em meio aos investimentos estruturais necessários, Aroldo, na companhia do presidente da Coamo, Fioravante Ferri, agendou reunião na Acarpa com o amigo Egor Webster, que na época era responsável pela área de Estudos de Viabilidade Econômica e Financeira para Financiamentos de Cooperativas Constituídas.

Na reunião, Aroldo apresentou projeto de construir um graneleiro de 300 toneladas. Mas Egor achou estranha a posição de Ferri, que preferia não absorver tal responsabilidade.

Como Gallassini estava bem fundamentado, tanto no estudo do projeto quanto na necessidade do mesmo, conseguiu a aprovação de Egor.

E realmente Aroldo estava certo, tanto que no ano seguinte nova reunião foi marcada e três graneleiros foram construídos. Egor, mesmo à distância, acompanhava o crescimento não só da Coamo, mas também o desenvolvimento econômico que a cooperativa gerava para a região.

Além destes, outros financiamentos foram feitos com recursos do BRDE (Banco Regional de Desenvolvimento do Extremo Sul), BIRD (Banco Internacional para Reconstrução e Desenvolvimento), entre outros, e que deram grande impulso ao cooperativismo.

Mais adiante, Egor Webster, "emprestado" pela Acarpa, passou a exercer atividade na Ocepar (Organização das Cooperativas do Paraná), tendo a função de reunir os assessores das cooperativas para desenvolver os trabalhos dos comitês educativos. Nesta etapa ele contou, inclusive, com a participação da Coamo, tendo Gallassini como peça imprescindível nesse processo.

A mentalidade difundida na Acarpa foi decisiva para o sucesso do modelo do cooperativismo paranaense. Muitas cooperativas foram organizadas, estruturadas e presididas por ex-extensionistas da Acarpa, como o próprio Gallassini.

O cooperativismo se mostrou necessário no sistema de produzir, beneficiar e colocar o produto no mercado.

Em 1974, José Aroldo Gallassini conheceu Eugenio Stefanelo, que atuava na Secretaria da Agricultura do Paraná. Stefanelo era engenheiro agrônomo e muito bem-preparado, tanto que, além de professor, atuou depois no Ministério da Agricultura, em Brasília, onde criou a Comissão de Financiamento da Produção no Paraná (CFP), que depois veio a se chamar Companhia Nacional de Abastecimento (Conab), integrando a CFP, a Companhia Brasileira de Armazenamento (Cibrazem) e a Companhia Brasileira de Alimentos (Cobal).

Nas reuniões que mantinham, Stefanelo comentava com Gallassini sobre a importância do momento em que ele teve a iniciativa de criar a Coamo.

Naquele período, o Paraná passava pela transição da madeira para a produção de grãos. No início, tinha um método de produção extremamente difícil e a cada chuva parte da terra ia para os rios, causando a erosão. A assistência técnica que Aroldo fazia pela Acarpa, e depois por meio da Coamo, dava suporte para que os produtores plantassem com mais qualidade e produtividade.

O trabalho da Coamo se estendeu para o fornecimento de insumos aos produtores, além da assistência técnica, também fundamentada em pesquisas, transferindo os resultados das mesmas ao produtor. As safras eram entregues pelos agricultores na cooperativa, que as beneficiava, armazenava e vendia. Aliado a isso, o ponto forte sempre foi a transparência das ações da cooperativa.

Outro destaque era a gestão profissional e sem paternalismo, visando a sustentabilidade da Coamo. Assim como o respeito aos gastos, fazendo controle de custos.

São detalhes que, tendo Gallassini como gerente, ou principalmente quando veio assumir a presidência, conforme veremos adiante, tornaram a Coamo uma grande contratadora de mão de obra, permitindo aos colaboradores se desenvolverem e crescerem em suas carreiras.

O lazer dos colaboradores da Coamo também estava entre as prioridades de Aroldo Gallassini. Tanto que em 13 de julho de 1974 foi inaugurada a Associação Recreativa dos Funcionários da Coamo, a Arcam.

MAIS UM REFORÇO VINDO DA ACARPA

Em 1974, a Acarpa destina mais um engenheiro agrônomo para Campo Mourão, dando suporte também para a Coamo. Natural do Rio Grande do Sul, onde se formou na Universidade Federal de Santa Maria, Claudio Francisco Bianchi Rizzatto havia passado nos concursos da Acaresc e da Acarpa, que foi a escolhida.

Inicialmente, Rizzatto foi destinado para desenvolver a fruticultura em Curitiba, na área metropolitana, região de Santa Felicidade. Mas quando soube da vaga para trabalhar em Campo Mourão, propôs a troca com um colega.

Logo que chegou à cidade ele começou a trabalhar como assessor na Coamo, onde conheceu o presidente Fioravante Ferri e o gerente, Aroldo Gallassini. De início, Rizzatto teve que vencer certa "desconfiança" do antecessor, que deixou a desejar no suporte para a Coamo.

A Cooperativa criava seus primeiros entrepostos e, diferentemente do que acontecera com o antigo funcionário da Acarpa, o trabalho de Claudio Rizzatto foi muito bem avaliado. Tanto que, em outubro de 1974, Gallassini convidou Rizzatto para integrar o quadro de agrônomos da Coamo.

Claudio se desligou da Acarpa em dezembro e iniciou na área técnica como engenheiro de campo na Cooperativa em janeiro de 1975. Gallassini foi definindo outras missões a Rizzatto, até que, em 1978, o presidente da Coamo fez ousado convite a Claudio Rizzatto, para assumir uma das superintendências, a da área técnica.

O FALECIMENTO DO PRESIDENTE

Ano de 1974! O trabalho que Aroldo desenvolvia na gerência da Coamo era considerado de alto nível. Sem dúvida, além de muitas ações importantes implantadas, o ponto alto da gestão era a transparência, a seriedade e a honestidade.

Pois certo dia Aroldo viajou para Cascavel e assim que retornou a Campo Mourão recebeu a triste notícia:

— Aroldo, o senhor Ferri acabou de falecer.

O homem estava mesmo doente e com a saúde bastante abalada. Inclusive, já dava sinais de querer sair da presidência. Um ano antes Fioravante fora internado em Curitiba, devido a problemas cardíacos. Mas foi uma perda lastimável. Aroldo mantinha uma relação de gratidão com o empresário. Afinal, apesar de não conhecê-lo ainda tão bem, Fioravante Ferri acreditou no potencial de Aroldo, sugerindo seu nome para a gerência.

Com o falecimento de Ferri em novembro, aos 62 anos, o vice, de nome Gelindo Stefanuto, assumiu a presidência.

Mas logo teve início uma campanha que já se mostrava inevitável e previamente definida: Aroldo era o nome de consenso para assumir a presidência em janeiro do ano seguinte, sendo que Fioravante Ferri passaria a ser seu vive.

Pelas excelentes perspectivas de crescimento que a Coamo apresentava, criou-se um movimento de pessoas que alegavam que Gallassini era muito novo, estava com 33 anos, além de "forasteiro" e inexperiente para assumir tal responsabilidade. E diziam:

— Esse Aroldo chegou ontem e já quer ser presidente...

Eram proprietários de lojas de máquinas, médicos, empresários, advogados, entre outros, que queriam dominar a Coamo. O grupo se uniu, para também montar uma chapa.

A oposição tinha sede de poder, mas não contava com a aprovação e apoio maciço dos produtores, fechados com a proposta de Aroldo Gallassini para ser candidato a presidente.

Pressentindo a fragilidade da oposição, o grupo procurou Aroldo e seus pares, propondo-lhes que houvesse chapa única, mesclada com nomes de ambos os lados.

Aroldo foi contrário:

– Temos um modo de pensar e de administrar que não se encaixa nos conceitos de vocês. Eu não aceito compor! Desta forma, seguiremos com nossa chapa e proposta de gestão. Se vocês quiserem, montem a chapa e disputem a eleição.

A pressão dos concorrentes continuou, mas eles nem chegaram a disputar a eleição. Percebendo que seria derrotado, o grupo opositor desistiu de concorrer à presidência da Coamo. A vencedora chapa de Aroldo, tendo Getúlio Ferrari como vice, não teve concorrência. Aliás, uma tradição que se manteve por alguns anos.

O MODELO DE GESTÃO DE GALLASSINI

Naturalmente, Aroldo foi eleito presidente como candidato único. Desta forma, em 18 janeiro de 1975, na 5ª assembleia geral de prestação de contas, Aroldo Gallassini assumiu a presidência da Coamo, já na ordem de mais de 1.500 cooperados; Gallassini estava entre eles e seu número de registro era 333.

Logo que se tornou presidente, Aroldo partiu com seu grupo de trabalho para expansão da cooperativa. Na equipe estava Sérgio Luiz Panceri, que a convite de Gallassini aceitou assumir o posto de diretor secretário.

O novo presidente trazia consigo os conceitos do desenvolvimento e do crescimento. Entre as primeiras ações, foram criados grandes entrepostos nas cidades de Mamborê e Engenheiro Beltrão. Começou ali também um projeto de ampliação que mirava na incorporação de cooperativas que passavam por dificuldades, aliada à grande preocupação de capitalizar a Coamo. Este seria o "combustível" que faria o "motor" da Coamo funcionar.

A mentalidade de capitalizar a cooperativa e o cooperado fazia parte do conceito do negócio desde a criação do estatuto da Coamo, que resguardava a liberdade de trabalhar e reinvestir o resultado, por meio das aquisições de produtos com descontos especiais, mas que garantia parte dele, denominado de "sobra", ao produtor.

Um ano depois de Aroldo assumir a presidência, outra grande investida: a compra de um moinho de trigo em Campo Mourão, para produzir farinha. No início, a produção era rudimentar e modesta, em torno de 26 toneladas/dia. Mas aquele foi o ingresso da Coamo na indústria, iniciativa inovadora entre as cooperativas. Tempos depois, o moinho foi negociado e outro arrendado, na cidade de Mamborê, que apresentava melhor estrutura produtiva.

Outro forte investimento foi realizado em treinamentos e cursos, com a presença de professores e palestrantes falando sobre futuro organizacional, negociações e administração. Havia 16 departamentos e os colaboradores de todos eles frequentavam esses eventos, realizados, inclusive, aos fins de semana.

Quando assumiu a presidência, entre os convidados para atuar na diretoria estava o amigo Antonio Alvaro Massareto. Eles já não eram sócios na empresa de planejamento; assim que assumiu a gerência da Coamo, Aroldo decidiu sair da sociedade, por entender que as atividades eram conflitantes, e vendeu a parte dele para os outros sócios.

Bem, mas quanto ao convite, Massareto agradeceu e preferiu seguir carreira solo, tanto na empresa quanto como agricultor.

Além de Massareto ter se tornado cooperado da Coamo, o de número 861, eles mantiveram a estreita amizade. Tanto que Massareto batizou Lenara, primeira filha de Marli e Aroldo, e se tornou compadre do casal, que foi padrinho de casamento de Massareto.

SOJA E PLANTIO DIRETO PÓS-GEADA

No período de cultura de subsistência o café era o produto mais forte na região norte do Paraná. Mesmo com a concorrência do trigo e da soja, o café ainda se mantinha ativo entre os agricultores.

Mas a "geada negra", em 18 de julho de 1975, praticamente dizimou os cafezais. A forte geada chegou pela madrugada e queimou praticamente todas as plantações, em especial, de café. A geada foi tão intensa que chegou a formar uma camada de gelo sobre o solo; os termômetros registravam -3,5º C no abrigo e -9º C na relva.

A geada chegou a ser comparada à de 1966, mas com efeito diferente: aquela cortou os ramos da plantação, enquanto a de 1975 agiu na raiz, obrigando aos agricultores a arrancar os pés de café. A "Geada Negra" eliminou 200 milhões de pés de café, deixando ainda 700 milhões de pés severamente danificados, conforme registros do Instituto Agronômico do Paraná (Iapar).

A partir da tragédia econômica, os olhos dos agricultores decididamente se voltaram para a soja, que se tornou a "menina dos olhos" dos agricultores. A Coamo também investiu fortemente em soja, tendência irreversível. Inicialmente, as sementes eram adquiridas no Rio Grande do Sul, onde a qualidade era superior, e vendidas aos cooperados.

O processo produtivo consistia em arar a terra para o plantio. As três primeiras safras ocorreram sem problemas, mas, depois, a terra ficou solta e, devido às chuvas, começaram a surgir as erosões.

Paralelamente, nos Estados Unidos era testado na terra um sistema diferenciado para plantação, desenvolvido por cooperativas holandesas na própria década de 1970. Ao invés de arar a terra, no processo produtivo se deixava a matéria orgânica da safra anterior sobre o solo, o que criava um estofo. Desta forma, a terra não ficava solta.

Alguns especialistas do Paraná foram aos Estados Unidos e Alemanha, que também fazia testes, para conhecer o processo. Inteirados da técnica, eles a trouxeram para o estado. Com aval do presidente Aroldo Gallassini, a Coamo foi uma das primeiras a aderir a esse sistema produtivo.

DESBRAVADORES DO PLANTIO DIRETO

Esquece o salário, Ricardo! Vá para Campo Mourão que a cidade tem tudo para se tornar uma potência do agronegócio.

A conversa entre o jovem Ricardo Accioly Calderari, que se formara em agronomia em 1967, e um amigo aconteceu na primeira metade dos anos 1970. Ricardo chegou em Campo Mourão e começou a trabalhar numa empresa de fomento da agricultura, em especial, para trigo, soja e amendoim; Ricardo havia também passado em outros dois testes, um para trabalhar pela Acarpa em Cambará, no norte velho do estado do Paraná, e outro por indicação de um primo.

Já nos primeiros dias de casa nova Ricardo foi apresentado a Aroldo Gallassini. Campo Mourão vivia a euforia da criação da Coamo e Aroldo preparava tudo para logo coloca-la em atividade, algo que aconteceu em 1972.

Eram muitas as trocas de ideias e conceitos técnicos entre Aroldo e Ricardo. Uma delas envolveu o processo que revolucionou a agricultura do Paraná e também do Brasil: a do plantio direto.

O início se deu nas safras de 1972 e 1973 em Rolândia, perto de Londrina. Uma comitiva de cinco pessoas foi até lá, conhecer a técnica; Ricardo Calderari logo se inteirou do processo de plantio direto, que representou um marco! No plantio direto, se colhe a lavoura, não se mexe na palhada, que se constitui em matéria orgânica e cobertura da terra. Como não se movimenta a terra, se gasta menos energia, diesel, tempo... O processo é muito mais econômico e eficaz.

Antes do plantio direto, era necessário arar e gradear a terra deixando-a completamente descompactada, de forma que com qualquer chuva essa terra ficava sujeita a erosão, prejudicando a fertilidade do solo.

O resultado altamente satisfatório fez com que o plantio atingisse praticamente 100% das propriedades rurais. A região de Campo Mourão, na safra 1973/1974, foi a segunda do pais a implantar essa tecnologia que revolucionou a agricultura.

Entre outros agricultores que, assim como Calderari, se interessaram em conhecer e passar a aplicar o plantio direto em suas terras estava Joaquim Peres Montans, cujo pai foi o cooperado de número 1.000.

Os plantios diretos se revezavam entre as safras de soja e trigo. Aroldo Gallassini e Joaquim Peres Montans se conheceram em 1974. Logo que Gallassini assumiu a presidência convidou Montans para participar do Conselho de Administração da Coamo.

A FORMAÇÃO DA COTRIGUAÇU

Em 13 de dezembro de 1975, numa união de sete cooperativas (Coamo, Copagril, C. Vale, Coopavel, Copacol, Lar e Coopagro), foi fundada em

Cascavel a Cooperativa Central Regional Iguaçu Ltda., a Cotriguaçu; havia a necessidade de criar uma entidade forte na área oeste do Paraná. A Cotriguaçu era presidida por Roberto Wypich, tendo José Aroldo Gallassini como vice.

O consórcio adquiriu em Paranaguá, litoral paranaense, áreas para a criação de dois armazéns graneleiros, totalizando 120.000 toneladas cada; o objetivo era o de operar como terminal marítimo de Paranaguá, para exportar seus produtos. Os recursos iniciais para os investimentos vieram da parceria com as instituições financeiras BRDE e Banco Central do Brasil. Aroldo Gallassini se manteve na diretoria e no Conselho da Cotriguaçu, e sempre apoiou as iniciativas de crescimento e financiamento propostas nas reuniões e assembleias.

Após um ano em funcionamento a Cotriguaçu já apresentava números expressivos, sendo responsável por mais de 11% das exportações do país e perto de 48% das exportações do Paraná.

Mas o rumo tomado pela forma de gestão da Cotriguaçu desagradou, criando impasse com Aroldo Gallassini e seu grupo de trabalho da Coamo. Em especial, quando a direção da Cotriguaçu comprou um terreno muito grande no Mato Grosso, onde pretendia fazer colonização para os cooperados.

Aroldo foi contrário, explicando-se:

– A missão de colonizar é do governo, não das empresas ou das cooperativas. Além disso, as cooperativas que seguiram por esse caminho não se deram nada bem!

Com o impasse criado, em 1978 a Coamo se desligou da Cotriguaçu e Aroldo Gallassini da vice-presidência.

Na segunda metade dos anos 1970 e como presidente da Coamo, José Aroldo Gallassini começou a integrar a diretoria da Organização das Cooperativas do Paraná, a Ocepar.

A atuação dele sempre foi bastante efetiva, participando das reuniões e movimentos em prol de benefícios ao setor.

Como os mandatos eram bianuais, Gallassini cumpria dois anos e depois se ausentava no mandato seguinte, retornando no próximo.

A FAMÍLIA AUMENTA

O refluxo que Marli sentira há três anos voltou... Bom sinal! Era o indício de que ela estava grávida pela segunda vez. Foi novamente um período complicado, mas em 9 de fevereiro de 1975 veio ao mundo Larissa Lorena Gallassini.

Aroldo, mesmo de estilo contido, deixava "escapar" sua realização pela constituição da família, com a esposa Marli e as filhas Lenara e Larissa. O casal Marli e Aroldo decidiu que duas filhas eram o suficiente, e optou por não ter mais filhos. Aroldo conhecia bem os desafios de crescer em uma família numerosa, já que os Gallassini eram 12 irmãos. Marli também tinha experiência semelhante, pois crescera em um lar com sete pessoas – ela, seus pais e mais quatro irmãos.

Assim como acontecera quando Lenara nasceu, a irmã de Marli foi viver com eles. Desta vez, foi Marilena que também se mudou para Campo Mourão. Ela prestou concurso no Banco do Brasil, sendo contratada na filial de Campo Mourão, onde viveu por 18 anos, seis deles morando com a irmã, as sobrinhas e o cunhado.

A vida familiar seguia e as meninas cresciam. Assim, Marli e Aroldo adquiriram apartamento em Balneário Camboriú, para passarem as férias no verão, de dezembro para janeiro.

Sempre acostumado a acordar cedo, quando estava na praia Aroldo pulava da cama às 7h e preparava o café. Mas, digamos, ele era meio barulhento no manejo das panelas e pratos... e acabava acordando todo mundo.

A primeira a chegar para ajudar o pai era Larissa, que também despertava ao primeiro som que vinha da cozinha.

REUNIÕES DE CAMPO

Sempre em janeiro e depois em junho, José Aroldo Gallassini, acompanhado por executivos da Coamo, partia com o grupo de Kombi para o que eles chamavam de "Reuniões de Campo", onde Aroldo palestrava, prestava conta aos cooperados e ouvia deles suas reivindicações. Ressalte-se que essas reuniões eram realizadas à noite, depois do expediente normal. A equipe saia para jantar e em seguida rumava para o ponto de encontro de onde saia a Kombi.

Eles percorriam por caminhos e estradas em péssimo estado de conservação, mas Aroldo sabia que valia superar tudo em respeito aos associados da Coamo.

Eram reuniões diárias, de em média duas horas cada, que aconteciam nos entrepostos, tanto no primeiro quanto no segundo semestre.

Em 1975, outra "vítima" da geada que erradicou a produção de café em muitas áreas do Paraná foi Tarcisio Albertini, que migrou e mecanizou a produção para soja, algodão e amendoim.

No mesmo ano ele se tornou o cooperado de número 1.572 e contou com todo o apoio da equipe técnica da Coamo para investir em tecnologia. Os agrônomos da cooperativa desenvolviam projetos para serem financiados, além de um aprofundado estudo da área, apresentando o que se deveria plantar, quando se deveria plantar, os tipos de insumos a serem utilizados...

Não tardou e Aroldo Gallassini e Tarcisio Albertini se tornaram próximos, sendo que o cooperado integrou o conselho fiscal e de administração da Coamo em algumas oportunidades, assim como participou de outras atividades da cooperativa.

Albertini participou também da criada Comissão de Avaliação da Coamo, cuja missão era a de avaliar a viabilidade das aquisições de bens que excediam valores acima de 20% do saldo existente na conta Fundo de Desenvolvimento, no último balanço geral. Este era mais um dos pontos que Albertini admirava naquelas que ele considerava as principais virtudes na gestão de Aroldo Gallassini, a honestidade e a clareza nas ações, além de o presidente falar a linguagem do agricultor.

UM EXEMPLO A SER SEGUIDO

Ainda em 1975, no mês de junho, outro colaborador começa a trabalhar na Coamo: Antonio Sérgio Gabriel, que deu início à assessoria jurídica própria da cooperativa. A entrada dele na Coamo coincidiu não só com a gestão de Gallassini como presidente, mas também com a organização da área contábil, preparação de balancetes e boletins informativos, entre outros.

Entre os pontos que convenceram Antonio Sérgio a aceitar o convite da Coamo estava o de analisar a solidez de um dos balanços da cooperativa a que ele teve acesso. Ou seja, a Coamo completaria cinco anos, mas já se mostrava estar bem estruturada.

Três anos depois, em 1978, Antonio Sérgio assumiu a gerência administrativa. Os contatos com Aroldo Gallassini, que já eram constantes, ficaram ainda mais intensos depois da nova função. Antonio Sérgio observava e procurava aprender com o estilo do presidente da empresa, não só nos aspectos profissionais, como rigidez nos conceitos éticos, honestidade, determinação e a entrega ao trabalho, mas também pessoais, na relação intensa que mantinha com a família.

Com a evolução e o crescimento da empresa, o organograma sofreu mudanças, passando a ser composto pela diretoria executiva, com presidente, vice-presidente e secretário. Depois, conforme veremos adiante, foram ainda criadas as superintendências, ligadas à diretoria executiva, assim como o posto de vice-presidente. Antonio Sérgio Gabriel assumiu a Superintendência Administrativa; ele foi um dos colaboradores que construiu sólida carreira na Coamo.

A BOA FAMA E IMAGEM DA COAMO

Tem uma cooperativa muito boa em Campo Mourão. Como você comprou terra, vale a pena ser cooperado da Coamo.

A sugestão veio a calhar. Em 1975, Albino Nespolo, natural de Presidente Prudente, no interior de São Paulo, havia se mudado com a família para o Paraná e comprado uma chácara de quatro alqueires, onde plantaria milho e algodão. Ele então foi conhecer e se associar a Coamo como cooperado 2.645. Na oportunidade, Albino foi recebido pela diretoria e apresentado a Aroldo Gallassini.

Logo na primeira conversa, marcou a forma de pensar e agir de Gallassini:

— Albino, numa sociedade, se eu fizer concessões ou perdoar o atraso de pagamento de um, eu prejudico o outro. Isso jamais acontecerá na Coamo! Dois mais dois são quatro e não existe outro resultado possível!

Era exatamente a segurança transmitida nas palavras de Gallassini que Nespolo buscava.

Em 4 de setembro de 1976, a convite de Aroldo Gallassini, o ministro da agricultura do governo do presidente Ernesto Geisel, Alysson Paulinelli, esteve em Campo Mourão e na Coamo, que rumava para completar 2.000 cooperados.

O objetivo foi o de lançar oficialmente o Plano Nacional de Conservação de Solos (PNCS), por meio de um monumento sugestivo à conservação do solo e colocado na Praça Bento Munhoz da Rocha Netto, conhecida como a "Praça do Fórum", em Campo Mourão.

Muitas outras autoridades e milhares de pessoas também prestigiaram o evento, certos de que a luta contra a erosão no solo de várias localidades do país tinha agora um plano de combate do governo federal.

PARCERIA DE LONGO TEMPO

Em 1977, José Aroldo Gallassini e equipe recebem na Coamo o gerente de marketing da Jacto, empresa produtora de máquinas agrícolas. Era um rapaz jovem, de 25 anos, de nome Jose Luiz Tejon Megido.

O primeiro contato foi bastante marcante para Tejon, pois, mesmo estando ali para negociar produtos entre as empresas, ele se impressionou com a preocupação da direção da Coamo em relação a treinamentos, educação corporativa, montagem de laboratórios, formação de técnicos agrícolas e capacitação dos mesmos para uso das máquinas, regulagem de pulverizadores, entre outros aspectos de capacitação da equipe.

Além disso, se comentava sobre o estilo Gallassini, como exemplo de humanismo e liderança exemplar, sempre pautado pela ética.

Depois de um tempo, Jose Luiz Tejon Megido trocou de empresa e passou a ser executivo da Agroceres, especializada em sementes e nutrição animal, entre outros segmentos do agronegócio.

A partir daí, os contatos entre Gallassini e Tejon passaram a ser mais constantes, tanto nos encontros do setor e congressos, quanto na Coamo. E quando as reuniões aconteciam na sede da Agroceres, geralmente Tejon estava acompanhado do presidente da empresa, Ney Bittencourt de Araújo;

e depois das conversas, Tejon empunhava o violão e encerrava com uma apresentação de música sertaneja.

Entre a Coamo e a Agroceres, importantes parcerias foram realizadas. Uma delas marcou o primeiro grande avanço na produção de milho, que deixou de ser uma cultura de baixa importância e tecnologia, destinada a um mercado interno ainda limitado, para se tornar protagonista na primeira grande exportação do produto pela Coamo. Uma ação que foi bastante comemorada já em fins dos anos 1980.

TRABALHAR COM SERIEDADE

Nasi, queremos que você faça a auditoria da Coamo.

O pedido partiu de José Aroldo Gallassini a Antonio Carlos Nasi, auditor e contador, diretor da então Assessoria Consultoria Planejamento e Auditoria, Ascop, que anos depois mudou de razão social.

O interesse de Gallassini era fácil de justificar. Nasi havia se especializado já há alguns anos em atender cooperativas, em especial, as do Rio Grande do Sul. Entre elas, algumas consideradas modelos no segmento, como Cotrijuí, Cotripal e Cotrijal.

Depois do convite de Gallassini, Nasi foi a Campo Mourão, para se reunir com o pessoal da Coamo. A estreia se deu na auditoria do balanço de 1977.

Nas conversas com Nasi, Aroldo registrou sua preocupação em capitalizar a Coamo, para que estivesse sempre fortalecida financeiramente. Nasi concordava com a posição do presidente da Coamo.

Aliás, ambos tinham uma forma muito próxima de pensar e agir, sempre pautada pela ética. Tanto que nos eventos, assembleias e confraternizações da Coamo, Aroldo costumava dizer:

— Nós nunca pedimos ao Nasi para dar um 'jeitinho' nos números. Isso não faz parte da nossa índole. Mas também, mesmo que pedíssemos, ele não aceitaria fazer! Nosso dever é o de sempre prestar contas para o associado.

Em 1978, o engenheiro agrônomo Ágide Meneguette saiu candidato à presidência da Associação dos Engenheiros Agrônomos do estado do Paraná.

Claro, concorrendo ao posto máximo de uma importante entidade do setor agrícola, era inevitável que tivesse uma conversa com o presidente da Coamo, Aroldo Gallassini.

No primeiro encontro, Meneguette traçou um perfil de Aroldo, observando ser ele um bom ouvinte, pragmático e com opiniões consistentes.

E Meneguette até confidenciou a Gallassini:

— Eu me formei em 1975 e presidi o diretório acadêmico do setor agrário da universidade. Tínhamos uma área de estágios e garimpávamos para saber onde haveria boas oportunidades de trabalho. E, na opinião dos alunos, a Coamo era o melhor lugar para aprender e se desenvolver profissionalmente... — informação que deixou Aroldo muito feliz e honrado.

Em 9 de fevereiro de 1978, José Aparecido Bernardo, que logo virou "Cido", iniciou na Coamo, na Área de Cooperados. Inicialmente, ele foi contratado para trabalhar na transportadora que a Coamo iria montar. Como a ideia não seguiu adiante, "Cido" assumiu a subchefia na tesouraria.

Mas não demorou e o chefe do departamento foi transferido para o entreposto de Engenheiro Beltrão. O profissional que assumiu o setor logo depois também foi deslocado para outro entreposto, o de Mamborê.

O caminho ficou livre para que "Cido" fosse promovido a Coordenador da Área de Cooperados. Ele acompanhou de perto a estratégia do presidente Aroldo Gallassini, a de criar novos entrepostos.

A atuação de "Cido" estava diretamente ligada à cobrança, onde dava treinamentos aos cooperados nos entrepostos, para ajudar a estruturar a parte financeira dos associados da Coamo. "Cido" atuava também junto aos bancos, onde por 15 anos captava recursos de crédito rural.

Naquela época, a cada três ou quatro anos o cooperado ainda sofria com os problemas climáticos. A situação perdurou até praticamente meados dos anos 2.000.

Nas conversas com "Cido", Aroldo Gallassini costumava frisar:

— Não podemos deixar de atender ao agricultor. E precisamos alerta-lo para que ele busque saber o quanto custa para plantar. O cooperado precisa conhecer os seus custos.

"Tudo que fazemos na vida envolve riscos.
Toda novidade traz riscos.
Quando enfrentamos riscos e vencemos,
aprendemos com a situação e triunfamos."

OUTRO REFORÇO VERSÁTIL PARA O "TIME"

Depois de trabalhar em dois Bancos, Nacional e Bamerindus, mais um colaborador inicia bela carreira na Coamo. Era Alcir José Goldoni, que foi contratado em 1978.

Na época, ele ainda fazia faculdade e pediu para estagiar aos sábados na cooperativa, o que lhe foi permitido. Mesmo trabalhando apenas uma vez por semana, a atuação dele foi bem avaliada e Alcir recebeu proposta para começar na Coamo. Inclusive, ele chegou a fazer a primeira análise econômica e financeira da Cooperativa.

Alcir Goldoni foi contratado para atuar com o cadastro dos cooperados que eram os fundadores. O departamento apresentava certos problemas e a missão de Alcir era a de organizar o setor. E Alcir contou com total apoio de Gallassini, que deu carta branca para que ele pudesse agir.

O trabalho desenvolvido surtiu resultado satisfatório e agradou Gallassini e a direção da Coamo. Dali em diante, muitas foram as atividades e mudanças de setor exercidas por Goldoni na Coamo.

Ainda em 1978, Aroldo Gallassini se aproxima de Norberto Anacleto Ortigara, quando este ingressara no Departamento de Economia Rural da Secretaria de Agricultura. Eles se conheceram num treinamento realizado na sede da Coamo, em Campo Mourão.

Nas conversas entre eles, Ortigara conheceu um pouco sobre a trajetória de Gallassini, tanto na passagem pela Acarpa quanto na criação e no desenvolvimento da Coamo, investindo em conhecimento e tecnologia, para o tratamento da fertilidade da terra e plantio de soja e outros grãos.

Com o passar dos tempos, os contatos foram se intensificando. Norberto Ortigara assumiu importantes cargos no governo do Paraná, como a direção do Departamento de Economia Rural da Secretária da Agricultura do Paraná, além da Secretaria de Estado da Agricultura e do Abastecimento do Paraná.

Foram muitas reuniões técnicas, algumas preparadas pela Organização das Cooperativas do Paraná, a Ocepar, que reuniu várias lideranças para tratar de políticas envolvendo o agronegócio. Muitos encontros aconteceram também em Brasília, sempre em prol de buscar o melhor pelo segmento, fosse nos momentos de crise ou de buscas de melhores alternativas.

Como aconteceu muitos anos depois, em 2003, com a criação do Plano Safra, objetivando fortalecer o envolvimento familiar na agricultura, disponibilizando linhas de crédito para o custeio da safra, com recursos do Banco Nacional de Desenvolvimento Econômico e Social, o BNDES.

Em fins da década de 1970, durante reunião de pessoas ligadas ao cooperativismo e ao agronegócio, Aroldo Gallassini conhece o médico veterinário Orlando Pessuti.

Assim como Gallassini no passado, Pessuti trabalhou na Associação de Crédito e Assistência Rural do Paraná, a Acarpa, onde prestou e passou no concurso, indo trabalhar em Ivaiporã. Logo Pessuti criou vínculo com o cooperativismo, por meio da Cooperativa Agropecuária Mista Vale do Ivaí, a Copiva.

E foi justamente pela Copiva que Pessuti conheceu Gallassini no encontro ocorrido na sede da Coamo. De imediato, Pessuti identificou em Gallassini um grande líder emergindo dentro do processo da agricultura, pecuária e cooperativismo. Ele aprovou a forma como Aroldo conduzia a assembleia, apresentava os projetos e se comunicava com os presentes, falando exatamente a linguagem do homem do campo e do cooperativismo.

Em 1982, Orlando Pessuti se candidata a Deputado Estadual e se elege, passando a atuar na Assembleia Legislativa do Paraná no ano seguinte. Como Deputado, Pessuti agiu em sintonia com a Ocepar, defendendo a bandeira do agronegócio.

Eram muitas reuniões e temas a serem debatidos, e os contatos com Gallassini, assim como com outros líderes do setor, passaram a ser mais constantes. Pessuti admirava a firmeza, clareza e determinação com que Gallassini tratava os negócios.

Anos depois, Pessuti participou do processo de tentativa da Coamo de incorporar a Copiva, de Ivaiporã, que passava por maus bocados e sem capacidade financeira para se reerguer. Mas o negócio não avançou e houve a liquidação da Copiva. Para o bem do cooperativismo local, a Coamo incorporou a área e a presença dela foi importante para a região.

CASA NOVA

Em fins dos anos 1970, as filhas de Marli e Aroldo passaram a estudar em colégio de freiras. O casal decidiu mudar de residência; comprou um terreno próximo ao imóvel em que a família morava e partiu para a construção de uma boa casa de alvenaria.

Pode-se dizer que a partir da casa que Aroldo construiu as pessoas começaram a priorizar a troca das casas de madeira pelas de alvenaria. Passou a haver muito incêndio, pela junção do calor com as casas de madeira.

O casal com as filhas estava feliz! A Coamo, presidida por Aroldo, crescia cada vez mais; a família Gallassini se encaixava nos padrões da harmonia; eles moravam na casa que idealizaram viver...

Até a parte social de Campo Mourão ficou mais intensa, com a realização de shows dos grandes artistas brasileiros no clube da cidade, como Roberto Carlos e Agnaldo Rayol.

Depois de pronta, o casal mudou da casa de madeira para a nova propriedade e alugou o antigo imóvel.

Era uma casa espaçosa, com sete quartos, onde havia quintal e uma boa casinha de bonecas feita de tijolo e toda mobiliada com os móveis feitos na fábrica dos irmãos de Aroldo. Quando não estavam na escola, Larissa e Lenara ficavam a brincar de boneca.

Aos sábados, Aroldo ia com as filhas e as amiguinhas delas para a chácara. As meninas gostavam de ir na carroceria da caminhonete, era uma festa. E quando lá chegavam, Aroldo ia rodar as fazendas e as crianças brincavam até a hora de voltar para casa. Mas elas sempre relutavam, pois, queriam ficar mais. Teve um sábado que as meninas se esconderam num pé de abacateiro; Aroldo ficou desesperado, mas depois de encontra-las, riu da peça que elas pregaram.

Eles sempre saíam da chácara em tempo de chegar em casa, se arrumar e ir à missa das 19h.

Aos domingos, Aroldo voltava com as filhas para a chácara, mas retornavam para almoçar em casa.

A DÉCADA DE "PLANTAR A SEMENTE"

A década de 1970 chegava ao fim e levava consigo alguns fatores que ajudaram a impulsionar o agronegócio.

O primeiro deles foi a tecnologia tropical com sustentabilidade, que deu crescimento espantoso à produtividade agrícola. Outro fator foi o surgimento global de um novo mercado, com o avanço e o crescimento dos emergentes. Com a utilização da tecnologia, aumentou a produção; os mercados "compravam" tal ideia e sustentavam o crescimento.

O terceiro fator foi a migração, em especial de agricultores do sul do país, para a região centro oeste.

As pesquisas ficavam a cargo dos órgãos e entidades públicas. À medida que a explosão das áreas plantadas ia acontecendo, empresas privadas também passaram a investir em pesquisas, gerando novos tipos de sementes de soja e de fertilizantes, colaborando com todo o processo.

Pode-se dizer que nos anos 1970 a soja se consolidou como um grande produto da agricultura paranaense e de outros centros. A iniciação do plantio do produto, em especial no Paraná, deu-se da iniciativa de agricultores gaúchos e catarinenses que migraram para o Paraná, onde compraram terras e passaram a plantar o produto.

Também em meados da década de 1970 houve uma explosão da produção e dos preços da soja, de onde do grão se extrai o óleo e o farelo se utiliza para ração, pois o mesmo é rico em proteínas.

Aliado a tudo isso, havia as boas linhas governamentais de crédito e a criação de leis em defesa do setor.

A participação das cooperativas e das entidades do segmento foram também decisivas para alcançar tais resultados!

SAI ACARPA, ENTRA EMATER

Quando o Brasil era presidido por Ernesto Geisel, ficou definido que cada estado deveria criar por lei estadual uma Empresa de Assistência Técnica e Extensão Rural (Emater), em substituição à Acarpa que tanto ajudou a expandir a agricultura e o cooperativismo com seus extensionistas. Mas o governador do Paraná na época, Jaime Canet Júnior, da Arena, optou por não criar a entidade, alegando que a Acarpa supria perfeitamente as necessidades paranaenses.

Mas três dias antes do término do governo de Geisel, em 12 de março de 1979, foi instaurada oficialmente a substituição da Acarpa pela Emater.

No Paraná, foi mantida a base, com a mesma diretoria, secretário executivo e adjunto, assim como o diretor presidente administrativo e um técnico.

OUTRA MUDANÇA DE MORADIA

Em 1980, a família Gallassini muda novamente de residência; desta vez, para um apartamento. Marli e Aroldo estavam assustados com tentativas de assaltos à casa em que moravam, até guarda tiveram que contratar, e pretendiam um imóvel mais seguro, justamente como um apartamento. Mas não havia demanda em campo Mourão.

Dentro do espírito cooperativista, Aroldo reuniu um grupo de cinco amigos que tinha a mesma intenção. Entre eles, Nelson Teodoro de Oliveira, o Nelsinho, que era dono de um terreno onde poderia ser construído o prédio. O grupo então comprou mais um bom pedaço de terreno, para ser unido ao de Nelsinho.

Logo começaram as tratativas e os amigos construíram o prédio de seis andares, e cada qual ficou com a própria unidade. O prédio foi um dos primeiros residenciais de Campo Mourão.

A convivência entre as famílias se mostrava maravilhosa. Era um grupo de gente que convivia há tempos e que mantinha grande respeito e carinho mútuo. Tanto que as filhas de Aroldo, assim como os filhos dos outros moradores, chamavam os casais donos dos apartamentos de tia e tio.

SABER A HORA DE ENTRAR, SABER A HORA DE SAIR...

Na década de 1980, a Coamo incorporou as cooperativas de Palmas, no Paraná, e a de Alberto Luz, em Santa Catarina. Depois vieram as de Pitanga e Toledo, considerada a quarta do Paraná.

Com a inclusão das novas cooperativas, a direção da Coamo se reuniu e, como sempre decide em colegiado, optou por entrar em novas áreas de produtos.

A cooperativa de Palmas, por exemplo, situada no sul do Paraná, tinha um setor que atuava com maça. Mas, na prática, a execução não se mostrou rentável e de qualidade. Desta forma, Aroldo Gallassini discutiu com seus pares em assembleia e a opção foi por deixar de trabalhar com o produto.

Também no período a Coamo chegou a operar com feijão. Era complicado, pois, quando chovia o produto ficava manchado, perdia qualidade, o preço mudava muito e caía... Além disso, era um mercado de muita informalidade, algo com o qual a Coamo não compactua. Assim como a maçã, a opção foi deixar de operar com o feijão.

Outra iniciativa que não seguiu adiante foi com a cana de açúcar. Na década de 1980, o governo fez um plano de financiamento para a instalação de usinas de álcool; era a euforia do Proálcool. Isso aqueceu o interesse do agricultor em plantar cana. Quanto a Coamo, investiu na montagem de uma moderna indústria de álcool.

A Coamo fechou contratos de fornecimentos de cana com os produtores e também do álcool para a Petrobrás. Mas a rentabilidade do produtor era muito baixa e ele passou a descumprir os fornecimentos do produto; o mesmo acontecia em relação ao preço do álcool.

Como a operação representava na época apenas 0,5% do faturamento da Coamo, Aroldo comandou a decisão de sair do negócio.

Mais uma experiência feita pela Coamo na década de 1980 foi com suínos. A Coamo financiava os barracões para que os pecuaristas produzissem e engordassem os leitões, que eram comercializados pela cooperativa. E como a Coamo trabalhava fortemente com milho, parte da produção era destinada à alimentação dos animais. Mas a operação também não se mostrou tão sincronizada na prática quanto na teoria, e Gallassini colocou em discussão a possibilidade de a Coamo encerrar as atividades, o que contou com aprovação da diretoria.

Entre tantos acertos, as trajetórias empresariais apresentam também ações que não se mostram eficazes. Nestas situações, é importante ter a frieza de saber não só a hora de entrar, mas também a de saber sair de um negócio.

Gallassini tem esta real noção da necessidade de encerrar uma atividade que não se mostra eficaz. Algo que ele observou nos grandes grupos: "Eu aprendi com as multinacionais que, quando não dá resultado, é melhor fechar o negócio".

FESTAS E FERIADOS

Era certo que as comemorações de Páscoa, Natal e Ano Novo os Gallassini passassem em Brusque ou Balneário Camboriú, com os familiares de Marli, ou os recebessem em Campo Mourão. Geralmente, os Gallassini viajavam para Santa Catarina no final de ano, quando Aroldo e a família passavam as férias na praia.

Algumas vezes eles ficavam hospedados em Brusque na casa de uma das irmãs de Marli e do marido, Roselene e José Luiz Sassi, padrinhos de Larissa, mas logo iam para o apartamento que haviam comprado em Balneário Camboriú.

As comemorações costumavam acontecer na casa do irmão de Marli, Darci, que adorava esporte. Quando era jovem, Darci precisava estudar, mas só queria saber de jogar futebol. Tanto que se tornou jogador profissional em Presidente Prudente. Depois de encerrar a carreira no futebol, Darci montou uma estamparia, malharia e confecção, para fornecer uniformes para times. Darci, bastante próximo de Aroldo, faleceu precocemente, aos 58 anos.

Mas quem ia de Santa Catarina para o Paraná, ou vice-versa, ficava com a missão de levar os produtos e saborosos alimentos locais para a família anfitriã.

Depois de trabalhar por muitos anos como agricultor em Santa Catarina, em 1980, João Marco Nicaretta e os sócios, o pai e o irmão, migraram para o Paraná, onde compraram terras em Pitanga.

Em Santa Catarina, eles eram associados à cooperativa de Chapecó, na divisa entre os estados de Santa Catarina e Rio Grande do Sul. Quando soube da mudança da família Nicaretta, e que eles haviam se tornado cooperados da Coamo, o presidente da cooperativa de Chapecó prometeu a João Marco ligar para Aroldo Gallassini, de quem era amigo, para referendá-lo.

Não tardou e João Marco conheceu Aroldo; toda sua produção era desovada na Coamo. Aroldo comentou que gostaria que ele participasse ativamente da cooperativa. Em 1987, João Marco foi convidado a integrar o comitê educativo. Anos depois, em 1993, passou a fazer parte do conselho fiscal e, na sequência, tornou-se integrante do Conselho de Administração.

João Marco Nicaretta criou forte relacionamento com toda a diretoria da Coamo e o filho dele, Marcos Francisco Nicaretta, foi um dos primeiros

Estrutura do entreposto da Coamo no município de Roncador, na década de 1980.

A Coamo sempre contribuiu com propostas para o desenvolvimento do setor agropecuário brasileiro.

Desde a fundação da Coamo, Gallassini se reúne duas vezes por ano com os cooperados em suas comunidades, para informar a situação da cooperativa e da agricultura brasileira.

Em sua trajetória, Aroldo, com seu carisma, sempre recebeu admiração e respeito dos cooperados.

Aroldo Gallassini recebe do presidente da Editora Abril, Victor Civita, premiação como destaque do setor empresarial pela revista *Exame – Melhores e Maiores.*

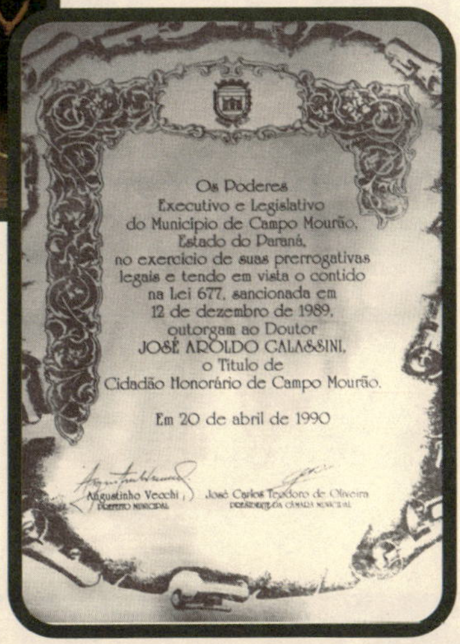

Os Poderes
Executivo e Legislativo
do Município de Campo Mourão,
Estado do Paraná,
no exercício de suas prerrogativas
legais e tendo em vista o contido
na Lei 677, sancionada em
12 de dezembro de 1989,
outorgam ao Doutor
JOSÉ AROLDO GALASSINI,
o Título de
Cidadão Honorário de Campo Mourão.

Em 20 de abril de 1990

Augustinho Vecchi
PREFEITO MUNICIPAL

José Carlos Teodoro de Oliveira
PRESIDENTE DA CÂMARA MUNICIPAL

Cooperados, amigos e companheiros rotarianos costumam prestigiar as sessões solenes dos títulos de Cidadão Honorário recebidos por Aroldo Gallassini, como o do município de Campo Mourão, em 1990, conforme certificado à direita.

Aroldo Gallassini entre o então vice-presidente da Coamo, Sérgio Luiz Panceri (esq.), e o diretor-secretário, Ricardo Calderari.

Associados fundadores à frente do monumento aos pioneiros, inaugurado em novembro de 2000, comemorativo aos 30 anos da cooperativa.

A Coamo sempre comemorou seus ciclos de atividades, como os de 25, 30 e 40 anos, valorizando os agricultores pioneiros.

Visita do ministro da Saúde da década de 1990, Adib Jatene (ao centro), para conhecer a Coamo.

Gallassini, juntamente a outros dirigentes cooperativistas do país, em missão para intercâmbio na Austrália, Indonésia e Nova Zelândia.

Gallassini durante Fórum Estadual do Cooperativismo, em Curitiba, ao lado de autoridades como Pedro Parente, Emilia Belinati e o presidente da Ocepar, João Paulo Koslovski.

Gallassini, entre destaques e lideranças do cooperativismo brasileiro, sendo condecorado.

Uma das inúmeras premiações recebidas por José Aroldo Gallassini.

Vista aérea da indústria de óleo e do terminal portuário da Coamo no porto de Paranaguá, na década de 1990.

Gallassini ao lado dos parceiros da Jacto, Shiro (de óculos) e Shunji Nishimura.

As premiações que Gallassini recebe são prestigiadas pelos companheiros rotarianos, destaques do cooperativismo e membros da diretoria da Coamo.

Em respeito à sua liderança e prestígio e à performance da Coamo, Gallassini foi homenageado pela Bolsa de Chicago em campanha mundial da instituição

Aroldo Gallassini (ao centro), com o amigo e presidente da CBOT, Bolsa de Chicago, Charles Carey (à direita).

“Maior Mourãoense da História”: título recebido por Aroldo em 2009, das mãos do prefeito de Campo Mourão, Nelson Tureck (ao lado de Aroldo), e do casal Dorlly e Nery Thomé, diretores do jornal *Tribuna do Interior*, organizador do prêmio.

COAMO

COAMO
MOINHO DE TRIGO

COAMO
Produzindo Alimentos

Estrutura completa da Coamo, que comporta administração central, atividades industriais e técnicas, como as fábricas e a Fazenda Experimental, entrepostos e a Arcam, local de eventos com cooperados e funcionários.

Em 2013, o casal Marli e Aroldo batiza o navio Santa Paulina, na Ilha Iwagi, no Japão.

Um dos objetivos da Coamo é o repasse de tecnologias visando geração de produtividade e renda aos cooperados.

Os colaboradores da Coamo são homenageados ao completarem ciclos de 10, 20, 30 e 40 anos de empresa.

Precursores do sistema de plantio direto na região de Campo Mourão, ao lado do monumento de conservação de solos, inaugurado em 1976.

Em 2015, Aroldo Gallassini entre o presidente Michel Temer e o governador Geraldo Alckmin, na premiação da revista *Istoé* Dinheiro.

Desde 1993, quando Gallassini idealizou a Copa Coamo de Cooperados – Futebol Suíço –, o projeto de esporte e lazer se apresenta como um excelente instrumento de integração da família cooperativista.

A participação ativa em assembleias, reuniões e outros eventos, assim como a confiança dos cooperados, representam pilares do sucesso da Coamo.

Da dir. para esq., Gallassini, Alvaro Massareto, Breno Rovani, Ricardo Calderari e Nei Cesconetto, em comemoração aos 45 anos da Associação dos Engenheiros Agrônomos de Campo Mourão, em 2018.

A verticalização industrial, iniciada na década de 1970, foi uma decisão acertada da Coamo, para agregar maior valor à produção dos cooperados.

O presidente da Coamo (ao centro) com sua equipe de diretores e superintendentes (da esq. para a dir.): Airton Galinari, Antonio Sérgio Gabriel, Ricardo Accioly Calderari, Claudio Francisco Bianchi Rizzatto, Alcir José Goldoni, Aquiles de Oliveira Dias e Divaldo Corrêa.

entre os jovens líderes cooperativistas a participar dos cursos que vieram a ser organizados pela Coamo.

TEMPOS AGRADÁVEIS

No início da década de 1980, a mãe de Aroldo, Otília, e a irmã Lisete, passaram alguns dias com Aroldo e a família em Campo Mourão.

Foram dias deliciosos. Aroldo levou a mãe e a irmã para conhecer suas terras e a sede da Coamo. Era nítida a reação de orgulho do filho na fisionomia de Otília.

Eles também aproveitaram para relembrar dos bons tempos de infância e adolescência em Brusque...

Foi também um momento importante para que Otília pudesse conviver com as netas Lenara e Larissa.

UM BRUSQUENSE COMO CLIENTE DA COAMO

Aroldo, sou de Brusque e em 1977 todos os móveis que comprei para a minha casa foram da fábrica que era do seu pai. Negociei com seus irmãos. Você já vivia aqui em Campo Mourão.

Estávamos em 1982. Logo que soube da presença de Jaime Nilton Mafezzolli na Coamo, um cliente comprador de algodão que era de Brusque, tradicional polo têxtil do país, Aroldo fez questão de ir conhecê-lo.

A partir dali, eles se tornaram amigos. E costumeiramente se encontravam na Coamo, quando Jaime ia às compras, ou na praia, em Balneário Camboriú, onde ambos tinham imóveis.

Sempre que Aroldo Gallassini conversava com Eugenio Stefanelo, primeiro diretor de economia rural da Secretaria da Agricultura durante o mandato do governador Ney Braga no início dos anos 1980, ele registrava como estratégia traçada que a Coamo atuasse com grãos em grande escala.

Desta forma, expandir o número de entrepostos estava entre as ações programadas. Assim como a agroindustrialização, que se desenvolveu com os produtos trabalhados pela Coamo.

Na sequência da carreira, Eugenio Stefanelo assumiu vários postos importantes. Entre eles, a superintendência da Companhia Nacional do Abastecimento, a Conab.

MARCAR PRESENÇA EM RH

Em 1981, a área de recursos humanos ganhou o reforço de Jorge Luiz Scarpin Carrozza, contratado para chefiar o departamento. Jorge trabalhava há sete anos numa grande empresa de Pederneiras, interior de São Paulo, e aceitou o desafio de se mudar para Campo Mourão e atuar na Coamo; na época, a cooperativa tinha em torno de 1.200 colaboradores.

A indicação partiu de um amigo que trabalhara anos antes com Jorge. Ele fez a entrevista, foi aprovado e gostou da proposta, além do desafio.

O primeiro contato que Jorge teve com o presidente Gallassini aconteceu numa reunião com a diretoria. Durante a conversa, Gallassini falou com Jorge dos pedidos que lhe faziam sobre as vagas de emprego:

– Jorge, vez ou outra eu posso lhe encaminhar um currículo. Mas a decisão, se a pessoa tem ou não capacitação para a vaga, é sua!

Logo que assumiu o posto, o departamento estava estruturado. Havia psicóloga que comandava os treinamentos, área de seleção... enfim, de tudo um pouco.

De forma gradativa, com o crescimento da empresa Jorge contratou cada vez mais e mais colaboradores, além de programar certas mudanças. Entre elas, plano de saúde interno, estrutura na área de segurança, medicina do trabalho, exames periódicos, estruturação da Cipa (Comissão Interna de Prevenção de Acidentes), entre outros.

Outra característica do departamento, e que estava dentro da filosofia do presidente Gallassini, era a de aproveitar os talentos da Coamo nas promoções e para assumir os cargos de liderança.

LIDERANÇA DO SETOR

Em 1981, por meio da Organização das Cooperativas Brasileiras, a OCB, era levantada diariamente a cotação dos cereais na bolsa e enviada por telex para as Cooperativas.

Também aconteciam reuniões sequenciais entre as cooperativas e o grupo de trabalho da OCB, muitas vezes, para defender os direitos das cooperativas junto aos órgãos competentes em Brasília.

Durante os encontros, Aroldo Gallassini manteve contato mais estreito com José Roberto Ricken, da OCB, que logo definiu o estilo participativo e objetivo de liderança do presidente da Coamo, sempre lutando pelo bem do cooperativismo.

No início dos anos 1980, assim que chegou a Mamborê e comprou terra, Mauro Zanin já se tornou cooperado da Coamo.

Ele acompanhava atentamente as duas reuniões anuais de campo que Aroldo Gallassini fazia para os cooperados, e apreciava a forma direta com que ele se expressava. Tanto que certa vez, ao final da reunião, Mauro disse a Aroldo:

— Doutor Aroldo, quem assiste e ouve o senhor falar, jamais terá problemas na vida pessoal e financeira. Suas palavras são sábias! O senhor demonstra seriedade na forma de tratar e conduzir os negócios.

As atividades de Zanin prosperaram e, em sociedade com o irmão, criaram um importante conglomerado agrícola.

CAPÍTULO 3

CRESCIMENTO SUSTENTÁVEL FRENTE AOS PLANOS ECONÔMICOS

INDUSTRIALIZAR E CAPITALIZAR

EM 1981, A COAMO DÁ UM IMPORTANTE PASSO: parte para a indústria de processamento de óleo de soja. Os volumes de plantio cresceram muito e havia dificuldades de armazenagem. Somado a isso, existia preocupação com a capitalização. Aroldo costumava dizer:

– Cooperativa que não tem indústria é na verdade um grande cerealista.

A iniciativa de verticalização das atividades, com a experiência da indústria de esmagamento de soja, encorajou Gallassini e seus pares a implantar uma fiação de algodão, sendo tal ação submetida e aprovada em assembleia dos associados, tendo o início de suas atividades em 1986.

Houve também importante progresso com a fiação, até que o governo passou a permitir a importação de algodão barato da Rússia e do Paquistão, desmotivando a produção de algodão no Paraná.

ALUNO ONTEM, COOPERADO HOJE

Registro a importância de que o agrônomo não atue apenas na extensão rural. Nós, agrônomos, devemos assumir uma postura mais ativa no cooperativismo e de liderança no processo.

A mensagem foi direta aos alunos de agronomia durante mais uma de suas palestras ministradas em faculdades na Semana de Estudos Agronômicos, debatendo sobre cooperativismo e armazenagem. Entre eles, estava Nery José Thomé.

O nome de Aroldo Gallassini, como presidente da Coamo, já era associado à seriedade e honestidade na gestão cooperativista. O próprio pai de Nery comentava com entusiasmo sobre o trabalho desenvolvido por Gallassini em Campo Mourão.

Depois de formado, Nery passou a ser agrônomo na Secretaria de Agricultura, e a trabalhar em Campo Mourão. Ali Nery e Aroldo se reencontraram, e o primeiro relembrou sobre os ensinamentos adquiridos naquela palestra.

Em 1986, Nery José Thomé comprou seu primeiro sítio, em parceria com um ex-colaborador da Coamo, da qual se tornou um dos cooperados. A experiência foi positiva e Nery continuou a cada vez mais adquirir terras e plantar.

Além de agricultor, Nery passou a escrever como colaborador para um jornal de Campo Mourão, o *Tribuna do Interior*; os textos eram veiculados na coluna *Notícias Agropecuárias*. Em 1989, Nery acabou por adquirir o jornal, que ficou sendo administrado pela esposa. Os temas estão voltados para a comunidade, mas sempre há notícias e o acompanhamento da produção agrícola.

MAIS UM "SOLDADO" PARA O "EXÉRCITO"

Sabe, Juscelino, temos uma história de praticamente 12 anos. Olhando para trás, percebo o quanto crescemos. Trabalhamos muito e ainda temos um longo caminho a percorrer e a desenvolver no cooperativismo. Seja bem-vindo!

A conversa aconteceu entre José Aroldo Gallassini e Juscelino Fernandes da Costa no primeiro contato que teve com o presidente da Coamo. Juscelino havia iniciado na empresa em 2 de agosto de 1982, contratado para montar a área de treinamentos e salários, no setor de Recursos Humanos.

E dentro da expectativa positiva de Gallassini, Juscelino se colocou à disposição para ampliar metas:

— Eu e meus companheiros estamos aqui para isso, doutor Aroldo. Conte conosco para o desenvolvimento ainda maior da Coamo.

Por 20 anos Juscelino atuou na área de Recursos Humanos. No início, tudo era feito manualmente e houve um grande investimento na melhor preparação dos funcionários. O produtor fazia a venda e os cálculos eram manuais, o que provocava erros matemáticos. Foi preciso contratar professores de matemática, para dar aulas e evitar os erros de cálculo.

Juscelino se formou em direito e depois migrou para a área jurídica, passando a gerenciá-la.

Em 1982, ocorreram no Brasil as eleições para eleger os governadores dos estados brasileiros. Em Campo Mourão, o processo eleitoral foi conduzido pelos juízes Rui Thomas e Emilio Prohmann, da Vara Civil.

Mas acabara de chegar à cidade o juiz Rui Antonio Cruz, que embora sem função eleitoral, acompanhou todo o processo.

Como forma de colaborar e agilizar a contagem de votos, Aroldo Gallassini colocou à disposição da justiça eleitoral o Centro de Processamento de Dados (CPD) da Coamo, para informatizar o resultado.

Naquele tempo, os votos eram contados em cédulas e passados para os mapas, processo acompanhado pela equipe de informática da Coamo. Depois de tudo conferido, os votos seguiam para ser computados em Curitiba.

Logo Rui Antonio Cruz, que recebeu a melhor das referências sobre Aroldo Gallassini, ingressou no Rotary. E ali, além de amigos, se tornaram companheiros rotarianos.

A amizade sempre prevaleceu e jamais houve um pedido de favorecimento entre eles: Aroldo Gallassini tocou sua vida de empresário e Rui Cruz a de juiz.

O segmento do cooperativismo pode ser definido como tendo um marco até 1983, quando iniciou um novo período de estruturação. A partir daí, muitas das cooperativas se desenvolveram, trabalharam em alta escala e começaram a pensar e a entrar na agroindustrialização. Certamente, foi o resultado do mérito das cooperativas que se planejaram desde a década de 1970, permitindo que o cooperativismo agropecuário no Paraná se organizasse.

Foram dados os primeiros passos com a motivação maior da soja. E outra vez a Coamo sai na frente, montando sua indústria.

Paralelamente a isso, na própria década de 1980 começaram a ter problemas na contratação do crédito. As cooperativas trabalhavam com dificuldades, em função dos financiamentos caros.

Nessa hora, vale e pesa a política sempre adotada pelo presidente da Coamo, José Aroldo Gallassini, de capitalizar a cooperativa e poder trabalhar com recursos próprios em determinados momentos.

Nos anos 1980, a Coamo continuou a abrir entrepostos, facilitando a vida do cooperado e criando melhor estrutura para a cooperativa. Alguns prefeitos ligavam para o escritório, pedindo a montagem de entrepostos em seus municípios. Este foi um dos pontos defendidos por Aroldo Gallassini; certamente, era a visão de negócio adquirida ainda como extensionista da Acarpa.

HOMEM CERTO PARA O LUGAR CERTO

Germano, a Coamo precisa de um gerente para a indústria de óleo em Campo Mourão. Nós indicamos você ao presidente da cooperativa, o doutor Aroldo Gallassini.

A indicação do engenheiro químico Germano Ottmann partiu do pessoal da Cotriguaçu. Germano, que trabalhava na Cocap, uma central de cooperativas da região norte do Estado do Paraná, conhecia a Coamo e tinha as melhores referências sobre Gallassini. O que pesou na escolha do nome dele foi ter gerenciado o setor de óleo na Cocamar.

Uma reunião foi marcada em Campo Mourão no dia 12 de dezembro de 1983. Assim que desceu na rodoviária, Germano foi ao encontro de Gallassini.

Mais do que conversa, Germano passou por uma verdadeira sabatina, tal a importância do cargo que iria ocupar. O diálogo foi muito bom e ele saiu de lá contratado. Ao comentar com alguns amigos, muitos o questionavam sobre trocar a Cocap pela Coamo, mas Germano estava convicto!

Logo Germano pediu as contas na Cocap e ficou de se apresentar na Coamo praticamente uma semana depois, em 19 de dezembro.

No dia marcado, Germano saiu bem cedo de Curitiba e chegou com a família, a esposa e o filho em Campo Mourão. Depois de acomodá-los, Germano foi para a Coamo, conversar com Aroldo Gallassini.

Como havia saído ainda pela madrugada de Curitiba, ele chegou na Coamo depois do almoço. E de cara levou uma "bronca" do presidente:

– Germano, eu o esperava aqui bem cedo. Você deveria ter viajado de Curitiba para Campo Mourão ontem. Assim, já teria instalado a família com mais tranquilidade, descansado e teria iniciado expediente pela manhã.

"Bronca" dada, o negócio era arregaçar as mangas e trabalhar. Aroldo e Germano foram conhecer a indústria de óleo, ainda com poucos funcionários, e percorreram por toda a fábrica. Enquanto andavam, Gallassini testava os conhecimentos de Germano e trocava ideias sobre os passos futuros da empresa.

Em determinado momento, Germano perguntou a Aroldo:

– Por que o antigo gerente saiu da empresa?

A resposta foi direta:

– Porque ele misturou as coisas. A indústria existe para remunerar o produtor. É uma forma de escoar o produto e ajudar no preço. Esta é a filosofia de trabalho da Coamo.

Depois de três anos na gerência, Germano Ottmann foi promovido a superintende. Na nova função, ele participava de duas reuniões semanais com outros integrantes da diretoria, para traçar planos e discutir diversos temas. Tudo era feito com transparência, conforme determinava Gallassini.

Ottmann atuou ainda na expansão das indústrias da Coamo, como o refino do óleo, hidrogenação (gordura vegetal para fazer a margarina), moinho de trigo, destilaria de álcool, fiação de algodão, Porto de Paranaguá, indústria de café...

Germano Ottmann fez uma bela carreira na Coamo, de onde se desligou em 2007, após aposentar-se.

Em 1984, a diretoria da Coamo, já com um estruturado projeto de crescimento, era composta pelo presidente, José Aroldo Gallassini, o vice, Sérgio Luiz Panceri, e o diretor secretário, Ricardo Accioly Calderari.

Foi nesse mesmo ano que Ricardo Accioly Calderari começou a atuar como diretor da Coamo. Desde 1973, ele já comprava terras na região, incentivado pelo então patrão Antonio Brunetta, cooperado de número 83. Pois

Ricardo continuou a investir na agricultura e no ano de 1978 adquiriu uma área mecanizada, passando também a ser cooperado Coamo.

O convite para ser Diretor Secretário da Coamo, que partiu de Aroldo, deixou Ricardo Accioly Calderari surpreso, pois, ele estava mais focado em cuidar dos próprios negócios. Mas ele não teve como recuar:

— Aroldo, eu não posso negar a convocação de um homem com a sua honestidade, um extensionista nato, que segue à risca a doutrina do cooperativismo. Conte comigo!

Aroldo tinha grandes planos para Calderari, que havia sido presidente da Associação de Agrônomos de Campo Mourão por duas vezes e se confirmara como uma importante liderança do agronegócio local. Naquela altura, a Coamo já mantinha entrepostos mais ao sul do Paraná. Embora mirasse, ainda não atuava em outros estados.

Efetivamente, a partir daí passou a haver uma busca pelo cooperado, em especial, com locais de terra boa e produtiva, e regiões de chuva no volume necessário.

TAREFAS NA CRIAÇÃO DAS FILHAS

O casal Marli e Aroldo Gallassini dividia bem as tarefas em relação ao lar e às filhas. Marli sempre fora do tipo mãezona, de dedicação total: levava as meninas ao balé, piano, aulas de pintura, catequese, natação ... e como sempre fora professora, acompanhava em cima o desempenho delas nos estudos. Nos finais de ano, as meninas tinhas as apresentações de balé e piano, que sempre contavam com as presenças dos pais.

Aroldo geralmente levava as filhas pela manhã na escola e ia buscar perto do meio-dia, pois, almoçava em casa. Aroldo também não dava moleza e sempre perguntava se elas tinham feito as tarefas de casa e tomava as lições. E exigia notas altas! O melhor exemplo que ele deixava para as filhas era a dedicação e o comprometimento dele ao trabalho e à Coamo.

Certa vez, inclusive, a professora de Larissa pediu para falar com Marli e Aroldo. Numa das aulas, os alunos precisavam contar sobre a profissão e o trabalho do pai. Pois quando chegou a vez de Larissa, ela respondeu:

— Meu pai é engenheiro agrônomo e trabalha na Coamo. Na empresa, as atividades dele são tomar cafezinho e assinar cheques.

Depois das risadas, veio a explicação. Toda vez que ela ligava para falar com o pai, a secretária que o assessorava dizia: "Larissa, agora seu pai não pode falar, pois, está tomando café com um cooperado" ou "Larissa, o doutor Aroldo está assinando cheques. Eu aviso que você ligou".

Larissa não entendia bem o que era uma cooperativa. Até porque jamais Aroldo discutiu problemas ou temas profissionais em casa, com as filhas.

A rotina de Aroldo era: tomar café e sair da casa para a Coamo às 6h50; às 7h chegava na cooperativa; às 11h50 Aroldo saía para buscar as filhas na escola e almoçar em casa com a família; às 12h30 terminava o almoço e ele descansava de 20 a 25 minutos; perto das 13h20 ele voltava para a Coamo e às 13h30 já estava em sua sala; no final da tarde, saía entre 18h e 19h.

Mas Aroldo viajava muito. Para alegria das filhas, sempre que retornava Aroldo trazia presentes e, obrigatoriamente, as maletinhas de plástico com lanches oferecidas nos voos aos passageiros.

COLABORADOR COM HISTÓRIA NA COAMO

Ilivaldo, a Coamo tem um administrador, o doutor Aroldo Gallassini. Ele é uma pessoa be*nquista por todos, pela sua competência e visão dos negócios. Você está certo em ir trabalhar lá, principalmente, porque a gestão do doutor Aroldo fará com que a Coamo cresça muito.*

Em 9 de Outubro de 1984, aos 20 anos, Ilivaldo Duarte Campos inicia na Coamo, na área de cadastro de atendimento aos cooperados. Mas a ligação dele com a Coamo vinha de longa data, pois, os avós eram cooperados e fundadores da Coamo; o avô paterno, Romão Martins, era associado de número 67, e o avô materno, Paulo Teixeira Duarte, o 51º. Eles tinham terras em Luisiana, que veio a se tornar município.

Naquele mesmo ano, em novembro, a Coamo inaugurou a nova sede, bem mais estruturada do que a anterior. Mas as filas de entrega de produtos, mesmo com todos os investimentos feitos para reduzi-las, chegavam a atingir mais de seis quilômetros e ainda preocupavam a direção.

Depois de dois anos de empresa, Ilivaldo foi transferido para a área de recursos humanos, no recrutamento. E, na sequência, ele assumiu o departamento de assistência educacional e social, ligado aos cooperados, assessorando a diretoria. Foi quando os contatos com Aroldo Gallassini se tornaram mais constantes. A seriedade da imagem de Gallassini e a forma fácil e direta de se comunicar com os cooperados e o grupo de trabalho puderam ser constatados por Ilivaldo.

Em 1995, após alguns anos na função, Ilivaldo assumiu a assessoria de imprensa, que veio a se tornar assessoria de comunicação. Uma das missões pedidas por Gallassini foi a de humanizar ainda mais a relação com os cooperados e seus familiares.

Nesse meio tempo, Ilivaldo, com experiência de muitos anos no jornalismo, graduou-se em pedagogia e direito.

Além de coordenar a área de comunicação, Ilivaldo também passou a exercer trabalhos na organização do quadro social.

A CRIAÇÃO DO COLÉGIO INTEGRADO

Estávamos por volta de 1984. Os pais dos jovens adolescentes e pré-adolescentes viviam um impasse: não havia escolas de bom nível em Campo Mourão para que os filhos estudassem.

Mesmo aquém do ideal, a melhor opção era a escola pública. Quem não optasse por esta escolha, teria que mandar os filhos para morar e estudar em Curitiba.

Havia uma escola particular, o Colégio Afirmativo, tido até anos antes como a melhor opção, mas que passava por sérias dificuldades financeiras e estava a ponto de encerrar as atividades. Os donos pretendiam vender o colégio.

Foi quando Aroldo Gallassini teve a ideia de reunir um grupo de amigos, que vivia o mesmo drama em relação aos filhos, e comprar o colégio. O projeto era o de investir na qualidade de ensino, para que os jovens pudessem continuar estudando e morando com suas famílias em Campo Mourão.

Inicialmente, ele apresentou a ideia aos companheiros do Rotary. A notícia se espalhou rapidamente, e logo se formou um grupo de 13 pessoas dispostas a encarar o desafio. Esse grupo, que frequentemente se reunia com o prefeito de Campo Mourão para discutir melhorias na cidade, incluindo questões relacionadas à educação, começou a atrair novos integrantes. Com o tempo, o grupo chegou a 50 pessoas comprometidas em levar o projeto adiante. As participações foram organizadas em cotas, que podiam ser adquiridas integralmente ou pela metade.

Certamente, o que pesou na decisão de cada um dos investidores foi o fato de o projeto estar encabeçado por José Aroldo Gallassini, considerado uma referência ética e moral da cidade. Não há como negar também que Gallassini replicara com o colégio o modelo vencedor cooperativista, onde já estava preestabelecido que não haveria privilégios e os resultados seriam divididos proporcionalmente.

As reuniões entre eles aconteciam três vezes por semana na antiga sede da Associação Comercial. Nas discussões sobre o tema, surgiu a ideia de o grupo comprar o Colégio Afirmativo, que já estava montado.

Depois de tudo definido, foi feita uma oferta para aquisição do Colégio Afirmativo e da sede. A negociação evoluiu bem e logo o negócio foi fechado.

Havia muito trabalho a ser feito: reforma do prédio que já estava bastante deteriorado, aquisição de materiais, definição da equipe de professores, avaliação do programa pedagógico... E este era um tema novo para todos os 50 investidores.

Parte do grupo chegou até a visitar algumas escolas de Maringá e que eram consideradas referências, como os colégios Paraná e Platão, contratado para prestar consultoria na parte pedagógica. Aroldo Gallassini foi um deles e se comprometeu a assumir a gestão nos quatro primeiros anos do projeto.

O primeiro ano letivo do agora Grupo Educacional Integrado foi 1986; a diretoria ofereceu à sociedade de Campo Mourão um coquetel na Casa da Cultura, para apresentar a nova proposta educacional e, simultaneamente, fez o lançamento da campanha de matrículas.

Aroldo comandou o colégio entre 1986 e 1990, saindo da Coamo no final da tarde e dando expediente na escola à noite. As filhas de Aroldo, dos outros sócios e de muitos moradores da cidade ganhavam agora uma escola de qualidade e com quadro de professores de excelente nível.

Os primeiros anos foram difíceis. Vivíamos o governo de José Sarney, que numa ação populista congelou os preços. Desta forma, não havia como aumentar as mensalidades, apesar da elevação dos custos.

Mas tudo foi superado e o Grupo Educacional Integrado não parou de crescer, chegando, inclusive, a comprar terrenos vizinhos para expansão da área; em algumas situações, ainda contando com aporte do grupo de sócios.

Em 1990, depois de Aroldo deixar a gestão do colégio, o comando passou de mãos em mãos, sempre com qualidade de administração.

Tudo correu bem até 1997, quando o governo passou a oferecer cursos noturnos de supletivo, que permitiam aos alunos se formar de forma rápida e gratuita. Muitos alunos se desligaram do Integrado, para aproveitar a oferta governamental.

Surgiu então a ideia de criar uma faculdade, para aproveitar a demanda de alunos do segundo grau e também os que haviam optado pelo supletivo. Depois de todos os trâmites cumpridos junto ao Ministério da Educação e Cultura, o MEC, a faculdade iniciou atividades com três cursos: Administração, Comércio Exterior e Relações Internacionais; eles tentaram aprovar também Direito, mas não conseguiram de imediato.

Logo depois a faculdade passou a oferecer o curso de Veterinária; para isso, outra área foi adquirida e houve necessidade de aporte dos sócios.

O sistema funcionou bem até meados de 1998, quando alguns sócios colocaram mais dinheiro do que outros, e isso gerou desequilíbrio na sociedade. Aliás, algo que Aroldo Gallassini alertara desde o início:

— O negócio só vai para frente se todos participarem de forma igual!

Mas também com o passar do tempo, o grupo de sócios foi perdendo interesse no negócio. Vários eram os motivos: fosse porque os filhos já estavam em fase de prestar vestibular e cursar universidade, como no caso das filhas de Aroldo, que já moravam em Curitiba; por não estarem mais dispostos a fazer aportes; por preferirem investir em outras áreas...

Na tentativa de vender o complexo educacional Integrado, Aroldo marcou conversa com o presidente do Grupo Educacional Positivo, em Curitiba. Depois das explanações, Aroldo recebeu resposta positiva:

— Eu compro o colégio. Mas desde que a Coamo ofereça bolsas de estudos para os filhos de cooperados.

A "exigência" inviabilizou a negociação, porque jamais Aroldo iria envolver a Coamo em seus negócios pessoais. Uma regra que Aroldo nunca violou ou permitiu que alguém o fizesse.

Estávamos em 2001. A situação financeira do Integrado não era das melhores e a opção era mesmo a de passar o negócio adiante. Surgiu então a ideia de oferecer o grupo educacional aos sócios, na tentativa de encontrar algum interessado. Foram definidos dois preços, para sócios e não sócios.

Muitos dos sócios recusaram a oferta, até que Maria da Conceição Montans Baer aceitou encarar o desafio.

Os valores foram ajustados e Conceição assumiu o Integrado em maio de 2002. Ela fez uma excelente e visionária gestão, tanto que a faculdade se transformou anos depois em universidade, oferecendo cursos de agronomia, veterinária, direito, farmácia, computação e medicina.

O mesmo modelo vencedor do Grupo Educacional Integrado Aroldo Gallassini colocou em prática quando decidiu, junto com companheiros da diretoria, construir uma sede para a Associação Comercial de Campo Mourão.

Novamente Aroldo reuniu um grupo de pessoas que compraram salas comerciais em Campo Mourão, aonde a entidade iria se instalar; Aroldo chamava o processo de "empréstimo compulsório". Depois que a entidade se acomodou na sede própria e levantou recursos, aqueles que compraram as salas receberam seus dinheiros de volta.

Situação semelhante aconteceu quando Aroldo presidiu a Casa da Amizade do Rotary e comandou a construção da sede. O próprio Aroldo comprou um terreno e o vendeu para o Rotary pagar parcelado. Foram realizadas duas rifas de dois tratores, para que as parcelas do terreno pudessem ser quitadas, e com a ajuda dos companheiros rotarianos a sede foi construída.

APROXIMAÇÃO DE DUAS REFERÊNCIAS DO SEGMENTO

Sugiro então, Roberto, que você conheça o Aroldo Gallassini, presidente da Coamo. Ele agregará muito na sua busca por conhecimento sobre soja.

A sugestão feita a Roberto Rodrigues partiu do presidente da Ocepar na época. Entre 1973 e 1979, Rodrigues, presidira uma pequena cooperativa de produtores de cana no interior de SP, a Cooperativa de Plantadores de Cana da Zona de Guariba (Coplana), fundada por seu pai, Antonio José Rodrigues Filho. Nesse período, ele decidiu ampliar um projeto na própria fazenda de cana em Jaboticabal, interior de São Paulo, utilizando a soja como cultura de rotação.

Para isso, Roberto Rodrigues precisava entender mais do sistema operacional. Ele buscou informações em Campinas e Rio Grande do Sul, para desenvolver um processo mais curto que o convencional, sem perder ou prejudicar o ciclo da cana. Ao longo da evolução desse projeto, conhecido como "Sistema Coplana", Roberto Rodrigues foi visitar o Paraná no começo da década de 1980, que já figurava como um dos estados que melhor trabalhava com soja.

E foi justamente durante visita à Ocepar que ele recebeu a indicação para procurar Gallassini na Coamo.

Logo uma reunião foi agendada em Campo Mourão. Roberto Rodrigues encantou-se com as ideias e o visionarismo de Aroldo Gallassini, que vislumbrava um cenário estimulante para a soja nos anos seguintes. Da conversa, onde o cooperativismo foi parte da troca de ideias, Rodrigues levou consigo bastante conhecimento sobre a soja. E Aroldo teceu as melhores referências a Rodrigues e ao pai dele, o também engenheiro agrônomo Antonio José Rodrigues Filho, que teve expressiva participação na criação da Organização das Cooperativas Brasileiras (OCB), em 1970, tendo sido o primeiro presidente da entidade.

Marcou também nesse encontro a antevisão de Gallassini sobre aquilo que se chegou a chamar de globalização da economia, o que reduziria as margens dos produtos. O agricultor em geral sofreria com escala de produto; o pequeno, justamente por não ter escala, enfrentaria mais problemas. Assim, a única forma de fazer escala era trabalhar em conjunto no sistema cooperativista. E Aroldo percebera isso com enorme clareza.

Em 1985, Roberto Rodrigues foi eleito presidente da Organização das Cooperativas Brasileiras, a OCB, e a partir daí os contatos com Aroldo Gallassini se tornaram mais regulares e próximos.

De 1987 para 1988, dois fenômenos importantes envolveram a entidade. O primeiro deles foi a elaboração da nova constituinte durante o governo de José Sarney. Coube à OCB, como a voz das cooperativas, consultar as mesmas, para encaminhar ao governo as reivindicações do setor.

Aroldo Gallassini, como uma das principais lideranças do segmento, teve expressiva participação. Tanto que Gallassini e Roberto Rodrigues estiveram reunidos em várias oportunidades durante o processo.

Surgiram demandas e emergiram cinco temas que foram apresentados para a elaboração da constituição brasileira. Entre eles, o da autogestão e o artigo que dava às cooperativas de crédito isonomia no sistema financeiro.

Depois da constituição promulgada, Rodrigues conseguiu pela OCB viagens de estudos para 30 líderes cooperativistas brasileiros, oferecidas pela comunidade europeia.

Uma das ideias de Rodrigues era a de criar bancos cooperativos, embora existisse resistência do Banco Central. A viagem dos líderes cooperativistas se mostrava providencial, pois, a Europa tinha vários bancos de cooperativas, como na Alemanha, Holanda, França e Bélgica.

Outro tema a ser expandido na viagem era o da reforma agrária e que dividia opiniões. Por isso, era importante trocar experiências com os europeus.

Mais um assunto a ser explorado era conhecer o modelo de formação europeia para o cooperativismo.

Entre os líderes, Aroldo Gallassini estava presente. A viagem e a convivência intensa, que durou 35 dias, aproximou ainda mais Gallassini e Rodrigues. Eram conversas constantes e Rodrigues conheceu outra faceta do presidente da Coamo, a do homem de espírito solidário, coletivista e com DNA identificado com o cooperativismo.

Ainda como presidente da OCB, Rodrigues entregou a Aroldo algumas premiações, entre elas, a de Lideranças Rurais. Roberto Rodrigues também criou sua própria marca: toda visita que fazia como presidente da OCB, ele plantava uma árvore. Na Coamo, ele plantou uma muda de Araucária, também conhecida como Pinheiro Brasileiro ou Pinheiro do Paraná.

PENSAMENTO POSITIVO SEMPRE

Em meados 1980, José Aroldo Gallassini foi convidado para ministrar palestra na Associação dos Engenheiros Agrônomos de Curitiba.

Ao todo, três presidentes de cooperativas foram convidados para fazerem suas apresentações: uma delas passava por sérias dificuldades, outra mantinha resultados medianos e a terceira apresentava grande sucesso, no caso, a Coamo de Aroldo Gallassini.

Ao final do evento e das explanações dos presidentes, a organização elaborou e soltou um documento aos participantes, explicando os motivos que levavam cada uma das três cooperativas a diferentes resultados:

Chegou-se à conclusão de que o fator determinante do sucesso de uma cooperativa é exclusivamente a forma como ela é administrada. A dinâmica do cooperativismo não há como dar errado. Por meio da cooperativa, os agricultores compram juntos e mais barato, vendem juntos e melhor, barateiam-se os custos... Ou seja, se tudo isso for bem administrado, os resultados são excelentes, conforme nos apresentou o doutor José Aroldo Gallassini.

"Monte e trabalhe com equipes talentosas,
que exijam muito de você.
Assim todos crescem,
você e seu grupo de trabalho."

As residências da família Gallassini em Campo Mourão, sendo a casa de madeira a primeira (de 1969 a 1975), depois a de alvenaria (de 1975 a 1980) e na sequência o apartamento (a partir de 1980).

O casal Marli e Aroldo, com as filhas Lenara e Larissa, em momentos de viagens e lazer.

Durante a trajetória, Aroldo viajou pelo mundo e interagiu com as mais diferentes culturas.

Imagens atuais da fábrica de móveis criada pelo pai de Aroldo, Henrique, e da casa em que morou a família Gallassini em Brusque.

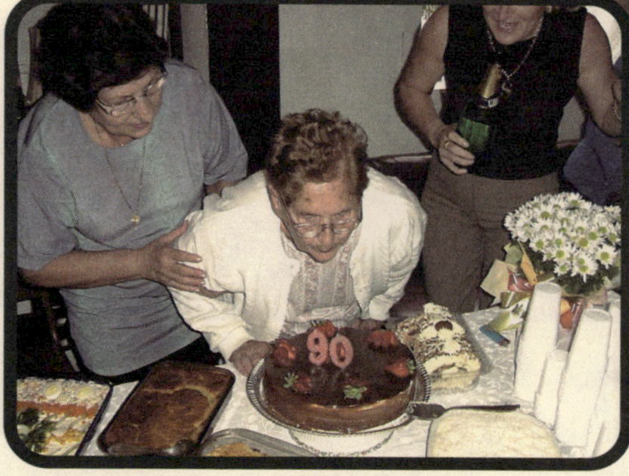

Aroldo reunido com as irmãs, os irmãos e a mãe, Othilia, na comemoração dos 90 anos da matriarca dos Gallassini.

O presidente da Coamo planta árvore no dia do aniversário, sempre festejado pelos colaboradores.

Gallassini com a filha Larissa, que segue os passos e trabalha com o pai nas terras da família.

Aos fins de semana, Gallassini percorre as próprias fazendas, onde mantém as atividades de agricultura e pecuária.

Motivo de grande honra, Gallassini foi agraciado com mais de 50 títulos de "Cidadão Honorário" pelos municípios dos estados do PR, SC e MS.

Na celebração dos 40 anos da Arcam, em 2014, inauguração da estátua que emocionou o presidente da Coamo, em homenagem prestada pelos associados.

Aroldo com a esposa Marli e as filhas Lenara e Larissa, que representam a base e sustentação da vida do cooperativista.

O TRAUMÁTICO GOVERNO SARNEY

Muitas formam as dificuldades encontradas pelo cooperativismo na década de 1980. Em especial, na segunda metade. As cooperativas que passavam por problemas, não resistiram.

Não foi o caso da Coamo! A política de gestão de Aroldo Gallassini, a de capitalizar a cooperativa e investir em seu desenvolvimento e crescimento, montando, inclusive, indústrias e aumentando o valor agregado, fez com que a Coamo passasse ilesa. O maior impasse foi em relação à indústria de óleo, devido ao congelamento de preços.

Depois de 21 anos de governo militar, os dois últimos generais que comandaram o país, Ernesto Geisel e João Baptista Figueiredo, prepararam a transição política que levou o Brasil a voltar a ser presidido por um civil.

Em 1984, apesar de todo o movimento do povo brasileiro, em apoio às eleições diretas, o Congresso não aprovou a Emenda Dante de Oliveira. O movimento ficou conhecido como "Diretas Já".

Mas ter um civil na presidência era um processo irreversível, embora por eleição indireta. Disputavam Paulo Salim Maluf, pela ARENA, e Tancredo Neves, pelo PMDB, que foi o vencedor.

Embora eleito, Tancredo Neves teve sérios problemas de saúde e faleceu antes de assumir. A data da posse estava marcada para 15 de março de 1985, mas Tancredo estava internado; desta forma, o vice, José Sarney, assumiu a presidência. Mas Tancredo não resistiu e, depois de uma sequência de cirurgias, veio a falecer no mês seguinte, em 21 de abril.

Assim, no dia seguinte, em 22 de abril de 1985, José Sarney foi oficializado no posto, consolidando a transição política no país.

Em 28 de fevereiro de 1986, foi lançado o Plano Cruzado, cuja maior "bandeira" era o congelamento de preços. Num primeiro momento, o Plano contou com apoio popular e dos principais líderes políticos brasileiros. Mas não se sustentou e uma sequência de outros trágicos planos foi lançada.

Essa política desencadeou endividamento e altíssima inflação. Entre 1986 e 1987, a inflação chegou a 367% ao ano; em 1988, depois de outro plano, o índice inflacionário anual alcançou 1.000%; em 1989, apesar de novo Plano, o Verão, a inflação disparou ainda mais, atingindo 1764% ao ano.

Foi ainda no governo Sarney que foi preparada uma nova constituição e que viria a substituir aquela elaborada pelos militares em 1967. Em fevereiro de 1987, foi criada a Assembleia Constituinte. Muitos setores, como o agronegócio, foram consultados para a formatação do texto.

Em 1988, foi oficializada a nova Constituição, que já previa eleições diretas para presidente, implementando o regime presidencialista e restringindo a atuação das forças armadas, realização de eleições também para governadores e prefeitos, a independência dos três poderes, dentre outras medidas.

O governo Sarney terminou em 15 de março de 1990, quando foi empossado o novo presidente.

Em 17 de setembro de 1986 inicia na Coamo o engenheiro químico Divaldo Corrêa. Ele estava empregado numa indústria química em Maringá e, quando soube da vaga na Coamo, para trabalhar diretamente com as indústrias, candidatou-se e foi contratado.

Logo Divaldo foi apresentado ao presidente, Aroldo Gallassini, que marcou pela simplicidade e visão empreendedora. Muitas das ideias discutidas agradaram a ambos.

Entre elas, estava fazer melhorias, a modernização e a expansão da indústria de processamento de soja, da fiação de algodão e do moinho de trigo; comparadas com as cooperativas que industrializavam, como a Coamo, as que só trabalhavam com commodities não iam tão bem.

Depois de quase cinco anos atuando com as indústrias, em 1990, Divaldo Corrêa foi transferido para o terminal de exportação em Paranaguá. Divaldo comandou as exportações do porto e a montagem, desenvolvimento e duplicação da capacidade da indústria de óleo.

Depois de oito anos, em 1998, Divaldo assumiu a superintendência industrial e retornou para Campo Mourão, para atuar diretamente com as ampliações das fábricas e estudar a viabilidade de criar outras indústrias.

"SANGUE NOVO"

Tivemos uma grande reformulação no nosso quadro de agrônomos. Muitos saíram e um novo grupo foi contratado. Peço um pouco de paciência a vocês cooperados, pois esse novo grupo é muito qualificado, mas precisa de um tempo para se adaptar à empresa e conhecer cada um de vocês, assim como o trabalho que desenvolverão em suas terras.

As palavras de Aroldo Gallassini foram ditas na reunião de campo no ano de 1986. Realmente, houve a troca de boa parte da equipe de agrônomos, motivada pela melhoria técnica da Coamo.

Entre os que iniciaram na Coamo, estava Aquiles de Oliveira Dias, que se formara no Rio Grande do Sul em cinco de janeiro do mesmo ano e, três dias depois, no dia oito, começou a trabalhar na Coamo.

Ele foi lotado no entreposto de Mamborê, a 30 km de Campo Mourão. Mas teve uma ascensão rápida. Poucos meses depois, Aquiles já foi promovido para a chefia do departamento técnico em Mamborê, ficando até 1988. Na sequência, foi transferido para a produção de sementes e, em 1992, assumiu o posto de comprador. Até que, em 2008, Aquiles foi elevado a gerente de compras e anos depois a Superintendente Técnico da Coamo.

Desde que passou a trabalhar em Campo Mourão, os contatos com o presidente Aroldo Gallassini ficaram mais intensos, inclusive, com participações das reuniões conjuntas. Nessas oportunidades, Aquiles constatou o estilo participativo e interativo de gestão do presidente. Também um grande diferencial era a aposta de Gallassini no fornecimento de insumos para os cooperados, atividade importante, mas para a qual nem todas as cooperativas davam tanta importância.

Marcou para Aquiles quando, certa vez, Gallassini o chamou em sua sala e disse:

— Aquiles, buscamos evoluir sempre. Acabei de ler um livro cujo tema é a melhor forma de falar em público. Anotei muitos pontos e até fiz um resumo. Quero lhe deixar o livro e uma cópia do material que separei. Sei que você tem o dom da palavra e acredito que isso possa ajudá-lo ainda mais com o tema.

A atitude de Aroldo tocou Aquiles, pois o presidente da Coamo se mostrou interessado em ajuda-lo, assim como já fazia com tantos colaboradores.

Aquiles aprendeu também com Aroldo que quem está no comando não pode ser paternalista. Há uma regra que nunca foi quebrada, muito menos pelo presidente: a de não aceitar parentes trabalhando na Coamo; apenas uma pessoa da família pode ser contratada. Como quando um sobrinho de Aroldo, também agrônomo, estagiou na Coamo, mas já sabendo que ao final do período ele não seria contratado. Tanto que o rapaz arrumou emprego em outra cooperativa.

O "BRAÇO" FINANCEIRO DA COAMO

No ano de 1986, começou a ser esboçado o projeto da criação de uma cooperativa de crédito, para financiar os cooperados. Nascia ali a ideia da Credicoamo. Era um projeto que Gallassini vislumbrava colocar em prática já há alguns anos.

Um dos que estavam à frente do projeto era Alcir José Goldoni, que assumira a gerência financeira. Ele foi o mais novo colaborador da Coamo a assumir um cargo de gerência.

Tanto que quando o antigo gerente foi promovido, Aroldo Gallassini o chamou em sua sala e perguntou:

— Alcir, você está pronto para assumir a gerência? Posso confiar em você? — e Alcir respondeu afirmativamente as duas perguntas.

Um fato inusitado aconteceu logo que Alcir foi lotado na nova função. Alcir negociava com uma das empresas que ofereciam seus serviços para a Coamo. Mas, numa atitude de má fé, o diretor da companhia fornecedora tentou oferecer vantagens a Alcir, como um carro zero quilômetro, para que ele fechasse negócio. Alcir reportou o caso a Aroldo Gallassini, que determinou:

— Encerre as negociações e exclua a empresa da nossa lista de fornecedores!

Retomando a criação da Credicoamo, um grupo de profissionais da cooperativa participou de um seminário sobre o tema em Brasília, para conhecer mais da dinâmica e funcionamento do banco. Foram travadas várias conversas com o Banco Central.

Eram muitas as dificuldades, entre elas, o volume de dinheiro para financiamentos; vivíamos o governo de José Sarney com inflação altíssima.

O projeto foi pensado e estruturado por três anos, até ser lançado em 1989, conforme mostrará a história.

O desenvolvimento da Credicoamo Crédito Rural Cooperativa permite ao cooperado fazer todos os serviços oferecidos por agências bancárias, como transferências, pagar boletos, aplicações, entre outros. Basta baixar o aplicativo do internet banking no smartphone ou computador. A Credicoamo oferece os cartões de débito ou crédito, e os múltiplos, com ambas as opções, além de talão de cheques.

A Credicoamo, braço da Coamo, é cooperativa plena, independente, e nasceu para facilitar o crédito para os cooperados e financiar custeios agrícolas, colhedeiras, tratores etc.

Outra importante iniciativa da Credicoamo, um projeto do presidente Gallassini, foi a criação do Crédito Fundiário, para que o cooperado possa ampliar a propriedade rural e adquirir terras, bem como o projeto Moradia Feliz, que possibilita ao cooperado financiar, reformar e decorar a casa, cujas prestações são quitadas a prazo de safra.

ATENTO A TUDO E A TODOS

Klabunde, quero você como nosso representante! Pode contar com isso! E que você tenha sucesso nessa nova empreitada!

Assim Aroldo Gallassini respondeu à solicitação de Lindolfo Klabunde. O homem, que vivia em Brusque, era comprador de uma empresa chamada Buettner, grande companhia têxtil de Santa Catarina. Klabunde comprava algodão da indústria da Coamo.

Mas, em 1986, Klabunde decidiu se desligar da Buettner e ligou para Aroldo, com o objetivo de consultá-lo sobre a possibilidade de representar o "braço" da Coamo, que estava iniciando as atividades.

E a resposta foi positiva! Lindolfo montou então a Klabunde Representações, para intermediar negócios de fio e algodão da Coamo na região do Vale do Itajaí.

Dias depois, foi realizado um evento de inauguração da indústria têxtil da Coamo, cuja produção de fios atendia às malharias. Mas Aroldo estranhou a ausência de Klabunde, que não estava presente.

Estrategicamente, Aroldo comentou com uma pessoa:

– O Klabunde quer ser representante e nem veio à inauguração!

Como Aroldo já imaginara, o sujeito que ouviu o comentário contou depois a Klabunde que, embora tivesse realmente outro compromisso, se arrependeu de não priorizar o evento da Coamo.

Daí por diante, as visitas de Klabunde a Coamo passaram a ser constantes, em especial, para acompanhar clientes. Sempre que ia à sede da cooperativa, Klabunde pedia para conversar um pouco com Aroldo e, como de hábito do presidente, era prontamente atendido.

"PACTO DE SANGUE" COM O COOPERATIVISMO

Na dura década de 1980, a Coamo e um de seus parceiros, a indústria de máquinas Jacto, sobreviveram juntos, enfrentando e vencendo as adversidades. Um dos pontos que solidificou a relação entre as empresas e seus comandantes aconteceu nos tempos de alta inflação. O mercado se mostrava conturbado, e a Jacto, fabricante de implementos que se acoplavam aos tratores, como pulverizadores, além de revendedora de máquinas, atendia às cooperativas. Mas houve forte movimento das revendas de tratores do Paraná pressionando os fabricantes de máquinas, sob a seguinte causa: "Se venderem para as cooperativas, vamos boicotar seus produtos".

Naquele tempo, as revendas significavam em torno de 80% do volume de vendas da Jacto, e os 20% restantes eram destinados às cooperativas. As revendas pretendiam, com isso, fazer negociações intermediadas com as cooperativas, onerando, assim, os preços pagos por empresas do setor, como a Coamo.

O Paraná representava o principal mercado de atuação comercial para a Jacto, que dependia das vendas efetuadas para as revendas de tratores. Portanto, a situação era delicada.

Mas o fundador Shunji Nishimura, apoiado pelos filhos Chikao, Jorge, Jiro, Shiro e Takashi, não se intimidou com as ameaças, posicionando-se perante as revendas em prol das cooperativas:

– Não vamos virar as costas para os nossos amigos! A cooperativa é um ajuntamento de agricultores. E se a Jacto não puder vender para o agricultor, significa que estamos fazendo algo de errado.

Decisão tomada, as revendas paranaenses cumpriram a ameaça e boicotaram a Jacto. A solução era intensificar o trabalho de vendas para as cooperativas. Foram criadas estratégias para alcançar o campo e vender as máquinas aos produtores.

A Coamo abraçou a causa da Jacto e abriu suas portas para a empresa apresentar produtos e máquinas aos cooperados. A Coamo foi muito colaborativa e o presidente Aroldo Gallassini mostrou-se mais uma vez como um homem de princípios, trazendo solidez e estabilidade para as relações em defesa da empresa fornecedora.

Após a Coamo ter facilitado a reestruturação das vendas, a Jacto firmou-se como sua importante parceira e conseguiu superar o problema, que se tornou um marco no mercado paranaense nos anos seguintes. A Coamo veio a ser uma das principais clientes da Jacto, com constantes reuniões tanto em Campo Mourão quanto em Pompeia, sede da parceira no interior de São Paulo.

Das passagens marcantes, Shunji e os filhos, entre eles Jorge, sempre registravam a franqueza, liderança e seriedade do presidente da Coamo, além de seu amor à agricultura e ao cooperativismo.

Um dos integrantes da família Nishimura, Chikao, chegou a acompanhar algumas reuniões de campo da Coamo, e presenciou a transparência e confiança que Aroldo transmite aos associados, fazendo questão de passar pelos entrepostos e prestar contas do resultado da cooperativa.

A família Nishimura também admira o grau de conhecimento do presidente da Coamo sobre o mercado, direcionando tendências, recomendações e perspectivas de preços.

Certa vez, na primeira metade dos anos 2000, Shiro fez excelentes contatos com possibilidades de boas negociações na Agrishow, grande feira do segmento realizada em Ribeirão Preto, no interior de São Paulo. Ele, então, idealizava um plano de crescimento para a Jacto, contratando gente, ampliando a estrutura e aumentando a produção, e achou que era prudente recorrer aos conselhos de Aroldo, que o alertou para ter cuidado, pois aquele não era um momento propício para tais investimentos. As palavras de Gallassini foram endossadas pelo pai de Shiro, Shunji Nishimura.

Com duas posições significativas e coincidentes de dois grandes conhecedores do segmento, Shiro optou por não tomar as ações delineadas. Em menos de seis meses, o mercado passou por uma reviravolta, e as vendas ficaram bem difíceis. Por sorte, Shiro dera ouvidos aos conselhos de Aroldo Gallassini. E, logo depois, a soja ainda teve brusca redução de preços, obrigando os bancos a cortarem as linhas de crédito para financiar máquinas. Shiro chegou a questionar o diretor de um dos principais bancos do país, mostrando a necessidade de as linhas serem reativadas e pedindo uma reunião. O encontro foi marcado e Shiro convocou alguns dos presidentes de cooperativas para acompanhá-lo, entre eles Aroldo Gallassini.

Gallassini expôs a situação de forma bastante didática, e por causa de sua credibilidade no setor e na referida instituição financeira, o quadro foi revertido. Dias depois, o banco recolocou no mercado as linhas de crédito. Pesou também a clareza das argumentações, pois Aroldo demonstrou ao executivo do banco os números e a real situação enfrentada pelos agricultores. w

Em 1987, Eloi Ricardo Cobbe Bonkoski entra na concorrência para a aquisição de uma emissora de rádio em Campo Mourão. O pai dele, Ervin Bonkoski, conhecia bem Aroldo Gallassini, pois, já havia tido a Rádio Colmeia em Campo Mourão, entre 1962 e 1985, quando vendeu a emissora. Eloi apostava no retorno do investimento da família em rádio na cidade de Campo Mourão.

Os Bonkoski mantinham de longa data uma emissora em Curitiba. A proposta de Eloi venceu a concorrência, mas as atividades só iniciaram em 1992, quando foi ao ar a Rádio Musical, mesclando jornalismo com música.

Uma reunião entre Gallassini, Eloi e o pai Ervin foi agendada pouco antes da estreia da rádio. Na conversa, ficou definido que seria veiculado na programação o *Informativo Coamo*.

Alguns anos depois, a família Ervin montou outra rádio em Campo Mourão, a Rádio Terra, com programação 100% sertaneja. Em 2009, a rádio de Curitiba foi encerrada e Eloi e o pai concentraram os negócios em Campo Mourão.

Anos depois, Eloi Bonkoski presidiu a Associação Comercial de Campo Mourão. Ele também passou a ser convidado a acompanhar algumas das homenagens que o presidente da Coamo recebeu, como títulos de cidadão honorário, onde em seus discursos Gallassini sempre agradece aos que o ajudaram a construir uma carreira de sucesso:

— Tudo que eu consegui, não foi sozinho. Agradeço a todos que me ajudaram e ajudam a fazer da Coamo uma cooperativa sólida e próspera.

AVANÇOS NOS BENEFÍCIOS

A partir de meados da década de 1980, a área de Recursos Humanos, sob gerência de Jorge Luiz Scarpin Carrozza, implanta inovações em benefícios dos colaboradores.

A primeira delas foi a administração salarial com plano de carreira. Antes de colocar o sistema em prática, as promoções ficavam a cargo do gerente de área. Mas com o plano de carreira, o crescimento na empresa passou a ser programado.

Também no período foi instituído pela Diretoria um plano de saúde para os colaboradores, ligado à Associação Recreativa dos Funcionários da Coamo, a ARCAM. Posteriormente, por exigência da ANS, no ano de 2007 o mesmo foi desvinculado da ARCAM e fundada uma associação própria, também com o apoio da Diretoria da Coamo, a Associação Fundo de Proteção à Saúde (FUPS).

A FUPS tem diretoria própria e está ligada a Agência Nacional de Saúde (ANS). A Coamo é o agente mantenedor e responsável financeiramente pela Associação.

O plano interno da Coamo oferece um amplo serviço para os colaboradores, com consultas, exames, internação, cirurgias e reembolso.

Em 1987, a Coamo buscava contratar um gerente para a destilaria de álcool. Dentre os candidatos, o escolhido para a vaga foi o engenheiro químico Airton Galinari. A Coamo utilizava um processo diferente na produção de álcool, por meio de difusor ao invés de moenda, que era o habitual. Era um processo de fermentação diferente, mas que depois foi revisto.

Até 1990, Airton se manteve na função. Isso porque Airton assumiu a gerência da indústria de óleo; o profissional que ocupava a função, o também engenheiro químico Divaldo Corrêa, fora transferido para o Porto de Paranaguá, operação que a Coamo adquirira. Com isso, Airton ficou responsável, além da destilaria, por um pequeno moinho de trigo e a indústria de óleo.

Em 1995, Airton foi empossado no comando da refinaria de óleo. Ali ele se manteve até 1998, quando Divaldo Correa voltou para Campo Mourão no cargo de Superintendente Industrial, sendo então transferido para Paranaguá, onde se manteve por mais de 10 anos cuidando da indústria de óleo e do terminal portuário.

Em fins de 2010, o próprio Aroldo Gallassini convidou Airton a mudar de área e voltar para Campo Mourão. Airton aceitou e assumiu a Superintendência Operacional em janeiro de 2011.

Nessas mudanças de área, Airton teve vários contatos com o presidente José Aroldo Gallassini, que sempre deixava bem clara a linha de trabalho que lhe agrada, transparente e ética. Airton observava que Gallassini era conservador no comportamento e arrojado no tema de investir em melhorias na Coamo.

Quanto ao estilo de comando, Gallassini está sempre aberto a ouvir sua equipe, mesmo que a decisão final seja dele. Em alguns casos ele já trazia a decisão tomada, mas gostava de trocar ideias sobre a melhor forma de realizar a ação. E depois de tudo definido, o presidente da Coamo cobra para que tudo seja realizado da forma mais rápida, eficaz e eficiente possível.

DUPLA DE PESO NA OCEPAR

Em 1987, o engenheiro agrônomo Wilson Thiesen foi eleito presidente da Ocepar para o biênio 1988 e 1989. Ele teve como seu vice-presidente José Aroldo Gallassini.

A chapa Thiesen-Gallassini foi reeleita, mas Thiesen não completou o mandato. Ele esteve na Ocepar até 1990, quando renunciou para assumir a presidência da Organização das Cooperativas Brasileiras (OCB). Uma das principais realizações de Thiesen como presidente da Ocepar foi a implantação do Programa de Autogestão das Cooperativas Paranaenses.

A convivência entre Gallassini e Thiesen era intensa. A colaboração do presidente da Coamo na gestão foi bastante presente, em especial, na área administrativa. Era motivo de conversas entre eles a preocupação com o desenvolvimento e fortalecimento da Ocepar como órgão de representação.

Ambos fizeram várias viagens para o exterior. Uma das mais marcantes foi para a Europa, onde foram conhecer o projeto de autogestão do cooperativismo, algo que Gallassini defendia.

Thiesen sempre destacava nas reuniões a capacidade de seu vice em administrar e formar equipes. E destacava o comprometimento dos colaboradores da Coamo e a confiança que tinham no presidente. O exemplo de conduta de Gallassini incutia responsabilidade em seus colaboradores, para preservar a moral, os valores e os bons costumes, uma norma na Coamo.

Outro ponto costumeiramente lembrado por Thiesen era a relação direta com o quadro associativo, sempre mantendo os integrantes informados sobre tudo que acontecia na cooperativa. Além do total apoio à assistência técnica destinada aos produtores e cooperados.

Nas conversas, eles projetavam que o Brasil teria que chegar em alguns anos à produção de 100 milhões de toneladas de grãos por ano (**em 2018, a produção chegou a aproximadamente 230 milhões de toneladas*).

VALORIZAR A QUEM TRABALHA SÉRIO

Ruth, eu vim aqui para prestigiar o seu restaurante e desejar-lhe muito sucesso. Você é uma excelente cozinheira e certamente dará tudo certo!

Estas foram as palavras de José Aroldo Gallassini, que como cliente foi o primeiro a encorajar a iniciativa de Ruth Maria Deitos, que acabara de montar seu restaurante na cidade de Campo Mourão, em 1987.

Eles se conheciam desde a década de 1970. Em 1978, quando soube que Ruth saíra de Foz do Iguaçu, para voltar a viver em Campo Mourão, Gallassini conversou com ela e ofereceu-lhe trabalho no Rotary. Ruth aceitou de imediato e as atividades incluíam tomar conta da sede e cozinhar para os rotarianos nas reuniões e eventos, como o "Chá das Mulheres Rotarianas".

Depois de alguns anos, Ruth precisou se desligar do Rotary, para cuidar da mãe, que estava muito doente.

Aroldo cultivava grande admiração por Ruth, cozinheira de mãos cheias. Por isso, fez questão de estar presente na inauguração do restaurante dela.

Tempos depois, ela começou a trabalhar também com Buffet. Marli e Aroldo contrataram os serviços dela por inúmeras vezes, para realizar almoços e jantares, inclusive, nos aniversários deles. Quando havia eventos na Coamo, era certo que Ruth cuidasse da alimentação; nessas ocasiões, Aroldo sempre pedia a palavra e fazia as melhores referências a Ruth e suas qualidades como cozinheira.

Como gosta de carne, os pratos preferidos de Gallassini são bife na chapa, filé à parmegiana e filé com legumes; mas aprecia também uma boa massa, como lasanha, e peixe. Todos esses pratos eram preparados e servidos no restaurante por Ruth.

Ano de 1988. Um acidente aéreo tirou aos 50 anos a vida de Genaro Riva, importante agricultor com 100 alqueires de terra em Campo Mourão e 1.200 alqueires em Goiás. Genaro pilotava o próprio avião. Ele já vislumbrava uma migração de agricultores para a região centro-oeste.

Mas com o falecimento dele, a família assumiu os negócios e percebeu que boa parte das terras ainda precisava ser paga. E não havia dinheiro para explicar a situação que a própria família desconhecia, pois, o comando dos negócios sempre esteve nas mãos de Genaro, que com seu jeito e modo acomodava tudo, vendendo um pedaço de terra aqui e comprando outro acolá. Getulinho tinha apenas 26 anos na época e ainda certa inexperiência para os negócios.

Na conversa pedida diretamente com Aroldo Gallassini, Getulinho explanou o crítico quadro pelo qual a família passava. Como é do seu feitio, Aroldo ficou de discutir o caso com seus pares e depois dar a resposta, que veio em forma de solução:

– Getulinho, nós da diretoria decidimos comprar sua safra antecipadamente. Desta forma, lhe adiantamos o dinheiro, pela confiança que temos em você.

A posição passada por Gallassini pegou Getulinho de surpresa. Com o dinheiro antecipado, a família pagou um pouco de cada negociação e acomodou uma forma de pagamento do valor restante com os donos das terras. Depois, aos poucos, foi se desfazendo das propriedades de Goiás, para se fixar em Campo Mourão e como cooperado da Coamo. E, claro, assim que fez a primeira colheita, entregou toda a produção na Coamo, para pagar a antecipação da safra.

Entre 1985 e 1993, Getulinho jogou futsal pela Coamo. E sabia que os atletas deveriam ter, assim como os colaboradores, comportamento ilibado e profissional.

A FAZENDA EXPERIMENTAL

A Coamo, assim como Aroldo Gallassini e a direção da cooperativa, sempre mantiveram excelente relacionamento com a Empresa Brasileira de Pesquisa Agropecuária (Embrapa) e o Instituto Agronômico do Paraná (Iapar), que nasceram depois da Coamo. Inclusive, Gallassini participou do Conselho do Iapar. A Coamo contava com apoio das entidades.

Em 1975, Gallassini teve a ideia e a Cooperativa criou sua Fazenda Experimental. A cooperativa havia adquirido uma área de 30 alqueires, propícia para a montagem da estação experimental.

Na sequência a Coamo adquiriu mais uma área de 75 alqueires. Curiosamente, o vendedor, de nacionalidade italiana, fez uma exigência para aceitar negociar a propriedade: que a empresa fizesse pesquisa no local. E a cláusula foi aceita, pois, este era mesmo o objetivo.

Um evento de lançamento do projeto foi organizado. Ali estiveram presentes os cooperados, para conhecer o local, a diretoria da Coamo e a equipe técnica, que explicou como seria o funcionamento da Fazenda Experimental.

Aroldo Gallassini fez a abertura e ressaltou em seu discurso a importância da descoberta de novas tecnologias, para serem repassadas aos produtores rurais e cooperados da Coamo.

Mas Aroldo sabia que ter uma área apenas para pesquisa se tornaria deficitário. Ele então conversou com a equipe e pediu para que ali fossem produzidos soja e milho, para tornar os investimentos autossuficientes.

A decisão foi acertada! A Fazenda Experimental cresceu tanto que passou a ter reflorestamento, área industrial e área de pesquisa, além de ampliar muito a extensão da propriedade com a aquisição de novos lotes.

Com a Fazenda Experimental, era possível fazer os testes necessários para solucionar as dificuldades e depois compartilhar os resultados com os cooperados.

Sempre havia problemas com lavouras de verão e inverno; entre eles, combater as saúvas, cupins, sapé e samambaias. Onde há esses elementos, é preciso corrigir a terra com calcário.

Em 1988, na abertura da integração de novos funcionários da Coamo, evento que acontece mensalmente até os dias atuais, Aroldo Gallassini fez a apresentação inicial, algo que se tornou regra. Em sua fala, o presidente deu boas-vindas a quem chegava para trabalhar na cooperativa, falou da formação da Coamo, dos valores e da rigidez na conduta ética com a gestão.

Um dos que começava a carreira na Coamo era Celso Luiz Paggi, que se sensibilizou com as palavras de Gallassini. Em especial, porque lhe fez reviver tudo aquilo que ele escutava dos pais, em casa, sobre responsabilidade no trabalho, honestidade, religião, família...

Inicialmente, Celso foi lotado no entreposto de Araruna, como assistente de controle operacional, onde ficou por dois anos. Na sequência, foi transferido para Juranda, Boaventura e Mamborê, como encarregado administrativo. Em Mamborê, um dos entrepostos mais fortes, Celso passou a ter mais contato com Aroldo, inclusive, havia as reuniões de campo também.

Dez anos depois, em 1998, Celso assumiu a primeira gerência de entreposto, passando por Peabiru e Guarapuava, onde ficou por cinco anos em cada um deles; em Guarapuava, a Coamo havia acabado de assumir a Coamig, cooperativa que estava com problemas financeiros.

O novo destino foi voltar a Mamborê, que Celso comandou por quase dez anos. Na sequência, ele foi transferido para Toledo, onde passou a gerenciar um entreposto e um grupo de mais três postos de recebimento de produtos.

Em todos esses anos de Coamo, Celso acompanhou e presenciou a mesma postura do presidente, convivendo com um Gallassini comprometido, participativo, reafirmando os valores éticos e morais que transformavam a Coamo numa potência e referência do DNA cooperativista no país.

TRABALHAR EM PROL DA LEI

Em 1988, Aroldo Gallassini e João Alves, agricultor que iniciava a vida sindicalista, presidindo o Sindicato dos Trabalhadores Rurais, passam a trocar ideias em prol da agricultura da região. O primeiro de muitos contatos marcou para Alves em dois aspectos: pelo pensamento positivo e por investimentos em tecnologia que Aroldo fazia para a Coamo, sempre preocupado com a excelência da cooperativa.

Em conjunto foram realizadas diversas negociações coletivas entre as entidades dos trabalhadores e dos produtores. Também foram criadas as coordenadorias rurais; ao todo, eram três mil trabalhadores rurais. O patrão tinha por obrigação recolher todos os direitos trabalhistas e, assim, foi possível a sobrevivência sindical.

Cada delegado trabalhista cuidava de 50 pessoas. O funcionário era contratado por quatro meses e o patrão pagava semanalmente, mas recolhia todos os direitos. O agricultor pagava 2% e o trabalhador arcava com uma parte. Aroldo via com bons olhos o acordo entre patrão e operário.

Apesar de terem se aproximado apenas em 1986, João Alves já cultivava admiração pela história de Gallassini em Campo Mourão. Em 1971, ele era procurador do pai, cooperado da Coamo.

Nas conversas entre eles, e também com outros cooperados, era sempre ressaltada a atuação de Gallassini desde quando chegara a Campo Mourão, apostando na qualidade produtiva de uma terra que muitos agricultores desacreditavam. Ele era avaliado como um homem sério, competente e de grande visão futurística.

Quando Anselmo Coutinho Machado comprou terra e se tornou cooperado em Pitanga, onde a Coamo encampara uma cooperativa que não andava nada bem das "pernas", ele reviveu parte de sua história de vida.

Na primeira reunião de campo em que Aroldo Gallassini esteve presente e fez a abertura, Anselmo fez questão de se apresentar e de compartilhar com ele sua trajetória familiar.

Tanto o pai, Erasmo Coutinho Machado, quanto o tio estavam entre os primeiros cooperados da Coamo quando Aroldo fundou a cooperativa em 1970. Eles, inclusive, assinaram documento sendo avalistas do empréstimo que permitiu levantar dinheiro para construir o primeiro armazém da Coamo.

E Anselmo contou a Aroldo sobre as conversas que tinha com o pai, que muito o respeitava:

— Doutor Aroldo, meu pai sempre se referiu ao senhor como 'O homem que fez a Coamo na base da confiança que todos depositavam nele'. Dizia também que o senhor era um pai preocupado com a família, de estilo simples e com enorme credibilidade no que falava. E não cansava de repetir que 'Sem um líder, ninguém compra a ideia. Num líder, a gente confia cegamente!'

Quando a Coamo iniciou, Anselmo era estudante de agronomia no Rio de Janeiro, vindo depois a se formar. Nas férias ele voltava para casa e trabalhava nas terras do pai, em Mamborê.

Realmente, Aroldo e Erasmo, pai de Anselmo, tiveram uma relação estreita. Como faz com todos, bastava Erasmo aparecer na Coamo que Aroldo abria espaço na agenda para um café. Eles também fizeram várias viagens juntos.

Anos depois, Anselmo foi convidado a fazer parte do Conselho Fiscal, onde tinha encontros mensais com Aroldo Gallassini. Com a aproximação ele confirmou as palavras do pai, em relação à liderança e caráter do presidente da Coamo, que gosta de discutir as ideias e é sempre firme em suas posições.

Outro colaborador que também iniciou na Coamo em 1988, na área de Recursos Humanos, foi Helio Kiugi Kumakura; ele foi contratado como instrutor de treinamentos, na área de matemática.

Assim como todo novo colaborador, Helio participou da Apresentação de Integração, uma espécie de boas-vindas para falar um pouco sobre a Coamo. Aroldo abordou o tema honestidade na abertura.

E realmente Helio pôde confirmar como Aroldo leva a honestidade ao pé da letra. Certa vez, em 1994, Aroldo negociava o arrendamento de uma terra. O contrato apresentado a ele pelo proprietário tinha uma cláusula dúbia em nível de interpretação; parecia um "golpe". Pois Aroldo suspendeu a negociação e ainda repreendeu o dono da propriedade.

A agenda do presidente sempre teve no mínimo de 11 a 12 horas de trabalho por dia; começava às 7h e ia até às 18h ou 19h.

Em algumas oportunidades, Helio foi consultado sobre ficar um pouco mais depois do expediente, para atender a diretoria. Nessas ocasiões, era certo que ele recebesse uma ligação de Aroldo, consultando se realmente ele não tinha nenhum compromisso pessoal ou familiar e se poderia avançar no expediente. Helio avaliava como um ato de humildade e consideração.

Helio trabalhou por quase 20 anos na Coamo. Ele se desligou para empreender, tocar o restaurante japonês que montara com a esposa. Aroldo Gallassini é um dos clientes fiéis do restaurante, e os pratos preferidos dele são yakissoba e rolinho primavera.

Mas ele guarda uma passagem com carinho. Numa das eleições para a Comissão Interna de Prevenção de Acidentes (CIPA), Helio venceu com uma enorme quantidade de votos. No dia seguinte, ele foi chamado pelo gerente, para saber o motivo de ter recebido tantos votos.

A resposta de Helio surpreendeu:

– Acredito que só haja uma explicação. Eu tive todos esses votos porque sempre procurei colocar em prática tudo aquilo que aprendi sobre ética e honestidade com o doutor Aroldo e toda a diretoria.

A DISTÂNCIA DAS FILHAS

Em 1989, as duas filhas de Aroldo moravam em Curitiba. Inicialmente, quando estava com 16 anos, Lenara se mudou e foi morar num pensionato para moças. Larissa, três anos mais nova, quando completou 15 anos, também se mudou.

Com as duas filhas em Curitiba, Aroldo providenciou um apartamento, para que Lenara e Larissa pudessem morar e estudar na capital paranaense. Preocupada com que tudo pudesse andar perfeitamente, Marli Gallassini contratou uma funcionária, para cozinhar e cuidar da casa das filhas.

Lenara chegou antes a Curitiba, para cursar o segundo ano do então segundo grau. Depois de concluir, ela prestou vestibular e entrou em psicologia. A escolha da profissão se deu pela herança da característica dos pais de sempre querer ajudar as pessoas. Marli e Gallassini eram rotarianos e estavam constantemente envolvidos com a realização de ações sociais.

Tempos depois chegou Larissa que, seguindo a tradição do pai, queria cursar agronomia. Mas acabou prestando e entrando em odontologia. Durante os anos de faculdade, Larissa aproveitou para fazer viagens e intercâmbios de dois meses nas férias de final de ano, estando na Califórnia, nos Estados Unidos, em Londres, na Inglaterra, e em Roma, na Itália.

Marli e Aroldo ficaram mais tranquilos, sabendo que as irmãs estavam juntas e dando força e apoio uma à outra. Nos feriados elas iam para Brusque; Marli costumava passar uns tempos com as filhas e Aroldo sempre tinha uma reunião em Curitiba, período que aproveitava para ficar com as meninas.

Uma boa forma de matar saudades de Lenara e Larissa era nas viagens que a família fazia reunida. Os Gallassini montavam roteiros pelo Brasil e para outros países: Rio de Janeiro, São Paulo, Gramado (RS), Estados Unidos, Portugal, Espanha, França, Alemanha...

NASCE A CREDICOAMO

No ano de 1989, a Coamo já estava estabilizada, tinha excelente conceito e credibilidade, sendo considerada como um dos melhores modelos de cooperativa.

Durante assembleia de fundação da Credicoamo, em 17 de novembro de 1989, a Coamo dá um importante passo e consolida o projeto que há três anos já vinha sendo desenvolvido pelo presidente José Aroldo Gallassini e seus pares de diretoria: a criação da cooperativa de crédito, a Credicoamo, com 29 associados fundadores.

Na presidência estava o maior patrimônio ético e moral da cooperativa: José Aroldo Gallassini, motivo de confiança e adesão dos cooperados da Coamo.

O processo seguiu para aprovação do Banco Central. As atividades tiveram início no ano seguinte, em primeiro de março de 1990, dias antes de o presidente Fernando Collor de Mello tomar posse.

O fator que motivou a criação da Credicoamo foi oferecer crédito rural aos cooperados da Coamo, que é o grande fomento da agricultura do país. Até pouco antes de 1989, a Coamo levantava recursos nos bancos e fazia os repasses diretamente para os cooperados, funcionando como uma agente financeira. Quando havia algum problema com o crédito do agricultor, ele prorrogava a dívida com a Coamo, que fazia o mesmo com o banco.

Mas vários bancos cortaram essa linha de crédito; apenas o Banco do Brasil continuou a operá-la. Isso também estimulou a Coamo a tomar a iniciativa.

A Credicoamo começou as atividades com apenas quatro funcionários. O coordenador do projeto era o Gerente Financeiro Alcir Goldoni, que transferiu José Luiz Conrado da área fiscal da contabilidade para ser chefe e depois gerente do departamento.

Uma das medidas do Plano Econômico, lançado dias depois de Fernando Collor assumir em 15 de março de 1990, foi a extinção do Banco Nacional de Crédito Cooperativo (BNCC), além do confisco da poupança. A missão da Credicoamo mostrou-se ser ainda mais importante, e foram realinhados acordos com o Banco do Brasil para manter as linhas de crédito.

Do governo Collor a grande maioria dos produtores saiu traumatizada. Depois de ter dinheiro confiscado, o agricultor ficou receoso de que pudesse haver outro confisco e entendeu que seria melhor deixar o produto armazenado do que vender e aplicar o dinheiro no banco. A moeda é a soja, o milho, o trigo... A moeda do agricultor é o produto!

Está bem capitalizado aquele que tem produto armazenando!

A Credicoamo começou a funcionar com um grupo de 200 cooperados, que abriam suas contas correntes e faziam depósitos. Em função das medidas do Plano Collor, não havia como compensar cheques, o que fez a cooperativa de crédito ficar sem atividade até setembro.

O Banco Central permitiu então que as cooperativas do setor fizessem um convênio com o Banco do Brasil, para a compensação dos cheques; a medida durou até 2013, quando a Credicoamo passou a ter sua própria compensação.

Pode-se dizer que a Credicoamo viveu três momentos. O primeiro foi todo o processo da criação da cooperativa de crédito. O segundo, a securitização, onde ocorreu a desindexação da economia, com a correção da poupança em 80% e os produtos e dívidas não tinham mais correção com o Plano Real, que seria laçado no governo seguinte, conforme veremos adiante. O rombo aumentou e levou à descapitalização dos agricultores. As dívidas tiveram que ser prorrogadas por vinte e cinco anos com recursos próprios da Credicoamo.

O terceiro momento envolveu a safra de 2004. Os agricultores faziam seguro agrícola ou PROAGRO somente nas lavouras de inverno ou do milho, no verão. Não se preocupavam com seguro para a safra de soja. Perto de meados dos anos 2000 aconteceu a primeira ocorrência de quebra de safra por seca, que foi o grande alerta. Naquele momento, as dívidas também foram prorrogadas por cinco anos. Daí surgiu a necessidade de o agricultor fazer seguro em todas as safras.

Aliás, um ponto que Aroldo Gallassini sempre defendeu, dizendo:

— O seguro agrícola tem que ser tratado como insumo da lavoura!

"NÃO" À POLÍTICA

Darci Piana, eu não posso abandonar a Coamo, principalmente, no momento especial que a cooperativa vive. Como Ministro da Agricultura eu não conseguirei fazer grandes transformações e o tempo de cargo pode ser curto. A Coamo precisa de mim e pretendo seguir com o projeto que planejamos para a cooperativa.

Lideranças agrícolas do Paraná buscavam um nome para indicar ao Ministério da Agricultura do ainda potencial candidato à presidência Fernando Collor de Mello. O de José Aroldo Gallassini surgiu como consenso.

A consulta foi feita por Darci Piana, Superintendente Regional no Paraná da Companhia de Financiamento da Produção (CFP), que mantinha forte relação com a Ocepar; daí surgiu o nome de Gallassini para o ministério. Darci comandou uma comitiva que se dirigiu a Campo Mourão para fazer o convite.

Claro que Piana esperava uma resposta positiva, mas apreciou a firme postura de Gallassini, em cuja decisão pesou a defesa da Coamo, do cooperativismo do Paraná e do país.

A COAMO E O GOVERNO COLLOR

Nas eleições presidenciais de 1989, o vencedor foi Fernando Collor de Mello, político de 40 anos e que foi o primeiro presidente eleito pelo voto direto depois de 21 anos de militarismo. No segundo turno, Collor derrotou Luiz Inácio Lula da Silva.

Na campanha, Collor sustentou o slogan "Caçador de Marajás", muito embora, isso não tenha se constatado na prática. Ao contrário, além das várias denúncias de corrupção em seu governo, Collor teve um mandato com excessos de erros técnicos e que complicaram a economia do país, tanto que ele foi afastado da presidência pelo processo de impeachment.

Os estragos realizados pelo governo de Fernando Collor de Mello e seus Planos Econômicos, como o confisco do dinheiro da população brasileira, além das denúncias de corrupção, levaram o então presidente do Brasil a não cumprir o mandato de quatro anos, iniciado em 15 de março de 1990.

Na tentativa de escapar do "impedimento" e preservar seus direitos políticos, Fernando Collor de Mello chegou a renunciar à presidência no final do ano de 1992, mas o Congresso já havia votado e definido pela sua deposição em 29 de dezembro do mesmo ano.

O primeiro Plano do governo Collor, o Plano Brasil Novo, também conhecido como Plano Collor I, mexeu diretamente com o segmento do agronegócio. Uma das medidas era: "Eliminação de vários tipos de incentivos fiscais para importações, exportações, agricultura, regiões Norte e Nordeste, eliminação da reserva de mercado da indústria de computadores e a criação de um imposto sobre as grandes fortunas".

Além disso, por decreto o governo Collor extinguiu três instituições: o Instituto Brasileiro do Café (IBC), o Instituto do Açúcar e do Álcool (IAA) e, como já conhecido, o Banco Nacional de Crédito Cooperativo (BNCC), que era um importante banco financiador das cooperativas.

Logo que foi anunciado o Plano, a diretoria da Coamo se reuniu e avançou nas discussões madrugada adentro. Tudo foi estudado e estrategicamente definido. A empresa estava capitalizada e o dinheiro confiscado poderia ser utilizado para fazer os pagamentos de fornecedores. Não podia sacar dinheiro, mas sim transferir o débito. E desse modo foi feito!

A equipe administrativa e financeira da Coamo foi bastante solicitada pelo comércio e outras empresas para fazer palestras, explicando os impactos comercial externa: "Liberação do câmbio e várias medidas para promover uma gradual abertura na economia brasileira em relação à concorrência externa".

A Coamo estava muito bem-preparada de caixa e a decisão foi por investir e começar a fazer dívidas, pois, era possível levantar o dinheiro confiscado para pagá-las. No período, foi construído o prédio que se tornou a nova sede da cooperativa.

Com estas medidas tomadas acertadamente, a Coamo cresceu bastante no início dos anos 1990. A cooperativa estava preparada para a instituição do Plano Real, iniciado em fevereiro de 1994, no governo do vice de Collor que se tornou presidente, Itamar Franco, tendo como ministro da fazenda Fernando Henrique Cardoso.

O presidente Aroldo Gallassini sempre defendeu que uma cooperativa precisa estar capitalizada, para suportar qualquer dificuldade que tivesse pela frente. E que jamais deixasse o cooperado sem plantar, independentemente do que acontecesse no país.

O CIDADÃO HONORÁRIO GALLASSINI

O ano de 1990 marcou pelo início de um tipo de homenagem que se tornou quase que uma rotina na vida de José Aroldo Gallassini: o título de Cidadão Honorário dos municípios.

O primeiro município a conceder tal honraria não poderia ser outro! Foi justamente aquele que Gallassini "adotou" como ideal para viver: Campo Mourão!

Depois de o vereador Luiz Carlos Khel submeter a indicação da homenagem a Aroldo Gallassini para votação na casa, de ter tido aprovação unânime e de o prefeito Augustinho Vecchi ter sancionado, em 20 de abril de 1990 foi realizada a cerimônia.

No quadro pendurado na parede da sala de Gallassini, o título se mantém em local de destaque. Ali é possível ler o texto da homenagem:

Os poderes executivo e legislativo do município de Campo Mourão, estado do Paraná, no exercício de suas prerrogativas legais e tendo em vista contido na lei 677, sancionada em 12 de dezembro de 1989, outorgam ao doutor José Aroldo Gallassini o título de Cidadão Honorário de Campo Mourão. Assinam o prefeito municipal, Augustinho Vecchi, e José Carlos Teodoro, presidente da Câmara Municipal.

No mesmo ano, em solenidade realizada na Assembleia Legislativa, José Aroldo Gallassini recebeu também o título de Cidadão Honorário do Paraná. A iniciativa partiu do deputado estadual Namir Piacentini.

Da cerimônia participaram personalidades, políticos, amigos e familiares. Além da esposa Marli e das filhas Lenara e Larissa, a mãe Otília Gamba Gallassini esteve presente e prestigiou o filho Aroldo.

O discurso de Gallassini terminou com as seguintes palavras:

Dedico esta honraria também a diretoria da Coamo e à nossa equipe de funcionários, que me possibilitaram desenvolver um trabalho que é reconhecido em nível de Campo Mourão, Paraná e Brasil.

Só me resta prometer a continuar trabalhando com afinco pelo Estado do Paraná, do qual sou filho de verdade.

Daí em diante, dezenas de municípios repetiram o feito, homenageando José Aroldo Gallassini com o título de cidadão honorário.

APOIO DO PARCEIRO BANCO DO BRASIL

No início dos anos 1990, a Coamo chega à cidade de Toledo. A Cooperativa Agropecuária Mista do Oeste, Coopagro, partia para a liquidação, tal a crítica situação financeira, quando, para satisfação dos cooperados, a Coamo resolveu arrematar em leilão judicial diversos entrepostos e, consequentemente, ter o direito de explorar toda a área de ação daquela cooperativa. Os produtores rurais eram avalistas e, se não entrasse um aporte de recursos, o Banco do Brasil teria que executar as dívidas.

O Banco do Brasil, credor da Coopagro, também participou das negociações, representado por Tarcísio Hübner, que depois veio a se tornar vice-presidente da área de Agronegócio do Banco do Brasil. Aroldo Gallassini esteve à frente do processo. Tarcísio não o conhecia e apreciou a liderança nata e de estilo simples, que trouxe leveza à negociação, num ambiente que se mostrava de certo modo tenso, pela gravidade da situação. Aroldo comandou as conversas com grande visão do tema, de modo seguro, tranquilo, consistente e respeitoso.

A partir dali, Aroldo e Tarcísio passaram a ter contatos mais constantes, pois se tornou sólida a parceria entre o Banco do Brasil e a Coamo, grande cliente e referencial de crédito e liderança. Um deles, em 2003, aconteceu no Mato Grosso do Sul, numa reunião com o governador, que selou a entrada da Coamo no estado. No encontro, Tarcísio atestou sobre a história construída entre a Coamo e o Banco do Brasil e explanou sobre o ganho que o estado teria com a entrada da cooperativa presidida por Gallassini.

O presidente da Coamo também sempre soube valorizar a atuação do Banco do Brasil junto ao agronegócio e aos produtores. E a cada nova região que a Coamo iniciava atividades, geralmente, porque havia alguma cooperativa em dificuldades, a parceria com o Banco do Brasil viabilizava a negociação.

Um dos grandes aprendizados que Tarcísio adquiriu do convívio com Gallassini se refere à estratégia do presidente da Coamo de ocupar territórios em regiões produtivas. Gallassini defende a seguinte tese:

— Quando você tem escala, os problemas aumentam, mas também as oportunidades. Para aproveitá-las, é preciso elevar a eficiência.

PASSO IMPORTANTE NA EXPORTAÇÃO

Em 1991, foi oferecida para a Coamo a operação de um terminal portuário em Paranaguá, que até então pertencia à Copaza, do Mato Grosso do Sul. A empresa trabalhava com soja e adquirira o negócio do porto de uma indústria de esmagamento de soja pertencente a uma cooperativa central, a Cocap, constituída por cooperativas do norte do Paraná. Paranaguá é considerado o principal porto exportador de grãos e produtos agrícolas do país.

Os números apresentados na atuação do terminal portuário eram deficitários, mas Gallassini apostava no sucesso da empreitada, tanto que disse ao seu pessoal:

— Eu tenho certeza da viabilidade do negócio! Mas sinto que tem um 'sapo enterrado' aqui — brincou, numa alusão de que faltava algum tipo de ajuste.

A percepção de Aroldo Gallassini estava correta! Ao todo, a operação funcionava com 243 funcionários. Logo o árduo trabalho de construção de áreas, modernização e redução de pessoal teve início. Ao final desta etapa, o terminal passou a operar com apenas 90 funcionários, sendo altamente rentável e produtivo, com bom volume de exportação. Nitidamente, o tal do do "sapo" foi "desenterrado" com uma drástica e assertiva mudança de gestão.

NADA DE ERRADO

Teodoro, gostaria de conversar com você, para que a sua empresa faça a minha contabilidade pessoal e a das minhas fazendas. Tive problemas com o contador anterior e precisamos conversar.

A ligação de Aroldo Gallassini para Teodoro Lecheta Paitach, dono de um escritório de contabilidade em Campo Mourão, aconteceu em 1991. Teodoro era cooperado da Coamo desde 1985.

O antigo contador de Aroldo havia deixado pendentes problemas de documentação dos negócios particulares dele com a Receita Federal. Aroldo jamais admitiu que algo estivesse em desacordo com a regra e a lei. Desta forma, decidiu trocar de empresa.

Quanto mais Teodoro tratava dos temas com Aroldo, mais aprendia sobre gestão e entendia os motivos de a Coamo ser tão bem administrada e de os negócios e terras de Aroldo terem igualmente sucesso. Aroldo estava cercado de gente competente e, além de saber montar equipes, tinha expertise em saber comandá-las.

A humildade e a simplicidade de Gallassini são marcas registradas. E Teodoro comprovou isso não só no convívio pessoal e profissional. Certa vez ele estava num evento com muitas outras pessoas. Gallassini encontrava-se no mesmo evento, conversando e cercado de gente. Ao perceber que Teodoro lá estava com um amigo, e que ambos se mantinham meio deslocados, Aroldo fez questão de interagir com o grupo, para que não ficassem isolados.

Uma atitude humanista e que marcou para Teodoro Paitach.

"Um sonho é maior
quando é compartilhado;
é no coletivo que encontramos
a força para transformar."

CAPÍTULO 4

VENCENDO A OPOSIÇÃO E CONSOLIDANDO A LIDERANÇA NO SETOR

DURA BATALHA PELA FRENTE

ANO DE 1992, MÊS DE JANEIRO! Aroldo Gallassini estava de férias com a família em Balneário Camboriú! Como acontecia há anos, no dia 21 ele retornou ao trabalho.

Logo pela manhã, às 7h, os pares de diretoria e superintendência já estavam reunidos com ele, para dar uma notícia preocupante:

– Doutor Aroldo, nós não quisemos atrapalhar as suas férias, mas nos últimos dias o Same Saab lançou a candidatura dele à presidência da Coamo.

Aroldo ficou por alguns instantes pensativo. Same Saab era um velho conhecido e cooperado. Aroldo comprava gado dele. A amizade e o carinho eram grandes, tanto que Same o chamava de "Pai".

Num primeiro momento, Aroldo sentiu-se traído, pela forma como tudo aconteceu. Claro, qualquer um poderia se lançar candidato. Desde 1975, quando assumira a presidência, as eleições eram feitas com chapa única e ele eleito por unanimidade.

Mas, após a direção da Coamo analisar o histórico de Same Saab e de seu grupo, ficou fácil definir:

— O Same é político. Foi prefeito de Iretama, município localizado no centro-oeste do Paraná. Certamente, ele e sua equipe sabem dos volumes que a Coamo movimenta, da seriedade da cooperativa e da forma como gerimos o negócio. Certamente, eles querem assumir a gestão da Coamo. E se isso acontecer, pela inexperiência deles, a Coamo corre sérios riscos de chegar ao fim, de ser até liquidada.

Como se costuma dizer, na conversa entre Aroldo e os diretores eles realmente "mataram a charada": havia um movimento político, fundamentado no nome de Same Saab, para se apossar da Coamo e que envolvia outros nomes de políticos do estado.

Entre eles, só havia uma certeza, conforme registrou Aroldo:

— Vamos lutar com todas as nossas forças para derrotá-los! Certamente, tudo que fizemos até aqui será levado em consideração pelos nossos cooperados.

Esse era o maior trunfo de Aroldo: a decisão seria por meio dos votos dos cooperados que o conheciam tão bem! Como era do feitio de Aroldo e equipe, assim que terminou a reunião começou a campanha de Aroldo Gallassini para se reeleger. Do outro lado, a oposição também se mexia.

A estratégia foi montada. Aroldo passou a dar entrevistas nos mais diversos meios de comunicação, reafirmando seu compromisso e o da direção da Coamo com o cooperativismo, assim como a continuidade do trabalho sério e que visava o desenvolvimento ainda maior da cooperativa. O segmento cooperativista sabia que ele era uma das maiores referências éticas e morais do setor, sendo sempre lembrado para o Ministério da Agricultura ou a Secretaria de Agricultura do Estado do Paraná.

As campanhas eram adversas. Do outro lado, a oposição fazia certas acusações duvidosas e questionáveis, criticando justamente a maior virtude de Gallassini, seu modelo de gestão, reafirmando haver necessidade de diversificar.

A campanha de Aroldo Gallassini mostrava tudo que havia sido feito no passado, o presente sadio e o futuro promissor, porque a forma de gestão séria e competente continuaria a todo vapor.

À medida que a empreitada de Aroldo se desenvolvia, mais e mais pessoas se envolviam e trabalhavam em prol da chapa dele. Isso o deixou não só otimista, mas emocionado ao ver cooperados, colaboradores, amigos e destaques do cooperativismo tão engajados em sua campanha.

Num determinado momento, a oposição tentou compor com a chapa de Gallassini. A postura dele foi aquela que já se esperava:

— Eu não faço composição com ninguém. Eu tenho a minha equipe e jamais aceitarei interferências ou trabalhar com pessoas que não compactuem com aquilo que acreditamos e praticamos.

Chegou o tão esperado dia, o da votação! Havia muita seriedade na eleição. O juiz Rui Antonio Cruz pediu licença do tribunal e montou todo o processo eleitoral, presidindo a sessão que contou com aprovação das partes.

Voto a voto a eleição transcorreu. A mobilização da turma de Gallassini surtiu os melhores resultados. Eram ônibus e mais ônibus chegando com os cooperados que apoiavam Aroldo. Mais de 10.000 cooperados estiveram presentes para cravar o voto na chapa de José Aroldo Gallassini. Enquanto que a oposição tinha votação modesta.

Terminada a eleição, começou a contagem dos votos. Aroldo estava tranquilo, confiante, agradecido e feliz por constatar o envolvimento de tanta gente pela reeleição dele.

No dia 17 de fevereiro, durante a 22ª Assembleia Geral Ordinária da Coamo, foi divulgado o resultado: uma esmagadora vitória de Aroldo Gallassini, que do total dos 10.566 cooperados votantes, teve 7.587 votos contra 2.842 do oponente, além de 84 nulos e 53 em branco.

O presidente Gallassini saiu fortalecido do todo o processo naquela que foi a maior assembleia do cooperativismo brasileiro. A relação da Coamo com os cooperados amadureceu ainda mais. E ficou a certeza para ele e para aqueles que acreditavam nos seus ideais de que situação como aquela dificilmente voltaria a se repetir na história da Coamo!

Em 2011, a Catedral São José, de Campo Mourão, ganhava novo pároco: Jurandir Coronado Aguilar. Ele residia na cidade desde 1983, ordenando-se padre em 1989, e morou fora por alguns anos. Mas foi a partir de 2011 que ele e Aroldo Gallassini passaram a ter contatos constantes.

Desde que chegara a Campo Mourão o padre Jurandir já ouvia falar sobre Aroldo. Inclusive, em 1992, Jurandir atuava em comunidades dentro das fazendas de corte de cana que a Coamo administrava. O nome de Aroldo já se identificava com o da Coamo.

Conhecer melhor Gallassini fez com que Jurandir identificasse seu perfil, de empreendedor organizado e homem sério, dedicado à família e muito religioso. Aroldo é também contido, reservado, sempre presente na comunidade, mas de forma discreta.

O "ALUNO" GALLASSINI

João Douglas, preciso que você dê aulas de informática a alguns funcionários da Coamo. Um treinamento do sistema da cooperativa nos entrepostos. Mas quem também quer ter aulas é *o nosso presidente, o doutor Aroldo Gallassini.*

A conversa aconteceu entre o funcionário João Douglas Fabrício e o gerente da área de Organização de Sistemas e Métodos, que lhe fez o comunicado sobre passar a dar aulas e treinamentos.

Logo começaram as aulas de Gallassini. João Douglas ficou admirado com a determinação do presidente, sempre muito comprometido com o aprendizado, perfeccionista e cumpridor de todas as tarefas que a ele eram determinadas pelo instrutor. Era inspirador ver a entrega de Gallassini.

Também as palestras de Aroldo passaram a ser preparadas por João Douglas em PowerPoint, mas Aroldo fazia questão de participar da montagem e de revisar cada detalhe, sempre preocupado com a qualidade do material.

Ao todo, João Douglas Fabrício trabalhou por 13 anos na Coamo e depois seguiu novos rumos. Fabrício fez processo seletivo no Sebrae, para ser consultor.

Dias antes de o colaborador se desligar da Coamo, Aroldo Gallassini chamou Fabrício em sua sala. Contou a ele um pouco da própria história e da Coamo, dizendo ao final:

– Soube que você vai sair da Coamo. Se está convicto, siga seu caminho, mas saiba que as portas estarão abertas, caso você queira retornar.

Em 1994, a Coamo contrata Nei Leocádio Cesconetto para chefe do departamento agrícola de cana. Nei era engenheiro agrônomo e se formara dois anos depois de Aroldo Gallassini, tendo também trabalhado na Acarpa. Logo depois ele foi promovido e assumiu a gerência de assistência técnica, área da Coamo pela qual o presidente Gallassini tem carinho especial.

Nas conversas com Nei, Gallassini sempre destacava que o cooperado é à base da cooperativa; que ele precisa produzir bem, ganhar dinheiro, crescer, comprar mais terras, ter uma boa vida com a família, formar os filhos...

Os entrepostos disponibilizam tudo que o produtor precisa, de sementes, insumos e máquinas até crédito. E a Coamo estava lá para ser o porto seguro do produtor, comprando, vendendo, financiando... socorrendo!

Por isso, Gallassini pedia atenção especial à área técnica, para que os constantes investimentos em pesquisas e na Fazenda Experimental levassem inovações produtivas aos cooperados.

Nas reuniões de campo da diretoria, onde Aroldo percorre os entrepostos e conversa com os cooperados, Nei Cesconetto era um dos que o acompanhava, fazendo a exposição aos cooperados sobre o desenvolvimento da área técnica-agronômica e, de "lambuja", era responsável por dirigir o carro que os levava.

Eram até quatro reuniões por dia, onde Aroldo fazia apresentações de uma hora. Tinha época em que eles percorriam 5.000 quilômetros; Aroldo nunca faltou a uma reunião de campo.

Em algumas oportunidades, Aroldo era questionado por algum cooperado. Pois o presidente não fugia de nenhuma explicação e dava suas argumentações convincentes, de uma forma que o cooperado ficasse seguro e entendesse o que fora colocado. E se não havia resposta imediata para a pergunta, Gallassini pedia a Ricardo Accioly Calderari para que estudasse o caso e fosse em busca das informações. Na mesma reunião ou mesmo depois as respostas eram repassadas aos cooperados.

Em 2012, Nei Cesconetto se aposentou e se desligou da Coamo.

Eles sempre se "trombavam" em Campo Mourão, educadamente se cumprimentavam, mas não se conheciam.

Até que certa vez eles se encontraram num evento. Aroldo então foi ao encontro do homem, cumprimentou-o, se apresentou e perguntou:

– O que você faz em Campo Mourão?

O outro explicou:

– Eu me chamo Neville Pavan. Tenho algumas lojas de sapatos e recentemente abri a de Campo Mourão.

Depois daquela conversa, eles passaram a se encontrar com certa frequência. Aroldo até apelidou Neville de "parrudinho", pelo tipo físico.

Meses depois, Aroldo convidou Neville para entrar no Rotary. Na época, o Rotary de Campo Mourão tinha uns 40 associados. Neville foi avisado que frequentaria o Rotary por uns seis meses. E depois, se tudo corresse bem, ele se tornaria rotariano.

Mas não precisou de tanto tempo. Com a indicação de Aroldo, em 30 dias Neville já era um companheiro rotariano.

TER A COAMO POR PERTO

As sobras já são rotina na nossa cooperativa, a *Coamo. Consideramos como o 13º salário do produtor. Entendo que todas as cooperativas precisam destinar sobras aos cooperados.*

As palavras foram ditas por Aroldo Gallassini, durante entrevista para uma emissora de televisão. Alguns cooperados também foram entrevistados, falando da alegria e importância de receberem as sobras.

Em Toledo, Egon Portz assistiu a matéria e gostou do que viu e ouviu; imaginou como seria bom ter a Coamo praticando a essência do cooperativismo em Toledo. Egon era agricultor, cooperado da Coopagro. No dia seguinte, ele foi até a cooperativa e contou à direção da Coopagro sobre a matéria. Mas dela ouviu: "Não é bem assim que acontece..."

Na verdade, no início dos anos 1990 a Coopagro começou a incrementar as sobras, mas já enfrentava dificuldades financeiras. Tanto que de 1993 para 1994 entrou em processo de liquidação.

Era preciso se mexer. Egon se reuniu com outros cooperados e sugeriu conversar com o pessoal da Coamo, para que assumissem a Coopagro. E ainda disse:

— Há alguns anos eu assisti uma entrevista do presidente da Coamo, Aroldo Gallassini, falando das sobras para os cooperados. Fiquei com a melhor das impressões. Vou procurá-lo!

Realmente, Egon contatou a Coamo e conversou com os responsáveis pela área. Aroldo Gallassini participou da conversa e Egon constatou a facilidade no trato, a simplicidade nas palavras e o dinamismo; Egon contou ainda a passagem da entrevista que assistira anos antes.

Durante a reunião, Egon explicou da importância que seria a Coamo assumir as Notas de Crédito Rural (NCR) que estavam como garantia de financiamento do BRDE. As conversas até que fluíram, embora não tenham avançado.

Mas a negociação foi retomada. A Coamo adquiriu parte do patrimônio da Coopagro mas não incorporou o ativo e o passivo. As negociações continuaram, até que foram concluídas favoravelmente e a Coamo passou a operar em Toledo, uma das melhores regiões de soja do Paraná.

E já no final daquela primeira temporada, a de 1994, Egon e todos os cooperados de Toledo receberam suas sobras. Além disso, a Coamo disponibilizou toda a estrutura aos cooperados, como entrepostos, insumos, parte técnica, recursos e financiamentos.

Pensando também no desenvolvimento da cidade, Aroldo Gallassini conversou com os cooperados, sobre a possibilidade de vender um terreno em Toledo, para que uma universidade se instalasse, e disse:

— Isso será muito importante para Toledo. Seus filhos poderão se formar e continuarão trabalhando nas terras de vocês.

O "casamento" da Coamo com Toledo foi tão perfeito que, no ano 2000, José Aroldo Gallassini, com interferência de Egon Portz, recebeu da Câmara dos Vereadores o título de Cidadão Honorário de Toledo.

SEMPRE EM DEFESA DA COAMO

Em 1996, João Paulo Koslovski, cuja carreira estava focada no cooperativismo, assumiu a presidência da Ocepar.

A relação dele com Aroldo Gallassini vinha de anos antes. Mas um fato marcou para João Paulo nos primeiros tempos à frente da entidade.

Certo dia ele recebe uma ligação de Gallassini. Depois da conversa inicial, o presidente da Coamo explicou o motivo do telefonema:

— João Paulo, recebemos o boleto para pagamento da contribuição anual. Mas checando o valor, constatamos que está errado. Está acima dos 0,2% da base de cálculo aprovada em Resolução da OCEPAR.

Inicialmente, João Paulo se desculpou e disse que na sequência iria averiguar e resolver sobre a diferença. E assim aconteceu! Revendo os valores com o responsável pelos cálculos, João Paulo constatou que realmente estava errado, mas... não era uma grande diferença em favor da Coamo...

João Paulo ficou impressionado com a seriedade e rigidez de Aroldo Gallassini como presidente da Coamo e representante de milhares de cooperados. Para ele, qualquer erro, por menor que seja, pode prejudicar os cooperados.

O comprometimento de Gallassini com a Coamo e os cooperados ficou registrado na mente de João Paulo não só pelos atos de Gallassini, mas também por suas palavras. Ele sempre afirmava:

— Se eu tiver duas reuniões no mesmo horário, uma com os cooperados da Coamo e outra com o presidente da república, eu não tenho dúvidas: vou me reunir com os cooperados e desmarco com o presidente!

Em 1996, a Câmara de Vereadores de Campo Mourão ganha como reforço para a agricultura, o de Edson Battilani, engenheiro agrônomo e velho conhecido de Aroldo Gallassini; o convívio entre eles vinha desde 1981, quando Battilani chegou a Campo Mourão. O agora vereador já havia assumido anteriormente vários cargos públicos, sempre ligados à agricultura e ao meio ambiente.

Apesar da amizade, como sempre acontece, Gallassini ou a Coamo não se envolvem em processos eleitorais, se mantém neutros; o presidente sustenta sua clara visão política, mas que não é partidária. Política é um tema que ele gosta de debater, mas sem favorecimentos para A, B ou C... Gallassini prefere deixar a política para ser trabalhada pelas entidades do setor.

Sempre que possível, Edson Battilani gosta de prestigiar Aroldo Gallassini em suas premiações. Como quando ele foi homenageado pelo jornal Gazeta Mercantil. E Battilani acompanhou as recusas de Gallassini para concorrer a cargos públicos em eleições, ou mesmo assumir importantes postos do agronegócio do estado, como a Secretaria de Estado da Agricultura e do Abastecimento do Paraná.

Quando era Secretário de Agricultura e Abastecimento do Estado de São Paulo, entre 1996 e 1998, durante o governo Mário Covas, Francisco Graziano Neto, o Xico Graziano, esteve em Cascavel, no Paraná, onde acompanhou o Show Rural da Coopavel. Na oportunidade, Xico Graziano também constatou o crescimento das cooperativas paranaenses, entre elas, a Coamo.

Durante sua estada no evento, ele foi apresentado ao presidente da Coamo, Aroldo Gallassini. Eles conversaram sobre vários assuntos e Xico Graziano parabenizou Gallassini pelo belo trabalho à frente da cooperativa:

— A Coamo é um dos maiores exemplos de sucesso no cooperativismo. O pequeno agricultor está vendendo diretamente para o mundo, graças à competência estrutural e comercial da cooperativa.

E Graziano concluiu:

— Os agricultores não conseguiriam enfrentar os múltiplos desafios da globalização se não se organizassem. Vocês fazem assembleias anuais, prestam contas, distribuem sobras de caixa... A Coamo tem um exército de agrônomos. Se não fosse a cooperativa, os milhares de agricultores não teriam sucesso.

ASSESSORADO POR SECRETÁRIO

No ano de 1997, foi feita uma qualificação interna, para definir um funcionário para secretariar a diretoria. O departamento de recursos humanos, através do grupo de psicólogos, selecionou 10 profissionais e fez os testes.

O escolhido para o cargo foi Moacir Lisot, que havia iniciado na Coamo em 1989 no almoxarifado, como auxiliar administrativo. Assim que recebeu a notícia da aprovação, o responsável pela área perguntou a Moacir:

— Você aceita assumir a vaga? Porque irá trabalhar diretamente com o doutor Aroldo e os diretores. Daremos um tempo para você pensar.

Moacir estava disposto a encarar o desafio. Depois de conversar e consultar alguns amigos, ele disse "Sim".

Tudo certo, Moacir teve uma longa conversa com o pessoal de recursos humanos, que lhe passou a rotina profissional e um pouco sobre o modo de ser do presidente Gallassini. Mas, claro, só o dia a dia traria ajustes ao mecanismo.

Extremamente fiel ao trabalho e de estilo sério e correto, características que caíram no agrado do presidente, Moacir, catarinense como Gallassini, logo se adaptou à função.

A afinidade fez com que Moacir secretariasse Aroldo e os outros diretores por mais de 20 anos, sem nunca ter sido chamado atenção por alguma falha no exercício do cargo. Ele adaptou-se bem ao jeito de ser de Gallassini, sempre direto ao dizer aquilo que quer.

Quando perguntam a Moacir sobre as transformações de Gallassini depois de acompanhá-lo há tantos anos, a resposta impressiona:

– O doutor Aroldo não apresenta transformação, mas sim evolução. É um homem muito inteligente e que preserva a honestidade, a competência, a transparência e a sinceridade. Com ele é sim ou não, sem meio termo!

Moacir admira o jeito simples e direto com que Gallassini lida com colaboradores e cooperados, sempre sem formalidades excessivas. Quando passa pela sala de espera e vê alguém sentado, pergunta a Moacir:

- É comigo?

Se for, ele imediatamente pede para a pessoa entrar.

Durante o período em que Aroldo se recuperava de uma cirurgia no coração, conforme será relatado na história, ele fazia questão de ligar diariamente de São Paulo, onde estava internado. Sempre bem-humorado, dizia a Moacir:

– Logo estarei de volta. Estou de válvula nova no coração e essa vai durar uns 20 anos!

A relação ficou próxima e Moacir foi convidado para alguns momentos especiais da vida de Gallassini, como nas festas de aniversário dele.

Sempre que disputava uma eleição, Tauillo Tezelli gostava de conversar e de se aconselhar com Gallassini. O presidente da Coamo jamais opinava sobre candidatura, mas apresentava pontos positivos e os que poderiam e deveriam ser melhorados em Campo Mourão.

Entre 1997 e 2005, Tauillo cumpriu dois mandatos de prefeito. E as sugestões de Aroldo Gallassini continuaram a ser importantes. A própria Coamo sempre procurou colaborar com as causas da cidade, mas sem populismo. Uma das ações foi a construção de um hospital que atendesse a Campo Mourão e região.

Anos depois, em 2016, Tauillo Tezelli voltou a concorrer e a ser eleito prefeito de Campo Mourão.

PREPARAR FUTURAS GERAÇÕES

Em 1998, Aroldo Gallassini convida Albino Gavlak para realizar um trabalho de workshops de desenvolvimento e formação de lideranças jovens na Coamo e que continua ativo. O programa havia sido criado dentro da Ocepar, e Albino era um dos mentores.

O parceiro de Albino na aplicação dos cursos era Juacir João Wischneski, que conhecia Aroldo desde 1985, quando trabalhou na Ocepar e lá se manteve até 2001; antes, Juacir estava na Cooperativa Central do Paraná, a Cocap.

O trabalho visa alcançar os jovens produtores, filhos de cooperados, na faixa dos 20 aos 35 anos, para mantê-los atualizados com as tendências e estratégias de mercado. Os grupos eram e são fechados com até 50 participantes ecléticos: há gente formada, como engenheiros e veterinários, e jovens com primeiro e segundo graus.

Aroldo fica tão envolvido com o projeto que a cada novo curso o pessoal diz em tom de brincadeira: "Mais um grupo de jovens filhos do doutor Aroldo". E os alunos, que já cultivavam respeito e admiração por Aroldo, em função das observações dos pais, ficam ainda mais fãs do presidente da Coamo depois de conhecê-lo e de estar com ele por alguns dias.

O convívio entre Gallassini e Albino vem de longa data; desde os tempos em que Aroldo era extensionista da Acarpa, sendo que logo depois ele fomentou o projeto da cooperativa de Campo Mourão.

Naquele tempo, Albino era coordenador e professor de encontros e cursos na área rural. Ele ministrava treinamentos para agricultores e professores, abordando também sobre o cooperativismo. Albino era ligado ao Governo Federal e ao Instituto Nacional do Desenvolvimento Agrícola (INDA), que foi sucedido pelo Instituto Nacional de Colonização e Reforma Agrária (INCRA), o qual mantinha algumas atividades no desenvolvimento rural feitas em parceria com a Acarpa.

De uma forma ou de outra, Aroldo Gallassini procura sempre estar presente nos cursos, seja na abertura, no almoço com o grupo ou em aparições durante as aulas.

O curso é dividido em módulos. No primeiro, acontece a integração entre os participantes e é tratado o tema do cooperativismo. O segundo módulo aborda planejamento e o terceiro liderança. O quarto módulo cuida da análise financeira da propriedade rural e da cooperativa.

Na conclusão dos estudos são feitas uma análise da própria propriedade e uma avaliação da cooperativa, baseadas no balanço de cada uma delas. Ao final do curso, os participantes passam a conhecer uma propriedade que até então nem imaginavam existir, mesmo sendo os donos.

O aprendizado transmitido, na verdade, prepara os jovens não só para tocar as terras da família ou para desenvolver seus próprios negócios, mas também para compor os Conselhos da Coamo, ajudando na gestão da cooperativa.

Na formatura, fica programado um solene almoço de encerramento com as presenças das famílias. Aroldo Gallassini deixa a mensagem final, trazendo temas como a criatividade, visão de futuro, preocupação com o mundo e o entusiasmo, utilizando a linguagem da dimensão espiritual de se trabalhar fundamentado em valores.

As aulas foram dadas por Albino Gavlak até 2012, quando ele encerrou as atividades, se aposentou. Mas o curso segue até hoje com toda sua programação e edições anuais ministradas por Juacir João Wischneski.

RECONHECIMENTO

O novo consultor do Sebrae para a Associação Comercial de Campo Mourão é João Douglas Fabrício.

Assim que o nome de Fabrício foi anunciado, Aroldo Gallassini, integrante da Associação Comercial, pediu a palavra e teceu elogios ao ex-colaborador da Coamo. Fabrício ficou grato à atitude do ex-patrão, que depois veio a se tornar também companheiro de Rotary.

Anos depois surgiu a possibilidade de João Douglas Fabrício ingressar na política. Como já era mais conhecido em Campo Mourão, o partido sugeriu que ele saísse para deputado estadual.

Ele se aconselhou com o pai, familiares, amigos e Aroldo Gallassini, que lhe disse:

— A opinião das pessoas é importante, mas saiba que esta é uma decisão que só você deve tomar. Política é importante e precisa de quem trabalha bem. Diferentemente de mim, acredito que você tenha perfil político!

A decisão de João Douglas Fabrício foi realmente entrar na política, chegando a se eleger deputado estadual pelo Paraná.

Durante a década de 1990 e o início dos anos 2000, no governo de Itamar Franco e nos dois mandatos presidenciais de Fernando Henrique Cardoso, fruto da criação do Plano Real, o agronegócio e o cooperativismo estavam bem representados na frente parlamentar.

A maior dificuldade era que as medidas a serem tomadas, e que beneficiavam o segmento, estavam, até 1994, ligadas ao Ministério da Fazenda. Mas assim que Fernando Henrique Cardoso assumiu seu primeiro mandato, as entidades do agronegócio, em parceria com o Ministério da Agricultura, Pecuária e Abastecimento, criaram linha direta junto ao Ministério da Fazenda.

Uma das maiores conquistas do setor no período aconteceu em 1998, com a criação do Serviço Nacional de Aprendizagem do Cooperativismo, o Sescoop, que contou com total apoio governamental. A entidade nasceu com a missão de gerar recursos de ensino, como treinamento, formação profissional e monitoramento, organização e acompanhamento social dos envolvidos com o cooperativismo.

Também a atuação do Programa de Desenvolvimento Cooperativo, o Prodecoop, cujo objetivo é o de "Incrementar a competitividade do complexo agroindustrial das cooperativas brasileiras, por meio da modernização dos sistemas produtivos e de comercialização", trouxe importantes recursos ao cooperativismo, incentivando, inclusive, a exportação. Os financiamentos eram feitos em longo prazo, até 15 anos.

REVERENCIADO NO MUNDO EMPRESARIAL

Em 2001, José Aroldo Gallassini recebeu homenagem em nome da Coamo, como a melhor empresa do setor. A cerimônia aconteceu no Credicard Hall, em São Paulo.

No evento, estavam presentes alguns dos principais empreendedores brasileiros.

Havia uma mesa de notáveis no palco. Entre eles, Antonio Ermírio de Moraes, do Grupo Votorantim, e Olavo Setúbal, do Banco Itaú, sentados lado a lado.

Cada homenageado que era chamado ao palco recebia o prêmio e cumprimentava todos ali postados, que se mantinham sentados.

Pois quando chegou a vez de Aroldo Gallassini, chamou atenção a postura dos integrantes da mesa. O primeiro a cumprimentar Gallassini foi Setúbal, que se levantou e trocou sorrisos e palavras com o presidente da Coamo. Ermírio repetiu os gestos; daí pra frente, todos da mesa já o estavam aplaudindo de pé, no aguardo de poder cumprimentá-lo.

Certamente, aquilo foi motivado pela construção das histórias do próprio Gallassini e da Coamo, tão respeitadas nos segmentos das cooperativas e do mundo empresarial.

ATENDENDO A PEDIDOS

Alemão, pode procurar uma área que vamos construir uma unidade de recebimento de produtos em Dois Irmãos!

A boa notícia foi passada por Sérgio Luiz Panceri, então vice- presidente da Coamo. A reivindicação do cooperado Pedro Werle, conhecido como "Alemão", vinha de alguns anos.

Sempre que havia assembleia e reuniões de campo, Werle pedia a Aroldo Gallassini que a Coamo fizesse um entreposto no município; o mais próximo era no distrito Dez de Maio, a uns 15 quilômetros de Dois Irmãos, sendo boa parte do percurso em estrada de terra.

Tempos depois, o posto de recebimento foi inaugurado e uma cerimônia organizada, com a participação de personalidades convidadas. Gallassini fez o discurso de abertura.

Inicialmente a estrutura tinha uma capacidade de recebimento pequena. Recebia-se os produtos nessa unidade e, assim que o espaço de armazenamento era preenchido, fazia-se a transferência para o Entreposto de Toledo. O movimento aumentou tanto que tempos depois foram construídos dois silos com grande capacidade de armazenamento.

Em setembro de 2003, a Cooperativa Agropecuária Mourãoense Ltda. muda de razão social, passando a se chamar Coamo Agroindustrial Cooperativa.

Airton Galinari (esq.), presidente executivo da Coamo, e José Aroldo Gallassini.

Alcir José Goldoni (esq.), presidente executivo da Credicoamo, e José Aroldo Gallassini.

Presidente do Conselho de Administração da Coamo e da Credicoamo, José Aroldo Gallassini, durante a tradicional Reunião de Campo com cooperados.

Novo terminal portuário da Coamo em Paranaguá.

Reunião de Campo no formato virtual com a participação do Dr. Aroldo Gallassini e dos presidentes da Coamo (Airton Galinari) e Credicoamo (Alcir Goldoni). Administração da Coamo e da Credicoamo, José Aroldo Gallassini, durante a tradicional Reunião de Campo com cooperados.

Nova marca da Credicoamo.

Dr. Aroldo com a revistinha Coamo Kids, destinada à disseminação do cooperativismo às crianças.

Apresentação, em fevereiro de 2020, da logomarca dos 50 anos da Coamo, feita pelo presidente do Conselho de Administração, José Aroldo Gallassini, e o cooperado e fundador Martin Kaiser, durante assembleia geral.

Conselho de Administração da Coamo 2020/2024: Adriano Bartchechen, Rogério de Mello Barth, Emilio Magne Guerreiro Júnior, Wilson Pereira de Godoy, Claudio Francisco Bianchi Rizzatto, José Aroldo Gallassini, Ricardo Accioly Calderari, Joaquim Peres Montans e Anselmo Coutinho Machado (esq. para dir.).

Comemoração pelos 30 anos da Credicoamo.

Assembleia Geral de 2021: Dr. Aroldo ao lado de Claudio Rizzatto, vice--presidente do Conselho de Administração da Coamo e dos presidentes Executivos da Coamo e Credicoamo (Airton Galinari e Alcir Goldoni).

Dr. Aroldo e Airton Galinari com cooperados da família Guadagnin no evento Distribuição das Sobras, tão comemorado pelos cooperados.

Dr. Aroldo entre os membros da diretoria da Coamo.

COAMO

COAMO
AGROINDUSTRIAL COOPERATIVA

coamo

Evolução das marcas da Coamo.

REDENÇÃO COM O TEMPO

Em 1992, quando aconteceram as eleições para presidente da Coamo, meu pai e eu acreditamos que o candidato da oposição seria o melhor. Chegamos até a trabalhar para ele... Mas confesso que foi um grande erro que cometemos nas nossas vidas! Em 1996, vim para Campo Mourão e me tornei cooperado da Coamo. O presidente Gallassini é fantástico, trabalhador, humano, empreendedor e religioso. Eu tenho grande admiração por ele.

Desta forma Wilson Pereira de Godoy encerrou seu discurso em nome da turma do Curso de Cooperativista. Realmente, assim como Wilson, alguns outros agricultores também foram iludidos. Mas a biografia de Gallassini prevaleceu naquela eleição.

A relação de Wilson com a Coamo estreitou-se cada vez mais, tanto que, em 2003, ele foi convidado a fazer parte do Comitê Educativo. Anos depois, Wilson recebeu e aceitou novo convite, para fazer parte do Conselho Fiscal, e que partiu do próprio Gallassini.

Em 2002, depois de cinco anos de "namoro" com a Coamo, Joel Makohin inicia na **área** financeira. Ele passou por três entrevistas, com Alcir Goldoni, então gerente financeiro, Jorge Carrozza, da área de Recursos Humanos, e a última com o Superintendente Administrativo Antonio Sérgio Gabriel.

Tempos depois, Alcir Goldoni, assumiu a Superintendência Comercial e Joel Makohin a gerência financeira.

O primeiro contato com o presidente Gallassini aconteceu na solução de um conflito entre as áreas financeira, de Makohin, e comercial. Os gerentes se sentaram com Gallassini na sala dele. A conversa começou tensa, algo natural quando existem pontos de vista divergentes.

Mas Makohin ficou impressionado com a linha de liderança de Gallassini. Com tato e critério, ele soube contornar as diferenças, transformando os atritos em pontos para discussão. O presidente ouviu as duas partes e ponderou, colocando o que pensava sobre a situação.

Ao final da reunião, os gerentes chegaram ao consenso sobre o antigo problema, que agora tinha uma solução que agradava ambas as áreas.

ABRIR CAMINHOS SEM MISTURÁ-LOS

Em 2002, mais um integrante é recebido no Rotary de Campo Mourão: Fabiano Dissenha Ribas. O rapaz tinha uns 25 anos e veio a somar ao grupo de rotarianos, entre eles, Aroldo Gallassini. Eles buscavam renovar o quadro de associados.

Dentro do rodízio natural de funções que acontece no Rotary, Fabiano se tornou tesoureiro. Gallassini se afeiçoou ao rapaz, pelo jeito sério e correto dele.

Em 2004, Gallassini soube que um belo prédio que estava sendo construído em Campo Mourão era de Fabiano. Numa das reuniões do Rotary, ele foi parabenizá-lo:

— Fabiano, que bela construção você está fazendo. Quando terá o prédio concluído?

Fabiano ficou apreensivo em responder. Ele, que tem uma recuperadora de pneus, sabia que o preço da soja havia despencado. Isso provocou queda no movimento da empresa. Aroldo conhecia bem o problema da safra daquele ano e foi bastante atuante para conseguir o reparcelamento das dívidas dos cooperados.

Mas Fabiano foi sincero com Gallassini:

— Doutor Aroldo, confesso que eu não sei se conseguirei terminar de construir o imóvel. O senhor bem sabe que o preço da soja está muito baixo e estou enfrentado um difícil momento financeiro na empresa. O faturamento caiu muito.

A conversa ficou nisso e a reunião do Rotary seguiu. Ao final, Aroldo pediu que Fabiano o procurasse no dia seguinte. O rapaz foi ao encontro dele, que contou o que tinha em mente:

— Fabiano, às vezes precisamos de recursos externos para solucionar um problema. Se você quiser um empréstimo, posso falar com o pessoal do Banco do Brasil.

E Aroldo ainda fez algumas anotações num papel, mostrando a Fabiano ações que se precisa tomar para ter uma vida séria, segura e honesta.

Muito agradecido, Fabiano aceitou a ajuda. E ficou com o papel das lições de Gallassini. Ele negociou com o gerente do banco para pagar o empréstimo em quatro anos, tendo um ano de carência.

Em 2010, Fabiano terminou de pagar o empréstimo. O prédio foi concluído e realmente ficou muito bonito. E para comemorar, Fabiano fez um jantar para o qual convidou os companheiros do Rotary e, claro, Gallassini, a quem fez agradecimento emocionado. E mostrou a todos o papel escrito por Gallassini, que ele guardou com carinho.

Outro ponto de grande admiração de Fabiano em relação a Gallassini é a separação que ele faz da posição de presidente da Coamo com sua vida pessoal. Fabiano tem uma empresa renovadora de pneus. Todos os serviços das máquinas das fazendas de Gallassini são feitos pela empresa dele. Mas, em função de não conseguir bater os preços da concorrência, Fabiano não consegue fornecer para a Coamo.

Ou seja, mesmo sendo fornecedor de suas fazendas e uma pessoa próxima de Gallassini, a amizade entre eles em nada interfere nas negociações da cooperativa que Aroldo preside, a Coamo.

Aroldo e Fabiano se encontraram em vários eventos e festas. Numa das comemorações do aniversário de Aroldo, ele fez um pedido de presente aos convidados: cobertores, que seriam destinados à doação para entidades de assistência social.

Certa vez, Fabiano perguntou a Aroldo qual o principal motivo do sucesso da Coamo. A reposta foi curta e direta:

– Agir sempre com a razão e nunca com o coração!

LÍDER CRIA NOVOS LÍDERES

Para o bem da Coamo, precisamos sempre preparar nossos sucessores. Treinar a nossa turma e colocar o pessoal para fazer palestras.

É comum Aroldo Gallassini compartilhar essa ideia com os colaboradores que exercem cargos de liderança na Coamo. E também testá-los durante as reuniões, como aconteceu com Germano Ottmann, que trabalhou por 23 anos na Coamo e se aposentou em 2007 no cargo de Superintendente Industrial. No meio das discussões, Aroldo pegou um cinzeiro quadrado e colocou para girar. Enquanto a peça rodava, ele pediu a Germano para que explicasse o movimento. O colaborador saiu-se bem:

– Doutor Aroldo, o cinzeiro gira devido a uma combinação de dois movimentos de rotação.

Aroldo gostava de "provocar" o pessoal, para que estivesse sempre atento. E também de comprometer os colaboradores nas melhorias da empresa.

Como quando criou, com a gerência de recursos humanos, um programa para aprimorar a indústria, chamado "Vamos Melhorar". Os colaboradores que dessem uma boa ideia ou desenvolvessem algum processo que trouxesse resultados efetivos e positivos para a Coamo, seriam premiados.

Um bom exemplo aconteceu na fiação de algodão, onde havia problemas com uma máquina complicada: a conicaleira, uma rebobinadeira. Constantemente a peça travava e o fabricante não encontrava solução. Pois um funcionário estudou o caso e fez ajustes na máquina que acabaram com o problema.

Outra situação aconteceu no Porto de Paranaguá. Havia três embarcações velhas que carregavam navios e só davam problemas, gerando filas e aumentando os custos. Além da Coamo, todas as empresas que operavam no terminal reclamavam.

Aroldo Gallassini foi alertado por Germano Ottmann, a quem pediu um detalhado relatório da situação. Munidos dos documentos, eles foram conversar com o então governador paranaense, Jaime Lerner. Já imaginando que a justificativa para não colocar dinheiro no local seria a falta de verba, Aroldo apresentou o problema e também a solução:

— As empresas privadas investirão em equipamentos modernos e o porto nos devolve o capital na forma de redução de taxas.

O governador topou, respondendo:

— Está feito!

Tudo aconteceu conforme o combinado por ambas as partes. Um ano depois das reformas concluídas a produção aumentou substancialmente: passou de 2.500 toneladas /hora de embarque para 9.000 toneladas/hora.

A BRIGA PELOS TRANSGÊNICOS

Durante o segundo mandato do governador do Paraná, Roberto Requião, ocorrido entre 2003 e 2006 (o primeiro foi de 1991 a 1994, e o terceiro de 2007 a 2010), o agronegócio do estado sofreu em defesa da liberação das vendas dos grãos transgênicos, em especial, da soja. Requião proibiu a exportação dos alimentos transgênicos pelo Porto de Paranaguá, que tinha o irmão do governador, Eduardo Requião, como superintendente.

O movimento pela liberação ganhou peso e força. Aroldo Gallassini foi um dos que encabeçou a luta e teve apoio irrestrito de pessoas ligadas e entidades do setor e a outras cooperativas. Entre elas, Nelson Natalino Paludo, presidente do Sindicato Rural de Toledo.

Uma comitiva se movimentou pelo Brasil, indo de Brasília a Passo Fundo, onde estavam pesquisadores da Empresa Brasileira de Pesquisa Agropecuária (Embrapa). Havia muita confusão conceitual sobre os transgênicos.

Por outro lado, Airton Galinari, que comandava as ações do Porto de Paranaguá pela Coamo, usava as "armas" que tinha, unindo-se com gestores de outras empresas, como Bunge e Cargil, que também haviam sido prejudicadas com a medida.

Não foi um caminho fácil, mas o setor do agronegócio venceu e conseguiu a liberação das negociações das sementes transgênicas judicialmente, em ação movida pela Associação Brasileira de Terminais Portuários (ABTP).

Foram quase três anos de espera. O tempo mostrou que a intransigência do governo paranaense era equivocada, tanto que os grãos transgênicos passaram a ser a grande maioria da produção e exportação.

A união faz a força! E aproximou Gallassini e o presidente do Sindicato Rural de Toledo, Nelson Natalino Paludo, que passou a ser cooperado desde que a Coamo assumiu operações da Coopagro, naquele município.

Mesmo após a liberação da exportação dos transgênicos, a Coamo continuou a ter problemas com a gestão do Porto de Paranaguá, certamente, sequelas do processo ocorrido. Um navio da Coamo chegou a ser barrado e Airton Galinari comprou literalmente a briga, travando forte discussão com o chefe do Porto.

Após o episódio, Aroldo Gallassini foi acionado pelo pessoal do Porto de Paranaguá, exigindo que Airton Galinari fosse deslocado dali para assumir função em outra área. Gallassini se posicionou fortemente:

– O Airton continua em Paranaguá! Na Coamo mando eu!

...Realmente, nenhuma mudança ocorreu na gerência da operação da Coamo em Paranaguá. Airton se manteve ali até janeiro de 2011, quando foi transferido para a sede de Campo Mourão, assumindo a Superintendência de Logística e Operações, antiga Superintendência Operacional, ficando responsável pelas áreas de transporte, engenharia e manutenção, recebimento de grãos e armazenagem, abastecimento das fábricas e Porto, logística de distribuição de alimentos e grãos, peças, gerências específicas de engenharia e de manutenção operacional de todas as unidades, e pela gerência de produtos.

Logo que Edenilson Carlos de Oliveira assumiu a gerência de produtos agrícolas, ele passou a ter contato mais próximo com o presidente da Coamo, Aroldo Gallassini. E nessas oportunidades, Edenilson materializou o que ouvira falar sobre ele: que é sempre pautado de princípios e valores muito arraigados e que expressam a imagem da Coamo.

Edenilson entrara na Coamo como atendente de cooperados em Iretama, município do centro-oeste paranaense, no ano de 1992. Depois ele foi ser encarregado em Santa Catarina, trabalhou em Campo Mourão e se transferiu para o Mato Grosso do Sul, até ser promovido a gerente de produtos agrícolas.

PORTAS ABERTAS NA CBOT

O ano de 2005 registrou um marco histórico para a Coamo! Quando a Bolsa de Chicago resolveu lançar um contrato de soja sul-americano, em 2004, o presidente da *Chicago Board of Trade* (CBOT – Bolsa de Chicago), Charles Carey, esteve na Coamo para conversar com José Aroldo Gallassini e oficializar o convite. Seria a primeira vez que a Bolsa de Chicago fecharia contrato agrícola fora dos Estados Unidos.

Na visita à sede da Coamo, Carey conheceu toda a estrutura da cooperativa, da administração central à Fazenda Experimental, tendo ficado com a melhor das impressões da cooperativa e do avançado nível da agricultura brasileira.

Em 20 de maio de 2005, às 10h de Chicago, Aroldo Gallassini tocou o sino da CBOT e oficializou a negociação de contratos futuros da soja sul-americana.

Bastante emocionado, Gallassini explicou a importância do acordo:

– Significa que agora o Brasil terá o seu próprio preço na Bolsa de Chicago, com base no Porto de Paranaguá. Até então, a CBOT só operava com base nos preços do Golfo do México. É um reconhecimento do mercado internacional à importância da safra sul-americana (Brasil, Argentina, Paraguai e Bolívia), e que irá beneficiar toda a América Latina.

Gallassini afirmou ainda que a escolha ocorreu pela representatividade externa da Coamo:

— Bater o sino da Bolsa de Chicago foi uma grande emoção. Fui escolhido para este momento histórico pela própria expressão da Coamo no mercado internacional, uma vez que a cooperativa negocia 18 mil contratos por ano com a CBOT.

O respeito da CBOT pela Coamo e por Aroldo Gallassini pôde também ser constatado em 2008, quando Nelson Natalino Paludo, cooperado e presidente do Sindicato Rural de Toledo, esteve na Bolsa de Chicago. Nelson assistia a uma palestra, quando o profissional que estava no palco disse:

— Nós temos um garoto propaganda para a soja! — enquanto mostrava no telão a imagem de José Aroldo Gallassini no meio de uma plantação.

Com isso, a credibilidade do presidente da Coamo se espalhou pelo mundo!

"GAROTO PROPAGANDA" DA CBOT

No ano de 2008, novamente a Bolsa de Chicago, presidida por Charles Carey e por meio do Grupo CME, controlador da *Chicago Board of Trade* – CBOT, volta a surpreender a Coamo e a José Aroldo Gallassini!

Pela grande movimentação da Coamo na Bolsa, Gallassini se transformou em "garoto propaganda"! Gallassini foi definido como personagem principal de uma campanha mundial da Bolsa de Chicago, objetivando mercados futuros agrícolas, com veiculação no *The Wall Street Journal* e Reuters, dos Estados Unidos, e *Financial Times*, da Inglaterra, entre outros.

A propaganda divulgou a Coamo mundialmente, tanto que a equipe da área internacional passou a receber ligações de alguns países da Europa, além de China, Hong Kong e Estados Unidos.

Montado em uma página, o material publicitário apresentou a foto de José Aroldo Gallassini, tirada no centro da cidade de São Paulo, trajado de terno e empunhando uma pá, em um cenário criado como se fosse uma lavoura de soja. No alto da página, acima da foto dele, foi colocada a seguinte frase: *I harvest opportunity from risk* ("Eu colho a oportunidade a partir dos riscos").

Com isso, a credibilidade do presidente da Coamo se espalhou pelo globo. A propaganda divulgou a Coamo mundialmente e, em virtude disso, a equipe da área internacional passou a receber ligações de alguns da Europa, além de China, Hong Kong e Estados Unidos.

NEGOCIAR COM ÉTICA

Rogério, para fazer uma boa negociação é fundamental ter honestidade e transparência.

Esses valores foram passados por José Aroldo Gallassini logo que Rogério Trannin de Mello assumiu a gerência comercial de produtos agrícolas, em 2008.

Ao ouvir as palavras de Aroldo, Rogério pensou:

— Dá orgulho participar de uma empresa onde o presidente pensa e age assim!

Rogério iniciara na Coamo em 1998, como assistente na área de comércio internacional; a Coamo começou a exportar ainda na década de 1980 para multinacionais da Holanda e França. Ele se formou em Administração de Empresas e antes da Coamo trabalhou em outra cooperativa, em Maringá. Rogério havia vivido um período de experiência internacional, tendo feito intercâmbio na França e na Inglaterra, para aprimorar a fala do idioma inglês; Rogério já dominava bem o francês.

O mercado europeu era de grande interesse para a Coamo, em especial, França e Alemanha. Desde a década de 1990, a Coamo vende diretamente para os clientes internacionais, não se utilizando das tradings e sim dos representantes. Anos depois, começou a venda também de grãos transgênicos.

As negociações eram feitas no sistema de frete *Cost, Insurance and Freight* (CIF – Custos, Seguros e Frete), quando o fornecedor assume os riscos e custos do transporte até o porto determinado pelo comprador. A Coamo freta navios para levar as mercadorias para a Europa, sendo a segunda empresa nacional a operar no sistema CIF.

As exportações da Coamo são feitas com entregas CIF e FOB, *Free On Board* (FOB – Livre de Bordo), quando o comprador assume os custos e riscos do transporte do porto em que está a mercadoria até o porto de destino.

Aroldo Gallassini também esteve com um grupo organizado pela OCB na China, visitando clientes. Mas a exigência local era a de que a Coamo montasse uma indústria, para gerar empregos, o que inviabilizava o negócio. Com o tempo, por meio de negociações com as Trading Companies, os produtos Coamo foram comercializados para a China e o Japão.

"Os valores morais e éticos são os alicerces para qualquer projeto duradouro."

A partir do momento em que gerenciou a área comercial de produtos agrícolas, os contatos com Aroldo Gallassini se tornaram diários. Gallassini gosta de saber com frequência como está o mercado e sobre as negociações.

Muitas foram as viagens internacionais de Gallassini na companhia de Rogério, onde visitaram clientes. Gallassini tem estilo mais conciliador e, por isso, mantém relacionamentos de longo prazo. Mas o presidente da Coamo sempre buscou o melhor resultado. Gallassini representa o produtor e costuma dizer:

— Temos que agir como se fossemos os próprios cooperados negociando diretamente. Nós temos que valorizar o nosso produto e ao mesmo tempo cativar o cliente sem abrir concessões.

Já para o mercado interno, acontecem as vendas dos grãos e dos produtos industrializados, semielaborados: farelo de soja, óleo bruto, café beneficiado. Tem também as áreas de insumos, fornecidos nos entrepostos aos cooperados, e a de vendas, que representa comprar grãos do produtor para repassar ao mercado.

Na área industrial, a Coamo tem a soja, com a produção do óleo e do farelo para ração; o óleo é refinado, envasado, além da gordura vegetal e do processo de hidrogenação, que produz a margarina. Quanto ao trigo, tem a farinha, que vai para a panificação; a farinha de trigo é vendida em sacas de 25 quilos e pacotes de 1 e 5 quilos. Há também embalagens de mistura para bolo.

Na fabricação do café, a Coamo lançou três linhas torradas e moídas. Quanto ao milho, a Coamo não industrializa.

Há também a fiação, que adquiri o algodão vindo do Mato Grosso.

No passado, muitas famílias saíram do Paraná e foram se aventurar no serrado, no Mato Grosso. Ali a terra era barata e com o preço arrecadado com as terras vendidas no Paraná era possível comprar grandes áreas no centro-oeste.

É o caso da família Muraro, que no fim da década de 1970 vendeu uma área bem menor no Paraná e conseguiu comprar outra de 12 mil hectares em Campo Novo do Parecis, no Mato Grosso. Um dos filhos do patriarca, Jaime Luiz Muraro, engenheiro agrônomo e que participou do comitê educativo e fiscal da Coamo, já trabalhou de imediato nas terras. O outro, Gilberto José Muraro, foi estudar odontologia em Ponta Grossa, vindo a mexer com agricultura anos depois.

A área das terras dos Muraro era tão grande que eles criaram uma S.A.. Em 1982, ouve divisão nas terras da família e Gilberto ficou com uma área de 1.500 hectares plantados. Como vivia em Campo Mourão, ele vendeu a terra e comprou duas propriedades no Paraná.

Tempos depois, Gilberto vendeu parte da propriedade para Aroldo Gallassini. A seriedade na negociação agradou a Gilberto; quanto a Gallassini, esse era mesmo o jeito dele de tratar tudo em sua vida.

A partir daí eles se tornaram também companheiros rotarianos, estando sempre em contato. Gilberto foi presidente do Rotary de Campo Mourão em 2017, quando se comemorou os 100 anos de fundação do Rotary Internacional. No período, aconteceram muitas atividades e festividades, e Aroldo Gallassini foi bastante participativo.

A ÁREA COMERCIAL

Em 2006, depois de 28 anos de Coamo, Alcir José Goldoni, gerente financeiro, foi promovido a Superintendente Comercial. Pesou em seu favor conhecer as áreas financeira, fiscal, contábil e os cooperados. Ele teve que assumir o setor às pressas, pois, o então superintendente teve que se afastar por problemas de saúde. Em função disso, Alcir comandou as duas áreas por três meses, pois, precisava fechar o balanço para ser apresentado na assembleia.

Logo de cara Alcir percebeu o dinamismo do novo setor. Aroldo ainda o alertou dos "perigos" da área comercial:

– Alcir, bastante atenção com o comercial. Ali ocorre a venda de produtos, têm comissões, oferecem brindes... É uma área onde não se pode dar espaço para nada!

O comercial estava dividido em dois mercados: interno e externo. Na parte externa, havia o programa do CIF European, cuja implantação teve participação direta de Aroldo Gallassini e representou uma grande evolução da cooperativa. Aroldo sempre dizia:

– Quem é que vai consumir os produtos dos cooperados? Precisamos vender para fora, exportar!

Inicialmente, foi acionada uma empresa de exportação, mas logo a Coamo criou o programa de venda direta para o exterior.

Nas viagens comerciais internacionais, sempre é certa a presença do superintendente comercial, Alcir Goldoni, do gerente comercial de produtos agrícolas, Rogério Trannin de Mello e do operador comercial, Carlos José Antunes dos Santos. Inclusive, Rogério sempre afirma que contar com a companhia de Aroldo Gallassini nessas oportunidades traz muita credibilidade na negociação, tal a respeitabilidade que ele desperta nos clientes. Seria como que um avalista da operação de exportação.

SEGURANÇA E TRANQUILIDADE

Aqui nós não agimos pensando em si mesmos. Pensamos sempre no conjunto daquilo que podemos melhorar na vida do agricultor, do nosso cooperado. O agricultor e a cooperativa têm que ser fortes. No dia em que um for mais forte do que o outro não dá certo, há algo de errado!

Essas foram as palavras de Aroldo Gallassini a Dilmar Antonio Peri em 2006, quando ele iniciou na Coamo como gerente de produção da Credicoamo. Eles se conheciam desde os anos 1980, quando Dilmar era gerente do Banco Bamerindus de Campo Mourão.

Pensando como profissional de banco, Dilmar precisou se adaptar à nova realidade e entender a diferença conceitual de lucro e sobra para uma cooperativa. As conversas com Gallassini ao longo do tempo ajudaram no entendimento.

Como gerente de produção da Credicoamo, Dilmar mantinha contato com os cooperados e as agências, e acompanhava os serviços, o desenvolvimento de novos produtos, o crescimento dos negócios e as linhas de crédito. Ao todo, a Credicoamo tem três gerências, e a diretoria executiva conta com três integrantes, sendo Aroldo Gallassini o presidente.

Entre os produtos que foram criados está o seguro agrícola. Aroldo sempre defendeu que o produtor fizesse seguro da safra:

– Nós agricultores precisamos tratar o seguro como um "insumo" da produção e não como despesa. Fazer seguro é a nossa proteção!

Como as seguradoras atendiam parcialmente as necessidades dos cooperados, oferecendo baixas garantias, Aroldo Gallassini pediu às empresas para que revissem seus produtos. Assim, em 2009, as seguradoras apresentaram suas novas linhas, com proteção mais ampla aos cooperados.

Também foi feito um projeto piloto pelas seguradoras que ofereciam seguro agrícola. Foram selecionados 62 cooperados que mantinham, dentro de um histórico de 12 anos, uma constância de produtividade. A eles foi oferecido um produto específico.

O teste realizado aprovou. Os 62 cooperados, mesmo nos anos de perda de produção, se saíram melhor do que outros agricultores.

A partir daí foi desenvolvido o mesmo modelo de seguro agrícola e que foi oferecido ao grupo de cooperados da Credicoamo.

CAPACITAR CADA VEZ MAIS

Nós envelhecemos, mas a empresa não pode envelhecer. Temos que investir nas pessoas, trazer o que há de melhor para a empresa em nível de treinamento, desenvolvimento. *Não podemos medir esforços e precisamos investir em qualificação.*

Estas foram as palavras ditas por José Aroldo Gallassini a Vagner Hristov, consultor na área de gestão de pessoas e que iniciava um trabalho de qualificação dos colaboradores da Coamo. Uma das preocupações de Gallassini era a de formar sucessores para a empresa, mantendo a cultura e a eficiência.

Para desenvolver o trabalho, Vagner Hristov conversou com o presidente, superintendentes e gerentes, para captar expectativas, e fez a proposta de mapear as competências que a Coamo necessitava para preparar os seus líderes.

Vagner então definiu as sete competências que a empresa precisava trabalhar, assim como os líderes e os planos de desenvolvimento a serem aplicados. Foi um grande investimento em todo o quadro da alta gerência, gerências angulares e chefes de departamento. Sempre visando formar líderes focados em preparar outros líderes.

O próprio Aroldo Gallassini e a alta gestão participaram de todo o processo. Eles foram entrevistados. A partir daí se estabeleceram as competências e alguns questionamentos a serem esclarecidos: *Que comportamento é esperado de todos os colaboradores? Que comportamento a Coamo espera de seus líderes?*

Vagner também definiu em Gallassini o traço de ser um visionário que "atua da visão para a ação", ou seja, ele antevê os fatos e os coloca em prática. Outro ponto foi o estilo de liderança de Gallassini, marcado pelo amor, comprometimento, transparência e responsabilidade no que faz. Uma liderança que atua não só na empresa, mas em toda a sociedade.

Do ponto de vista das pessoas, Gallassini conseguiu montar uma empresa com responsabilidade social. A Coamo se preocupa com a família dos cooperados, para que estes tenham segurança e deem continuidade nos negócios. Esse é o grande legado do presidente da Coamo.

O histórico da Coamo dá também segurança aos colaboradores, pois, registra que as oportunidades de crescimento na carreira são preferencialmente internas. Difícil alguém de fora ser contratado para assumir cargos em áreas de gestão. Isso acontece raramente, apenas em casos extremos.

Na prática, o projeto de Vagner Hristov envolveu treinamentos de desenvolvimento de lideranças. São programas que duram oito meses e cujo acompanhamento se dá ainda por mais um ano. Foram contratados "coaches" para executivos, ação que resultou em grande sucesso. Ainda foram desenvolvidos programas de MBA.

O trabalho de Vagner Hristov superou todas as expectativas e foi adotado pela Coamo como permanente. A constatação do sucesso deu-se com os registros de profissionais que saíram da liderança de departamentos para ocupar posições de gerentes angulares e superintendentes.

Em 2008, houve nova eleição na Coamo. Como de hábito, aconteceu com chapa única, tendo José Aroldo Gallassini como presidente.

A novidade estava na indicação do vice: Sérgio Luiz Panceri se aposentara e em seu lugar a chapa foi composta por Claudio Francisco Bianchi Rizzatto; o diretor-secretário continuava a ser Ricardo Accioly Calderari, também diretor operacional da Credicoamo.

ACREDITAR NAS PESSOAS

Paulo Cesar, eu o estou convidando para ir à nossa reunião do Rotary. Como o seu padrinho não estará lá, aceite o meu convite.

A atitude de Gallassini sensibilizou Paulo Cesar Gomes, que havia frequentado reuniões do Rotary a convite do padrinho. Mesmo sem terem contato estreito ou convívio, Gallassini assumiu o papel de anfitrião.

E Paulo Cesar pensou:

– O presidente da maior cooperativa do Brasil me viu só duas vezes na vida e já me convida para o encontro do Rotary...

Paulo Cesar foi à reunião e se tornou membro do Rotary. Seis meses depois, ele já era o tesoureiro.

Além do convívio no Rotary, Gallassini e Paulo Cesar Gomes passaram a se encontrar também na Associação Comercial e Industrial de Campo Mourão; anos depois, Paulo Cesar veio a presidir e entidade.

Na gestão de Paulo Cesar, foi feita uma homenagem a Aroldo Gallassini, pelos serviços por ele prestados à Associação. Gallassini nunca quis se candidatar a presidente, mas sempre participou ajudando, inclusive, nas indicações dos presidenciáveis.

O "MAIOR MOURÃOENSE DA HISTÓRIA"

Em 2009, o Jornal Tribuna do Interior, de Campo Mourão, dirigido pelo casal Dorlly Benthiem Thomé e Nery José Thomé, decidiu fazer uma pesquisa que envolvesse a população da cidade de Campo Mourão: a escolha do "Mourãoense de Maior Expressão de todos os tempos". O evento marcou também os 41 anos de atividades do jornal e os 62 anos do município de Campo Mourão.

Inicialmente, foram selecionados nomes de personalidades da cidade, como empresários, agricultores, políticos, religiosos, professores, entre outros. Após triagem, pouco mais de 10 nomes foram selecionados.

A votação aconteceu em duas frentes. Uma delas pelo voto direto, por meio do portal do jornal na internet. A outra pelo colegiado de lideranças selecionado e composto por 61 jurados.

Foram em torno de 45 dias que envolveram todo o processo, do lançamento à definição do escolhido. Ao final, o nome de José Aroldo Gallassini, presidente da Coamo, foi o grande vencedor, eleito tanto pelo voto da internet quanto do colegiado.

Conforme publicado no Jornal Tribuna da Cidade, algumas das justificativas dos jurados que votaram em Gallassini foram: "Ele deu projeção nacional e internacional a Campo Mourão"; "Idealizou a maior cooperativa da América Latina"; "É líder, administrador e aglutinador de ideias"; "De intocável idoneidade"; "É uma pessoa que luta e está comprometida com as causas sociais", "É, antes de tudo, um idealista e visionário"...

Na entrega do prêmio, foi organizado coquetel pelo Jornal Tribuna do Interior, que contou com a presença do vencedor, José Aroldo Gallassini, e de várias outras personalidades de Campo Mourão.

O diretor do jornal, Nery José Thomé, chegou até a lembrar de um fato ocorrido quando presidiu por seis anos a Associação dos Jornais Diários do Interior do Brasil, da qual foi também fundador:

— Eu ia muito a Brasília. Nas reuniões, depois de me apresentar, falar da entidade e citar que era de Campo Mourão, sempre ouvia da pessoa com a qual eu conversava: 'Campo Mourão... A cidade do carneiro no buraco e da Coamo... Isso se deve ao trabalho de fundação e gestão do doutor José Aroldo Gallassini à frente da cooperativa.'

O segundo colocado da pesquisa foi o advogado Milton Luiz Pereira, que marcou na história na cidade pela política, como ex-prefeito, e honestidade.

OUTRO AMIGO ROTARIANO

Sempre que podia, Aroldo Gallassini passava na farmácia e conversava com o querido amigo Manoel do Nascimento, o Maneco, farmacêutico e companheiro de longa data.

Ambos fizeram parte do grupo de 29 fundadores do Rotary de Campo Mourão. Portanto, uma amizade que se iniciou no fim dos anos 1960.

Pelo Rotary, foram muitas as ações sociais, como construção de casas para pessoas carentes, distribuição de cestas de Natal, mutirões de saúde, ajuda ao lar dos idosos, benfeitorias na Santa Casa de Campo Mourão, entre outras.

Infelizmente, Maneco veio a falecer em 05 de junho de 2018, aos 79 anos. Para Aroldo Gallassini "Foi uma lamentável perda".

Em 2010, o presidente da Federação de Engenheiros Agrônomos do Paraná (FEAP), Luis Antonio Corrêa Lucchesi, manteve constantes contatos com a Associação dos Agrônomos de Campo Mourão. Ele se formara como agrônomo, em 1981.

A Coamo, presidida por José Aroldo Gallassini, teve papel importante na Associação dos Engenheiros Agrônomos em Campo Mourão; o próprio

Gallassini sempre se fez presente.

Desta forma, Gallassini e Luis Antonio também passaram a manter constantes contatos. Luis Antonio fez, inclusive, convite para Gallassini palestrar na FEAP.

Mesmo sem ainda conhecê-lo, Luis Antonio tinha Aroldo Gallassini como um defensor e ícone da agronomia, pelos excelentes resultados da Coamo e pela gestão e liderança à frente da cooperativa. E constatou o orgulho dele em ser engenheiro agrônomo e de ter se graduado em 1967 na Universidade Federal do Paraná, na qual Luis Antonio veio a ser o coordenador do curso.

A aproximação aconteceu em prol da agricultura. A postura de Gallassini projeta a classe agronômica regional, nacional e internacional. Ele valoriza a Escola Agronômica do Paraná.

A cada três anos é realizado o Congresso Brasileiro de Agronomia em São Luiz, no Maranhão. Numa das edições, em 2011, Aroldo Gallassini foi homenageado. Impossibilitado de comparecer ao evento, ele foi representado por Luis Antonio Corrêa Lucchesi, que depois lhe entregou a premiação em Campo Mourão.

Desde 2010, Aroldo Gallassini corta o cabelo com Arnaldo Lourenço de Souza, que vive em Campo Mourão desde 1980; eles se conhecem daqueles tempos. Antes disso, o cabeleireiro de Aroldo era o ex-sócio de Arnaldo.

Depois de tantos anos como cabeleireiro na cidade, muitas pessoas foram atendidas por ele. E Arnaldo fala com orgulho sobre a imagem do cliente famoso:

— Todo mundo conhece a história do doutor Aroldo Gallassini. E posso dizer que nesses anos todos, nenhum dos meus clientes fez algum comentário que pudesse desmerecê-lo. As citações ao doutor Aroldo são sempre elogiosas.

Quando é atendido por Arnaldo, geralmente uma vez por mês, Gallassini gosta de conversar sobre um pouco de tudo: política, economia, Campo Mourão... E os diálogos são sempre proveitosos; nada de jogar conversa fora!

O ADEUS À MATRIARCA

Logo em janeiro, nos primeiros dias do ano de 2011, os irmãos Gallassini voltaram a se reunir. Desta vez, por um triste motivo. A alguns meses de completar 100 anos, pois, iria aniversariar em 27 de setembro, faleceu Otília Gamba Gallassini, vítima de derrame.

Otília era uma mulher muito forte e de boa saúde, mas ficou doente e debilitada depois de ter sido atacada por marimbondos no terreno da própria casa, enquanto cuidava da horta e colhia algumas frutas. Ela ficava muito feliz quando o filho Aroldo passava por Brusque, para estar ao lado dela.

Ambos eram de estilos muito parecidos: não gostavam de bebida, cigarro, jogo, adoravam agricultura e pecuária... e eram muito determinados. Otília criou os 12 filhos pautada pela organização, outra característica de Aroldo.

A mãe venerava e tinha grande orgulho do filho que estudou e fez sucesso. Otília tinha num canto da casa muitas recordações guardadas da trajetória dele: jornais, fotos e revistas. Ela costumava dizer:

– O Aroldo distribui pão para o Brasil todo por causa da soja, trigo e milho. Ele ajuda muitas pessoas!

Depois do falecimento do marido Henrique, Otília continuou a viver na mesma casa e se manteve ali até seu falecimento. Ela não quis morar com nenhum dos filhos. Até perto dos 85 anos, ela mantinha o mesmo hábito de quando o marido era vivo e a casa estava sempre cheia de filhos: Otília ia se deitar cedo e às 5h30 o despertador tocava, para que ela se levantasse e começasse a trabalhar.

No falecimento da mãe de Aroldo, coincidiu de ele estar de férias em Balneário Camboriú. Desta forma, assim que foi comunicado pelos irmãos, ele se dirigiu para Brusque, acompanhando os últimos momentos de Otília.

Depois da partida da matriarca dos Gallassini, os irmãos resolveram organizar uma reunião anual, para reverenciar a mãe e para que todos pudessem estar juntos e com as respectivas famílias. Esta passou a ser a "Festa dos Gallassini", estrategicamente marcada para o mês de setembro, o mesmo em que Otília aniversariava.

CORAÇÃO VALENTE

Como de costume, Aroldo Gallassini costuma fazer check-up duas vezes por ano em Maringá, nos meses de março e setembro. Pois nos exames de março de 2011 foram detectadas duas alterações: na parte cardíaca e crescimento da próstata.

O médico então determinou:

– Senhor Aroldo, procure imediatamente um cardiologista, para fazer exames mais específicos. Sugiro o doutor Sandrigo Mangini, em São Paulo.

Aroldo estava de viagem marcada para a Europa. Em função dos resultados, o cardiologista clínico Sandrigo Mangini lhe recomendou procurar o cirurgião Fábio Jatene.

Determinado que é, Aroldo logo marcou e passou em consulta com o também cardiologista Fábio Jatene, em São Paulo. Depois de realizar alguns exames específicos, do médico ele ouviu:

– Senhor Aroldo, infelizmente, terá que cancelar a viagem. A sua condição física não o permite viajar. Precisaremos colocar duas pontes de safena e trocar uma das válvulas do seu coração.

Ao ouvir aquilo, Aroldo respondeu com todo seu realismo:

– Se tem que fazer, vamos em frente!

Aroldo tem uma forma de pensar: "Quando você tem algum problema de saúde, obedeça ao que diz o médico!"

E Aroldo ainda completou:

– Se der, doutor Fábio, vamos operar amanhã!

Apesar da disposição de Gallassini, o procedimento levou alguns dias e foi realizado no hospital Sírio Libanês, um dos mais conceituados de São Paulo e do Brasil. A operação levou mais de 10 horas. O procedimento foi um sucesso.

A esposa Marli e as filhas Lenara e Larissa receberam a boa notícia e conversaram com o doutor Jatene ao final da cirurgia. Assim que foi possível, elas foram falar com Aroldo, ainda em recuperação. Mas em função de todo o stress passado, Marli pegou conjuntivite e teve que ficar dois dias sem ir ao hospital.

Foram três dias de UTI, sendo que depois ele foi encaminhado para a Unidade Semi-Intensiva. Assim que foi liberado para o quarto, Aroldo estava disposto e brincando com as mulheres de sua vida. Marli, Lenara e Larissa estavam felizes e impressionadas com a rapidez da recuperação do marido e pai Gallassini.

Bastante religiosas que são, Larissa e Marli foram até a missa da capela do hospital. Lenara ficou com o pai. E qual não foi a surpresa quando perceberam a chegada de Lenara e Aroldo Gallassini na capela, empurrando o carrinho do soro e pronto para assistir à missa. Gallassini é católico praticante e o chaveiro do carro tem a imagem de São José.

Assim que recebeu alta, Aroldo retornou para Campo Mourão. Ao chegar em casa, chamou o amigo e cabeleireiro Arnaldo Lourenço de Souza, para cuidar do visual. Gallassini já havia "negociado" com o médico seu retorno ao trabalho.

O doutor definiu as regras:

– Senhor Aroldo, volte ao trabalho, mas não fique o dia todo no escritório. Despache por algumas poucas horas e volte para casa.

Mas as "regras" foram "quebradas". Aroldo é categórico em seguir regras, mas trabalhar em prol da Coamo representa uma grande exceção! No dia seguinte de seu retorno para casa, Aroldo Gallassini já estava na Coamo. E lá ficou quase que o dia todo, saindo apenas um pouco mais cedo.

Claro, depois de passar por cirurgia e de se recuperar, era preciso retomar a vida. E a Coamo fazia parte dessa vida intensa e dedicada ao cooperativismo! Tempos depois Aroldo ainda fez a segunda cirurgia, da próstata.

Mas... que Aroldo Gallassini entrou e que Aroldo Gallassini saiu da cirurgia cardíaca? Quais foram as principais transformações no seu estilo de vida?

A primeira grande mudança aconteceu em relação aos hábitos, em especial alimentares. Aroldo parou de beber aperitivos e cortou ou reduziu comidas que sobrecarregam o coração. Também passou a praticar esportes com mais frequência: andar sete quilômetros quase que diariamente e fazer academia, para praticar ginástica moderada e com orientação profissional.

Os amigos e pessoas próximas dizem: "Após a cirurgia o Gallassini ficou mais compreensivo, emotivo e sensível às emoções."

Para as filhas, voltou um pai diferente, com gana de viver, mais reflexivo, compreensivo e ainda mais amoroso.

A filha Larissa brincou com Aroldo:

– Pai... estou gostando mais deste seu coração novo do que daquele antigo...

RENOVAR É PRECISO

Doutor Aroldo, estou com 64 anos e acredito que chegou realmente a hora de eu me aposentar, de ceder meu lugar a gente com 'sangue novo'. Como o senhor sempre diz: 'Nós podemos envelhecer, mas a Coamo tem que ser sempre jovem'.

Existia uma combinação entre gerentes e superintendentes com a Diretoria: a de que quando algum deles fizesse 60 anos, colocaria o cargo à disposição. Então, quando completou 60 anos, Antonio Granado Martinez foi à sala de Aroldo Gallassini e cumpriu o combinado.

Mas Aroldo pediu-lhe mais um tempo:

— Granado, ainda preciso de você na Coamo. Peço que aguente mais um pouco.

Duas vezes por semana, às terças e quintas, eles se reuniam com as outras cabeças pensantes da Coamo, onde eram discutidos problemas e projetos. Nessas reuniões, Aroldo Gallassini sempre deu total liberdade para debates entre os participantes, de forma a buscar a maior interação de ideias e perfeição dos projetos que eram propostos.

E Granado concordou, ficando mais quatro anos, até 2012, quando voltou a colocar o cargo à disposição. Naquela oportunidade, Aroldo concordou. Foram quase 37 anos de Coamo e de convívio direto com o presidente Gallassini.

Assim que ficou definida a saída de Antonio Granado Martinez, Aroldo lhe deu a missão de fazer a transição com o substituto, promovido internamente. Foram seis meses de treinamento, até que o profissional estivesse pronto!

Aroldo, inclusive, elogiou Antonio Granado Martinez, pela condução do processo, dizendo:

— Eu nunca vi uma transferência de cargo tão bonita e tranquila.

Dias antes da saída de Granado, uma bonita festa foi preparada para ele, com a participação da diretora e de outros supervisores.

No dia da despedida, Antonio Granado Martinez foi até a sala de José Aroldo Gallassini, onde agradeceu pelos anos de trabalho e convívio, fazendo a seguinte análise:

— Doutor Aroldo, quando eu o conheci, na década de 1970, o senhor era um engenheiro agrônomo recém-formado, ex-técnico da Acarpa, competente e com muita vontade de realizar grandes ações no cooperativismo. Já o doutor Aroldo de hoje é uma das maiores autoridades da política agrícola do país e um dos homens mais respeitados no empreendedorismo brasileiro!

PALAVRAS DE ACONSELHAMENTO E INCENTIVO

Marcelo, assim como você foi escolhido, outros concorriam ao seu cargo. Portanto, você se apresentou como o candidato mais bem preparado. Valorize a sua conquista! Saiba que a sua função tem a beleza e o perfume de uma rosa, mas o cabo tem espinhos.

A conversa de Aroldo Gallassini com Marcelo Sumiya, que acabara de ser promovido a gerente de assistência técnica, foi determinante para que ele tivesse a real consciência da importância do cargo que acabara de assumir. Curiosamente, Marcelo começou na função em seis de abril de 2012, dia do aniversário dele; digamos que ele recebeu um belo presente...

A área de Marcelo Sumiya desperta grande interesse em Aroldo Gallassini e engloba assistência técnica aos cooperados, engenheiros agrônomos, veterinários, fazenda experimental e a parte de pesquisas.

Sumiya, engenheiro agrônomo, entrou na Coamo em 2002, quando a equipe técnica tinha em torno de 170 profissionais, número que cresceu bastante com o tempo. Ele começou no entreposto de Palmital, município do centro paranaense, tornando-se depois responsável técnico da unidade. Dois anos depois, em 2004, Marcelo foi deslocado para o projeto de expansão da Coamo no Mato Grosso do Sul. Em 2008, o engenheiro foi para o entreposto de Roncador e, em 2010, passou a atuar no setor de assistência técnica da sede, em Campo Mourão.

Desde que assumiu a gerência de assistência técnica, Sumiya viaja duas vezes por ano com Aroldo Gallassini e Ricardo Calderari, para a realização das reuniões de campo.

São três semanas bastante puxadas no primeiro e no segundo semestres, onde, em média, eles fazem de três a quatro reuniões diárias. Às 5h os três já estão prontos para sair rumo à primeira reunião e retornam por volta das 20h. Assim que acaba um encontro, Gallassini sempre pergunta a Sumiya, que assume o volante: "Onde é a próxima parada?"

É impressionante a disposição de Aroldo Gallassini, que sempre começa pontualmente as reuniões. Também chama atenção de Marcelo a postura de Gallassini, que nas viagens paga do bolso todas as despesas pessoais, não admitindo que caiam na conta da Coamo.

A linguagem utilizada por Gallassini conquista os cooperados. Ele se coloca não apenas na posição de presidente da Coamo, mas também como sendo um dos milhares de cooperados, dizendo: "Nós produtores..."

Gallassini comenta com transparência sobre os aspectos comerciais e de gestão da Coamo, assim como as atuações políticas das entidades que lutam pelas conquistas do setor.

A HONRA DO BATISMO

Janeiro de 2013! A Oetker, empresa fundada em 1891, de origem alemã e parceira da Coamo, decidiu homenagear a cooperativa e seu presidente, José Aroldo Gallassini; a ele foi dada a honra de escolher o nome que batizaria um navio graneleiro, com capacidade para transportar 52 mil toneladas de farelo de soja.

Religioso que é, Aroldo batizou o navio de *Santa Paulina*, primeira santa brasileira e que possui um Santuário em Nova Trento, próximo a Brusque, cidade natal de Gallassini.

Para batizar o navio, Aroldo viajou com a esposa Marli Pereira Gallassini para a Ilha Iwagi, no Japão. A grafia do nome no navio foi feita em português. Em seu discurso, Gallassini agradeceu a Oetker e ressaltou a expressiva participação da Coamo e o alto nível do setor agrícola brasileiro, além de dividir aquele momento especial com a família Coamo:

— Jamais pensei que um dia teria uma homenagem como está no Japão, à qual partilho com todos os cooperados, diretoria e funcionários da Coamo. Uma honraria gratificante e emocionante!

O acionamento do mecanismo que oficializou o batismo do navio foi feito por Marli Gallassini.

O momento crucial, o do batismo, foi registrado em foto, que foi ampliada e colocada em um quadro exposto na Coamo. Uma réplica foi enviada para o Santuário de Nova Trento.

CAMPEÃO NA PASSARELA

O galo cantou
Com os passarinhos no esplendor da manhã
Agradeço a Deus por ver o dia raiar
O sino da igrejinha vem anunciar
Preparo o café, pego a viola, parceira de fé
Caminho da roça, e semear o grão...
Saciar a fome com a plantação

Assim começava o samba enredo do Carnaval Carioca de 2013 do Grêmio Recreativo Escola de Samba Unidos de Vila Isabel. O tema era "O homem do Campo".

A Basf, empresa de origem alemã e de importante participação no desenvolvimento de produtos para o segmento do agronegócio brasileiro, foi uma das patrocinadoras da Vila Isabel.

Em contrapartida, a multinacional teve direito a convidar um grupo de pessoas. Entre lideranças e principais clientes do agronegócio, lá estava o casal Marli e José Aroldo Gallassini. Os dois acompanharam as outras escolas pelo camarote da Basf e foram para a avenida em carro alegórico para sambar, transpirar, se divertir e ajudar a conquistar o título pela Vila Isabel.

Esta foi a estreia de Marli e Aroldo num desfile de carnaval. Até então, eles só tinham acompanhado o glamour do Carnaval carioca pela TV. A riqueza da festa e dos detalhes marcou como uma passagem especial na trajetória deles.

O olhar observador e empreendedor de Gallassini percebeu do camarote como a "união faz a força"; do alto ele via as alas das escolas em sincronia, comandadas por seus líderes, e cada integrante dando o melhor de si para que a escola cumprisse o desfile no tempo, com qualidade, harmonia, alegria e sucesso.

Em 2018, a Basf voltou a se fazer presente na Coamo e com Aroldo Gallassini, ao produzir um vídeo sobre a cooperativa e seu presidente, traçando um perfil também dos colaboradores, da estrutura da empresa e dos cooperados. Entre eles, Alcides Brunetta, cooperado número 561 de Mamborê, e a filha Giovana Brunetta Patricio, que apareceram no filme contando sobre a relação que travam com a Coamo e o presidente Aroldo Gallassini.

Samba enredo G.R.E.S. Unidos de Vila Isabel
(Letra de Martinho da Vila e Arlindo Cruz)

**"A Vila canta o Brasil, celeiro do mundo –
Água no feijão que chegou mais um"**

O galo cantou
com os passarinhos no esplendor da manhã
agradeço a deus por ver o dia raiar
o sino da igrejinha vem anunciar
preparo o café, pego a viola, parceira de fé
caminho da roça, e semear o grão...
saciar a fome com a plantação
é a lida...
arar e cultivar o solo
ver brotar o velho sonho
alimentar o mundo, bem viver
a emoção vai florescer

Ô muié, o cumpadi chegou
puxa o banco, vem prosear
bota água no feijão já tem lenha no fogão
faz um bolo de fubá

Pinga o suor na enxada
a terra é abençoada
preciso investir, conhecer
progredir, partilhar, proteger...
cai a tarde, acendo a luz do lampião
a lua se ajeita, enfeita a procissão
de noite, vai ter cantoria
e está chegando o povo do samba
é a Vila, chão da poesia, celeiro de bamba
Vila, chão da poesia, celeiro de bamba
Festa no arraiá,
é pra lá de bom
ao som do fole, eu e você

a Vila vem plantar
Felicidade no amanhecer

Festa no arraiá,
é pra lá de bom
ao som do fole, eu e você
a Vila vem colher
felicidade no amanhecer"

Em 15 de julho de 2013, a Fábrica de Tecidos Carlos Renaux, sediada em Brusque, Santa Catarina, depois de 121 anos de atividades, teve falência decretada.

Para Aroldo Gallassini, que assim como muitos outros moradores de Brusque chegou a trabalhar no Grupo Carlos Renaux, foi uma notícia triste; Aroldo era funcionário da loja de departamentos. A empresa levava consigo um pedaço da biografia de Aroldo Gallassini. Aquele havia sido o primeiro emprego dele e, graças aos aprendizados ali adquiridos, inclusive de contabilidade, conseguiu boa colocação em um banco de Curitiba.

A cidade sempre foi forte polo têxtil, onde basicamente três empresas centenárias se destacavam e fizeram com que Brusque fosse conhecida como "berço da fiação catarinense". Além da Carlos Renaux, marcaram época a fabricante de tolhas Buettner, fundada em 1898, e a indústria de tecidos Schlösser, de 1911; ambas passaram por crise e recuperação judicial.

"Não há sucesso sem trabalho árduo, honestidade e a coragem de enfrentar os desafios de frente."

CAPÍTULO 5

RECONHECIMENTO E HOMENAGENS

UMA ESTÁTUA PARA O PRESIDENTE

EM 19 DE JULHO DE 2014, uma linda surpresa ao presidente foi realizada pelos colaboradores da Coamo: a inauguração de uma estátua de José Aroldo Gallassini, elaborada pelo artista plástico paranaense Luiz Branco.

A peça, na qual Gallassini segura uma pá, é uma réplica da imagem dele no lançamento da campanha mundial da Bolsa de Chicago, em 2008.

Na estátua, há uma placa com a seguinte frase:

"Nos 40 anos da Arcam, os funcionários da Coamo homenageiam o idealizador, fundador e construtor desta grande obra, José Aroldo Gallassini".

A cerimônia aconteceu durante as disputas dos Jogos Inter Unidades – JIU, evento esportivo realizado a cada dois anos envolvendo todas as unidades da cooperativa, cujo tema foi "Arcam 40 anos".

O presidente e o ex-presidente da Arcam, Aquiles de Oliveira Dias e Antonio Sérgio Gabriel, respectivamente, foram os responsáveis por apresentar a obra a José Aroldo Gallassini e aos presentes.

O presidente Aquiles de Oliveira Dias fez pronunciamento, acompanhado pelo emocionado Aroldo Gallassini:

— Queremos, em nome dos funcionários da Coamo, através desta obra perpetuar a história da Arcam com uma homenagem ao homem que fez e faz parte dessa história de sucesso. E a pá representa um instrumento do construtor. O Dr. Aroldo é idealizador, fundador e construtor desta grande obra chamada Arcam!

Brincalhão como ele só, nos dias que sucederam a linda homenagem, Aroldo Gallassini criou uma frase que virou sua marca para "inibir" tentativas de elevar o salário: "Quando for para pedir aumento, fale com o Aroldo da estátua..."

HOMENAGEM NA CIDADE NATAL

Em 12 de agosto de 2014, José Aroldo Gallassini é homenageado em sua terra Natal, Brusque! Por indicação do vereador Celio de Souza, foi concedida a Gallassini a Comenda do Mérito Profissional.

A cerimônia, que contou com a presença de familiares, parentes, amigos e personalidades, aconteceu na Câmara dos Vereadores de Brusque.

Em seu discurso, o presidente da Coamo agradeceu aos vereadores, relembrou dos valores passados pelos pais e que vem de uma família de 12 irmãos. E contou passagens da trajetória até os dias atuais:

Quando a gente quer, a gente consegue. Fui a Curitiba em busca de meu ideal. Trabalhava muito e estudava. E assim me formei engenheiro agrônomo em 1967, pela Faculdade de Agronomia da Universidade Federal do Paraná. Tempos depois, também em terras paranaenses, no município de Campo Mourão, plantei as primeiras sementes do cooperativismo, após um vasto trabalho de levantamento da realidade agrícola do município e da região. Cooperativismo que se frutificou e hoje é traduzido na existência da Coamo Agroindustrial Cooperativa, que de sua fundação em 1970, com 79 agricultores, hoje (2014) tem mais de 27.000 associados e mais de 6.800 funcionários.

A Comenda do Mérito Profissional marcou como primeira homenagem do município de Brusque concedida a José Aroldo Gallassini.

AÇÕES SOCIAIS

Dentro das ações de linha assistencial, Aroldo Gallassini sempre atuou ativamente junto a Santa Casa de Campo Mourão, que na década de 1970 estava instalada numa pequena área próxima à sede da prefeitura da cidade.

As condições precárias do local mostravam a necessidade de a Santa Casa passar por significativa reforma; os médicos até reclamavam que em dias de chuva infiltrava água na sala de cirurgia.

Aroldo Gallassini então encabeçou o movimento das melhorias por meio do Rotary, envolvendo também a comunidade local. As reformas foram realizadas com grande sucesso.

Tempos depois, surgiu o projeto de construir uma nova Santa Casa para atender à população de Campo Mourão. Novamente Gallassini tomou as rédeas do projeto e envolveu o Rotary, a comunidade e também as empresas; a própria Coamo destinou recursos provenientes de benefícios fiscais para as obras.

A nova Santa Casa foi finalizada com grande êxito. A tal ponto de o presidente da Santa Casa da época, Dilmar Dalaffe, propor que a sala da UTI adulta do hospital fosse batizada com o nome de "Engenheiro Agrônomo José Aroldo Gallassini". A proposta contou com aprovação total dos membros da diretoria, assim como a de batizar a UTI infantil com o nome do então prefeito da cidade, Tauillo Tezelli.

São tantas as ações sociais de Aroldo Gallassini que algumas só se descobre por acaso. Como quando a cunhada Marilene Pereira andava pelas ruas de Campo Mourão com Aroldo e um rapaz se aproximou.

Depois de cumprimentá-los e de se apresentar, ele explicou o motivo da abordagem:

— Doutor Aroldo, eu moro naquela região onde as chuvas destelharam várias casas. E graças ao senhor, que mandou entregar telhas novas para nós, vários telhados das casas puderam ser reparados. Entre eles, o da minha residência. Muito obrigado, Doutor Aroldo! — concluiu emocionado o rapaz.

A PERDA DE SÉRGIO LUIZ PANCERI

Em dois de agosto de 2015, Aroldo Gallassini e a Coamo recebem uma notícia desagradável: aos 81 anos, faleceu Sérgio Luiz Panceri, que por 33 anos foi diretor e vice-presidente da Coamo e da Credicoamo, além de companheiro rotariano, tendo sido um dos sócios fundadores do Rotary de Campo Mourão.

A notícia deixou Gallassini bastante chateado e abatido. Era um amigo fiel e de longa data que partia. Ele se lembrou das homenagens que foram prestadas a Sérgio Panceri quando ele se desligou da Coamo, e do discurso emocionado que fez:

Sérgio, parece que foi ontem, mas já ultrapassamos 33 anos de caminhadas juntos, desde a sua primeira eleição para diretor-secretário em 1975 e para vice-presidente em 1984.

Quando começamos, tínhamos em mente e torcíamos para que fossem anos de muito trabalho, muita luta e muito *sucesso em prol dos cooperados da nossa Coamo. E realmente foi assim essa nossa trajetória, unidos em prol do bem comum.*

E como há tempo para tudo, é tempo de agradecer a você, Sérgio, pela sua dedicação total, entusiasmo, paixão, fidelidade e orgulho incomensurável pela Coamo e cooperados. Juntos, formamos uma família, um time unido, harmônico e entrosado, ajudando e comungando dos mesmos ideais e sonhos, na busca de fazer sempre o melhor para o bem comum.

Estamos tristes com a sua saída, mas ao mesmo tempo felizes porque vimos nesses 33 anos de convivência muita dedicação, muita inspiração e muita transpiração em prol da nossa Coamo, dos nossos cooperados.

Igualmente emocionado como o amigo Gallassini, e após receber uma placa de homenagem, Sérgio Panceri fez seu último discurso na Coamo:

Durante todo esse período em que estive na Coamo o nosso objetivo foi um só: trabalhar em prol do sucesso dos nossos cooperados. Acredito que fizemos isso, porque os cooperados estão satisfeitos com a Coamo e com o cooperativismo!

Presença certa na grande maioria das homenagens de cidadão honorário que Gallassini recebeu, o amigo Ademar Batista de Melo, técnico em prótese dentária e cooperado desde 1980, registrou o respeito e a admiração que o presidente da Coamo desperta nas pessoas:

– Elas querem conhecê-lo e comentam sobre a forma séria e honesta com que o presidente administra e lidera a Coamo.

Ademar é também rotariano e ex-governador do Rotary, distrito 4.630, e presenciou o jeito igualmente comprometido de o companheiro Gallassini se entregar a tudo que faz e participa.

Perder um ente ou amigo querido deixa Gallassini bastante fragilizado. Como quando faleceu o superintendente comercial Roberto Petraukas e o ex-vice-presidente da Coamo, Sérgio Luiz Panceri. Ademar esteve ao lado de Gallassini no velório de Panceri, quando o presidente da Coamo lhe registrou todo o carinho que tinha pelo amigo e companheiro de trabalho.

QUEM AVISA AMIGO É...

Sempre que um cooperado enfrenta dificuldades, Aroldo Gallassini se predispõe a ouvi-lo e ajuda-lo como pode. A liberação de empréstimo ou antecipação de safra depende da capacidade futura de pagamento.

Quando a ficha não é aprovada pela área financeira, Aroldo sabe falar "Não". Ele explica a situação ao cooperado e já deixa a melhor solução:

— Venda um pedaço de terra e pague as dívidas, para você ficar livre. Depois que você se acertar, compra mais terra!

E quando é preciso intervir em prol dos associados da Coamo, ele o faz. Como quando chamou um cooperado, Elias Semiguen, que avalizava sem medo aos que lhe pediam este favor, embora nem todos fossem igualmente leais a ele. Assim, o cooperado teve que assumir muitas dívidas.

Na conversa, Aroldo explicou que o cooperado estava se prejudicando devido ao bom coração, e deu a ordem:

— O senhor está proibido de ser avalista dos outros, senão vai quebrar! Eu vou lhe dar uma carta, para que o senhor e a dona Matilde, sua esposa, assinem. Nela vocês se comprometem a jamais se tornarem avalistas. Apresentaremos cópias desta carta nos bancos e no comércio local. Seu Elias, e se alguém lhe pedir para ser fiador, apenas mostre o papel.

O homem entendeu bem o recado. Ele saiu da conversa grato pela interferência de Gallassini e com a carta, sendo que nunca mais foi avalista de ninguém.

Um caso que merece registro aconteceu sob acompanhamento do gerente administrativo José Aparecido Bernardo, o "Cido". Aroldo Gallassini sempre recebe a relação de cooperados que estão inadimplentes com a Coamo. E quando encontra com algum deles, costuma convidar: "Vá tomar um café comigo. Precisamos conversar." E depois da conversa e do café, geralmente a situação estava solucionada.

Pois um grande produtor da região começou a ter problemas financeiros. Ele entregava uma grande quantidade de produtos na Coamo e não quitava o que devia. Foi quando Aroldo assumiu pessoalmente a negociação com o cooperado.

Utilizando-se de toda a gentileza que lhe é peculiar, e do linguajar que o agricultor gosta e entende, Aroldo pegou seu bloco e começou a fazer anotações e contas na frente do homem.

Ao final da fala, o presidente da Coamo pediu ao cooperado que, se concordasse com o teor, assinasse aquele manuscrito. O cooperado concordou com o que Aroldo propôs, assinou o manuscrito e ficou feliz com a solução.

O gerente administrativo "Cido" achou tão genial a solução encontrada pelo presidente que colocou o rascunho que Aroldo escreveu num quadro. E sempre procurava mostrar e explicar os cálculos aos colaboradores da equipe, para que aprendessem com a forma direta e assertiva de o presidente Gallassini negociar.

Anualmente, desde 2015, a irmã Maria Adelina da Cunha, da Congregação das Irmãzinhas da Imaculada Conceição, ia a Campo Mourão, para participar das peregrinações pela cidade. A irmã Adelina trabalha no Santuário Santa Paulina, em Nova Trento, perto de Brusque, em Santa Catarina.

Pois numa dessas idas ela soube que José Aroldo Gallassini, presidente da Coamo, batizara um navio cargueiro no Japão, com o nome de Santa Paulina, de quem é devoto. A irmã Adelina quis então conhecê-lo.

Consultado sobre a visita, Gallassini quis também conhecer e receber a irmã Adelina, que lhe presenteou com uma estátua de Santa Paulina. Eles tiveram uma agradável conversa, onde ela pôde constatar a grande religiosidade de Aroldo.

Tempos depois, Gallassini pediu que uma cópia da foto da homenagem a Santa Paulina no navio fosse ampliada e enquadrada, exatamente como ele havia feito anteriormente; o quadro ficava exposto na Coamo. Assim que a peça ficou pronta, ele pediu a Ilivaldo Duarte, da comunicação da Coamo, que a levasse até Nova Trento, onde está situado o Santuário Santa Paulina.

Passados alguns meses, Aroldo Gallassini esteve no Santuário com a esposa Marli. Eles foram recebidos pela irmã Adelina, que mostrou ao casal onde o quadro estava colocado.

Referência e destaque do Agronegócio, Gallassini continua a receber inúmeras homenagens.

Dr. Aroldo comemora aniversário com diretores, gerentes e assessores.

Dr. Aroldo e Airton Galinari homenageiam casal de funcionários, Mariluci e Ademilsso Graciolli, de Abelardo Luz, que completou 40 anos de Coamo.

Descerramento de placa e plantio de árvore alusivo aos 50 anos da Coamo e aos 45 anos de instalação da Fazenda Experimental da Coamo, em 2020.

Homenagem concedida ao Dr. Aroldo pela Associação dos Engenheiros Agrônomos do Estado de São Paulo, em 2021, com mérito na área "Cooperativismo".

PALAVRA SEMPRE FORTE E OTIMISTA

No dia 08 de outubro de 2015, Aroldo Gallassini recebeu o título de Cidadão Honorário de Mato Grosso do Sul. Outras pessoas também foram agraciadas com a homenagem.

Mas chamou atenção que antes de Aroldo, o convocado para receber o título fez um discurso pessimista, criticando a divisão do estado e alegando que o Mato Grosso do Sul havia sido prejudicado, ao contrário do Mato Grosso.

Na vez de Aroldo, a mensagem foi positiva e otimista:

"Eu nasci em Brusque, em Santa Catarina. Cheguei a Campo Mourão no final da década de 1960 e a terra era improdutiva. Só tinha samambaia, saúva e sapé. Mas acreditamos naquela terra e hoje é uma das mais produtivas do Brasil. Nós, da Coamo, investimos no Mato Grosso do Sul porque a terra é pujante, tem grande valor para o plantio. Acreditamos na força do Mato Grosso do Sul, tanto que aqui estamos construindo a maior indústria de óleo vegetal do Brasil!"

Diferentemente do antecessor, após o discurso Aroldo Gallassini foi aplaudido de pé!

Em 2015, os irmãos Marcos Francisco Kunitz e Sérgio Higino Kunitz foram com os filhos, a convite do primo Aroldo Gallassini, passar o final de semana em Campo Mourão.

Eles aproveitaram bastante. Aroldo os levou para conhecer as instalações da Coamo, nas fazendas dele, na Feira de Artesanato... Além disso, na oportunidade acontecia em Campo Mourão a tradicional "Festa do Carneiro no Buraco". Eles se deliciaram ao saborear o tão famoso prato.

Foi um final de semana especial, onde eles puderam conhecer o outro lado do primo, tão admirado, festejado e respeitado pelo povo de Campo Mourão: o do doutor Aroldo, presidente da Coamo.

A Coamo está presente em tudo, tanto no Paraná, como em Santa Catarina e Mato Grosso do Sul. Aroldo Gallassini consegue ter entrosamento com a sociedade. A Coamo cresceu em função da visão técnica, econômica e administrativa de seu presidente. Aroldo incentiva o desenvolvimento de novas tecnologias e de inovação na área da comercialização.

A Coamo foi constituída com a preocupação de estruturar uma equipe técnica de alto nível. Aroldo é otimista e administra com os pés no chão. Ele sempre foi o mesmo, previsível, pautando-se na mesma linha de conduta ética.

Aroldo Gallassini tem grande coração. Ele é padrinho da filha do irmão Altamiro, o Miro. A menina nasceu com problema de visão. Quando houve a partilha de bens da família Gallassini, Aroldo abriu mão de sua parte, deixando-a para o irmão Miro.

Na verdade, a doação foi feita por entender que Miro foi quem tocou a marcenaria do pai e seria justo que ele ficasse com a parte dele do terreno onde está a fábrica e a família morava. Outro ponto que motivou a doação foi justamente para presentear a afilhada.

CONVERSA DE GIGANTES DO EMPREENDEDORISMO

Um dos bons amigos que Aroldo Gallassini cultiva no mundo empresarial é Luciano Hang, um dos principais varejistas do Brasil e presidente da rede de lojas Havan.

Assim como Aroldo, Luciano é natural de Brusque, onde fica a sede da Havan. Sempre que Aroldo passa férias em Balneário Camboriú, é certo que eles se encontrem e que Luciano convide Aroldo para jantar na casa dele, onde acontecem enriquecedoras e empreendedoras conversas.

A relação entre eles começou em 1989. Luciano Hang era dono de uma pequena fábrica de toalhas em Brusque, iniciada em 1985. Luciano comprava fios da tecelagem da Coamo.

Mas houve problemas com uma remessa de fios e o representante que o atendia, João Venturelli, sugeriu levar Luciano até a fábrica da Coamo, em Campo Mourão, dizendo:

— Luciano, quero apresentá-lo ao nosso presidente, o doutor José Aroldo Gallassini, um homem muito sério e, assim como você, natural de Brusque.

Eles então foram até a sede da Coamo. Ali Luciano foi muito bem atendido pela equipe técnica, que solucionou o problema e se comprometeu a fazer troca da remessa. O empresário ainda foi recebido por Gallassini, com quem Luciano teve empatia imediata. As ideias batiam.

E depois de 30 anos de contatos e amizade, Luciano constata poucas mudanças em Gallassini, que se mantém sempre muito tranquilo, apesar de comandar uma empresa gigante como a Coamo. Ele se mostra coerente e sereno, constante e humilde, sabendo distinguir seus caminhos e objetivos, tendo tranquilidade para definir metas.

Por vezes, a sucessão na Coamo foi tema nas conversas entre eles. Gallassini admira Luciano e não perderia a oportunidade de trocar ideias e ouvir a opinião do empresário:

— Aroldo, o seu sucessor precisa ser alguém com a mesma linha de simplicidade e humildade. A empresa não aceita alguém diferente. Por ser uma cooperativa com muitos sócios, são em torno de 28.000 donos, o tema se mostra mais difícil do que para uma empresa de um dono só. Mas com a sua serenidade você saberá tomar a decisão correta!

Em 2018, Luciano Hang foi até Campo Mourão. Ele idealizava montar uma loja na cidade. O empresário tem buscado abrir unidades da Havan em cidades consideradas polos. E Campo Mourão, graças a Coamo, virou uma cidade polo.

Ele se reuniu com Aroldo Gallassini e com a diretoria da Coamo, para adquirir uma área de instalação da cooperativa na cidade. Mas foi dissuadido por Gallassini, que lhe explicou sobre a dificuldade de a Coamo se desfazer daquela propriedade.

Os dois trocaram ideias e Gallassini fez algumas sugestões de localidades. Luciano Hang redirecionou o projeto a adquiriu outra área, também em região privilegiada, onde pretende construir a nova loja da rede.

BALNEÁRIO CAMBORIÚ, O CANTO DO SOSSEGO...

Quando está na praia em Balneário Camboriú, seja passando férias ou feriados prolongados, a barraca de praia de Aroldo fica repleta de familiares, parentes e amigos, fora os que passam apenas para cumprimentá-lo. As férias são sempre no mesmo período: de 20 de dezembro a 20 de janeiro.

Um dos amigos fiéis de barraca é Jaime Newton Mafezzolli. Mesmo fora do período de descanso, eles estão sempre se falando por telefone. Aroldo gosta de falar com pessoas de Brusque, para saber como anda a cidade.

Na praia, as conversas englobam um pouco de tudo: negócios, política, piadas... Outro que tem presença cativa é José Luiz Sassi, marido de Roselene, a Rose, irmã de Marli; o apartamento deles fica num prédio ao lado do de Aroldo.

Eles não perdem a oportunidade de dar boas risadas. Como aconteceu certa vez, quando Aroldo ainda bebia um drink ou outro. Eles tomavam cerveja e assim que terminavam, jogavam a lata por trás das cadeiras. Ali as latas vazias ficavam "guardadas" para um rapaz que sempre passava recolhendo, para depois vendê-las.

Acontece que bem naquele dia o rapaz não apareceu... Mas ali passou outro amigo divertido que, vendo algumas latas vazias, tirou uma foto com os três ao lado. Depois disso, "ameaçou":

— Aroldo, Zé Luiz e Jaime... Estou preocupado... Preciso marcar uma reunião com as famílias dos três, para mostrar o que anda acontecendo com vocês... — e mostrou a foto no celular, enquanto todos gargalhavam...

DÍVIDA SE PAGA SIM

O presidente Aroldo Gallassini sempre lembra que no passado, para justificar uma possível manobra do governo brasileiro, que pretendia, ao invés de pagar a dívida internacional em dólares, "preservar" as reservas e pagar juros e ganhar tempo, o ministro Delfim Neto, economista de forte participação nos governos nas décadas de 1970 e 1980, declarou:

— Dívida não se paga! Dívida se 'rola'...

Aroldo Gallassini discorda em gênero, número e grau da afirmação!

A Coamo, que não atrasa pagamentos, procura encontrar fórmulas para que seus cooperados que atravessam por dificuldades econômicas arquem com as dívidas. Muitas cooperativas tiveram suas atividades encerradas justamente porque não recebiam dos cooperados e não sabiam como lidar com o problema.

EVENTOS E FESTAS ORGANIZADAS

A ligação de Aroldo Gallassini com Auri Salvador chefe do departamento de serviços e eventos da Coamo até junho de 2018, quando o mesmo se desligou da cooperativa, sempre foi grande. Basicamente, todos os acontecimentos coordenados pelo departamento, especialmente os acontecimentos sociais como, por exemplo, as homenagens de cidadão honorário prestadas ao Presidente, a participação do Auri na decoração e recepção dos convidados, coquetéis etc. foram intensas.

Nessas ocasiões, Auri viajava de três a quatro dias antes com sua equipe e transformava o ambiente da comemoração num salão de festas, preparando a recepção aos convidados.

Na chefia do departamento, Auri organizou vários eventos com temas diversos. Nos aniversários de Aroldo Gallassini, em três de maio, sempre se festeja: compra-se um bolo, o grupo de trabalho canta parabéns e Aroldo pronuncia algumas palavras de agradecimento à equipe.

Na abertura da Copa Coamo, em 2015, foi homenageada a trajetória de José Aroldo Gallassini, tendo sido criada a "Pira Olímpica" em quatro momentos, que incluíam o Jipe com três "S", representando aquilo que se via nas terras de Campo Mourão quando o presidente da Coamo chegou na cidade: saúva, sapé e samambaia.

Auri sente muito prazer ao falar sobre a organização, há mais de 30 anos, do evento "Baile do Havaí", onde coordenava uma grande equipe de colaboradores. O baile, que conta com a presença de mais de 2.000 pessoas e acontece na sede da Arcam, é um grande sucesso na região. O baile acaba na manhã do dia seguinte, quando é servida uma canja para alimentar os foliões. Aroldo Gallassini participa de todas as edições. Um grupo de clientes importadores alemães estrategicamente programa anualmente visita a Coamo no período em que acontece o "Baile do Havaí", para fazer negócios e poder aproveitar e se divertir no referido evento.

Um momento de demonstração de carinho de Gallassini por Auri Salvador aconteceu quando o presidente da Coamo esteve presente no casamento da filha do colaborador, em 2011. Outros aconteciam nos eventos, quando Gallassini sempre reconhecia a qualidade profissional de Auri, dizendo em público:

— Este é o Auri, a pessoa responsável por tudo que vocês estão vendo!

Depois de longa trajetória, quando soube que Auri havia pedido para se desligar da cooperativa, Gallassini o chamou em sua sala, para saber os motivos. Quando Auri explicou que era uma decisão pessoal, para poder desfrutar um pouco mais da vida depois de um período de décadas de trabalho, Aroldo sugeriu:

— Vamos respeitar a sua decisão. Mas ao menos continue conosco de outra forma, prestando serviços nos eventos — sugestão aceita por Auri Salvador, que ficou bastante agradecido a Gallassini.

Doutor Aroldo, nunca mais vai aparecer outro Pelé. Da mesma forma, jamais surgirá um novo José Aroldo Gallassini!

O cooperado Abbas Ali Ayoub é mesmo assim: emocional, divertido, apaixonado pelo que faz, além de fã incondicional de Aroldo Gallassini.

Natural do Líbano, Abbas veio para o Brasil com apenas 17 anos.

Anos depois, Abbas se casou. Ele tinha loja de móveis e o sogro, que era agricultor, o ensinou a mexer com terra. Abbas gostou e, em 1975, comprou um sítio, plantou trigo e soja, e se tornou cooperado da Coamo em 1980. Abbas só tinha um funcionário, que lhe ajudava a carregar as sacas de soja. No mais, ele sozinho plantava, colhia, cuidava da terra...

Em 2001, a esposa de Abbas ficou bastante doente. Como ele não tinha plano de saúde, precisou desembolsar um bom dinheiro para cuidar da esposa. Como ele mesmo diz: "Gastei 4.000 sacas de soja e ainda me faltavam R$ 20 mil".

O gerente da Credicoamo que cuidava da conta de Abbas o levou até a matriz, para conversar com a diretoria e expor a situação. Ali ele conheceu Aroldo Gallassini, com quem teve empatia imediata.

Ao final da conversa, Abbas explicou a situação que vivia:

— Me faltam R$ 20 mil. Se eu não conseguir um empréstimo, venderei um apartamento que tenho.

Aroldo pediu ao cooperado que voltasse no dia seguinte. Quando ele chegou, havia um cheque de R$ 20 mil pronto para lhe ser entregue. Em posse do cheque, Abbas começou a chorar e, de tão emocionado, foi encaminhado ao departamento médico da cooperativa. Abbas chorou não só por ter resolvido o problema, mas pela atitude parceira da diretoria da Coamo. E ele cumpriu à risca a programação de pagamentos do empréstimo.

Abbas, que participou do Conselho Fiscal da Coamo, também teve problemas de saúde e colocou duas pontes de safena. Ele ficou internado em Maringá e Aroldo Gallassini fez questão de visitá-lo. E quando foi a vez de Aroldo passar por cirurgia, Abbas retribuiu o carinho.

Assim como Aroldo, Abbas tem essência cooperativista e, além da Coamo, é associado da Credicoamo e da Unimed.

Outro momento especial aconteceu quando Abbas foi convidado a receber o cheque da sobra, entregue pelo próprio Aroldo Gallassini; tudo foi registrado em matéria e foto no Jornal da Coamo.

A emoção foi tão grande que uma das filhas de Abbas fez um quadro com a página do jornal, que se mantém afixado numa das paredes de destaque da casa em que mora o cooperado.

A MÃO QUE BATE, AFAGA

Nas reuniões de Conselho Fiscal, Aroldo Gallassini gosta de ouvir as opiniões de todos os presentes. Mas detém o poder da decisão.

Em seus discursos nas homenagens que recebe, Aroldo Gallassini certamente agradece a Deus, à família, ao grupo da diretoria, aos associados, aos funcionários. Ele divide o título com todos que participam de sua vida pessoal e profissional.

Mas o presidente da Coamo não dá segunda chance quando alguém fere a ética e a confiança. Para Gallassini, erro ético é imperdoável! Ele é um homem linha dura, e isso representa o sucesso da cooperativa.

A Coamo precisa de credibilidade do quadro social. Como Gallassini costuma dizer:

– Quem rouba um tostão, rouba um milhão!

A Coamo iniciou suas atividades no Mato Grosso do Sul em 2004, implantando unidades modernas e atualizadas, cuja movimentação tem expressiva representação na cooperativa.

Os cooperados do Mato Grosso do Sul, onde há 14 entrepostos, operam bem com a Coamo. Para se ter ideia, no Paraná um novo entreposto se justifica quando opera ao menos entre 300 e 400 mil sacas de soja. No Mato Grosso do Sul, esse número se eleva para 2 a 3 milhões de sacas de recebimento de soja.

Desde a fundação, a Coamo foi para o sul do Paraná e Santa Catarina, em busca de sementes que germinavam melhor. Nesse caminho, foram incorporadas cooperativas no sul do Paraná.

Muitos agricultores paranaenses venderam suas terras e migraram para o Mato Grosso e Mato Grosso do Sul, onde no passado se comprava terra mais barata. Alguns foram até para o Maranhão.

Esses mesmos ex-cooperados iam passar férias no Paraná e visitavam a Coamo, e aproveitavam a oportunidade para pedir a Gallassini que a cooperativa começasse a operar nos estados do Centro-Oeste.

Pois Gallassini aceitou o desafio. Optou por não incorporar cooperativas, mas adquiriu unidades de empresas e de cooperativas, investiu em construções, entre outras ações.

Ainda está no raio de ação investir em novos municípios para grandes volumes de recebimento de produção. Para isso, a Coamo está sempre melhorando e modernizando cada vez mais a estrutura, como o nível de secagem de produto.

Para Gallassini, cooperativismo precisa definir a área de ação. A Coamo, que opera no Paraná, Santa Catarina e Mato Grosso do Sul, tem alguns acordos firmados para não atuar em determinadas regiões.

Em dezembro de 2016, foi instaurada a pedra fundamental para a construção de uma indústria de esmagamento de soja com capacidade para 3.000 toneladas/dia, e outra de refino e envase de óleo para 660 toneladas/dia.

Gallassini também prevê a construção de uma fábrica de ração, cujo objetivo é dar um maior destino para o milho produzido pelos cooperados, devendo ser desenvolvido um estudo de viabilidade econômica para a sua melhor localização.

O presidente da Coamo entende que o trabalho desenvolvido pelas indústrias da cooperativa no mercado varejista, para colocação dos produtos, é extremamente competitivo; e precisa mesmo ser assim para enfrentar outras indústrias concorrentes no mercado. A competitividade da Coamo respeita a filosofia do cooperativismo, a de que a indústria tem que agregar valor para atender aos cooperados.

Em cada saca de soja que o cooperado entrega, a Coamo industrializa, transforma em produtos, comercializa e o resultado retorna aos cooperados como remuneração. A Coamo tem uma enorme vantagem em relação aos concorrentes das indústrias: praticamente 100% das matérias primas estão dentro da cooperativa.

60 ANOS DE EXTENSÃO AGRÍCOLA

Como já é sabido, a Acarpa desempenhou decisivo papel na agricultura e cooperativismo do estado do Paraná. E José Aroldo Gallassini tem seu nome registrado na galeria do extensionistas que por ali passaram entre o fim dos anos 1960 e início dos anos 1970, até que ele se tornou gerente e depois presidente da Coamo.

A Acarpa foi então sucedida pela Emater, e em 26 de maio de 2016 foi comemorada a trajetória de 60 anos da entidade. Foi realizado um evento que homenageou nomes que escreveram suas significativas passagens pela história da entidade. Entre eles, algumas lideranças do setor, como o próprio José Aroldo Gallassini, considerado ícone tanto do ponto de vista técnico quanto empresarial.

Engenheiro da Emater desde 1979, integrante do comitê organizador e amigo de longa data, o engenheiro agrônomo Rubens Niederheitmann fez pessoalmente o convite a Gallassini, que aceitou de pronto.

Rubens aproveitou na conversa para destacar o desenvolvimento da Coamo e que ele acompanhou mesmo à distância:

— Gallassini, quero parabenizá-lo pelo excepcional trabalho à frente da Coamo. Vocês praticam o cooperativismo na essência. Sua visão estratégica fez com que ao longo desses anos se formasse uma equipe de pessoas altamente qualificadas que articulam os negócios da Coamo mundialmente. Os técnicos são de grande gabarito e a diretoria muito bem-preparada. Seu modelo de gestão é o grande responsável pelo sucesso da Coamo: diagnosticar, definir as ações, estabelecer o planejamento e executar tudo isso com disciplina!

E Rubens Niederheitmann ainda finalizou:

— Você mantém o cooperativismo em ascendência e jamais esqueceu a sua verdadeira origem. Parabéns!

Um dos principais clientes dos produtos da indústria da Coamo é a rede Paraná Supermercados. A amizade com a família que detém a empresa vem de longa data e algumas lojas foram montadas em terrenos adquiridos junto a Coamo.

Logo que chegou a Campo Mourão, um dos primeiros tratores que Aroldo ajudou a financiar, sendo precursor de tecnologia na região, foi para o agricultor Augusto Angelo Tonello, residente na localidade de Campina do Amoral, município de Campo Mourão, que veio a ser o 40º cooperado fundador da Coamo. O trator foi restaurado, como forma de valorizar as origens da família e está exposto em um dos estabelecimentos da empresa, em Campo Mourão.

Os negócios dos Tonello e Machado da Luz sempre envolveram comércio e agricultura. Membro da terceira geração da união das famílias, Alvaro Machado da Luz atua na administração da rede de lojas e é também produtor rural. Em 1993, Alvaro se formou engenheiro agrônomo. Assim como o pai e o avô, ele é cooperado Coamo. Alvaro adquiriu suas terras da Coamo, que havia recebido como pagamento de um agricultor em dificuldade financeira; ele planta soja e milho, e faz todos os financiamentos com a Coamo e a Credicoamo.

Sempre que possível, Alvaro Machado da Luz gosta de conversar com José Aroldo Gallassini, a quem considera um homem forte, grande administrador e pautado em valores, além de ser um importante conselheiro. Algumas das lojas Paraná Supermercados foram abertas estrategicamente por sugestão de Aroldo, como a de Goioerê.

Alvaro busca se espelhar na trajetória de Aroldo Gallassini e admira sua franqueza; o presidente da Coamo busca ser direto, com ele não tem meio termo!

A parceria entre eles é significativa. Todos os produtos que a Coamo precisa desenvolver ou fazer testes, como na panificadora, a rede Paraná Supermercados abre suas portas.

São histórias entrelaçadas, seja na relação como cliente, cooperado ou amigo.

UM GRANDE FÃ

O gerente dos entrepostos de Toledo, Celso Luiz Paggi, foi visitar Mauro Zanin, cooperado da Coamo de Mamborê desde 1980.

Eles estavam na sala da casa de Zanin quando Celso percebeu que ali havia uma foto do presidente Aroldo Gallassini. Celso perguntou a Zanin o motivo de ele manter a foto de Gallassini ali, onde geralmente são colocados registros de pessoas da família.

Pois Mauro Zanin explicou, bastante sensibilizado:

— Celso, este é o homem em quem eu me espelho e peço aos meus filhos que façam o mesmo! O doutor Aroldo Gallassini é um conjunto de trabalho, competência, honestidade e pessoa do bem — disse Zanin, com os olhos cheios de lágrimas.

Zanin também contou as frases de Gallassini que ele aplica no seu dia a dia:

— Ele costuma dizer: "A cooperativa tem que ser forte, saber vender"; "O cavalo passa e quem não monta perde uma oportunidade"; "Melhor vender a produção aos poucos e fazer um preço médio do que esperar pela melhor oferta do mercado, pois, às vezes, ela pode não chegar",

E ainda concluiu:

— O nome do doutor Aroldo vai ficar para a história. Eu assisti com meu neto a um filme chamado "A Festa no Céu". Na história, tem a terra dos lembrados e a terra dos esquecidos. Doutor Aroldo vai ficar na terra dos lembrados!

Zanin planta soja, milho, trigo e aveia, além de eucalipto nas áreas mais fracas de suas terras.

HONESTIDADE: A BASE DE TUDO

A área de auditoria interna, crida em 1980, está sempre atenta para cumprir à risca o que prega o presidente da Coamo: honestidade, respeito aos valores e à família. Gallassini não admite nada de errado.

José Carlos Bertipalha, assessor de auditoria interna e desde abril de 1980 na Coamo, é o técnico responsável pela equipe de auditores internos. O primeiro contato que ele teve com o presidente foi logo depois que entrou na cooperativa, onde Gallassini deu as boas-vindas na reunião de novos funcionários e já abordou o tema da honestidade.

Com o tempo, Bertipalha constatou que os valores do presidente estão difundidos entre o quadro de funcionários.

A área de auditoria interna atende uma vez por ano as unidades da Coamo. É feita auditoria de qualidade nas plantas industriais da Coamo e nas plantas de fornecedores, além de acompanhamento e auditoria de clientes e certificação. Há também levantamentos especiais para a compra de unidades ou de incorporação de alguma cooperativa, assim como nos casos de possíveis fraudes.

O AROLDO DAS FÉRIAS

Sempre que está em Balneário Camboriú, é certo que Aroldo, as filhas e Marli Pereira Gallassini estejam cercados pelas irmãs dela: Miriam, Marilene e Roselene, a Rose, casada com José Luiz Sassi, grande amigo de Aroldo.

Eles ficam no mesmo prédio ou próximos; cada qual em seu apartamento. Aroldo gosta de acordar cedo e ir à padaria, em especial, porque ali encontra produtos da Coamo: margarina (Coamo), farinha de trigo (Coamo e Anniele) e café (Coamo); certa vez, ele ajeitou o expositor de café, colocando as embalagens da marca Coamo em destaque.

Depois das compras, ele volta, prepara e toma o café da manhã e sai para caminhar em torno de uma hora; ele adora fazer o percurso, onde encontra uma porção de gente conhecida. Aliás, onde quer que vá viajar, seja para dentro ou fora do Brasil, ou nas Reuniões de Campo, Aroldo sempre leva seus equipamentos para caminhada.

É comum que Aroldo marque jantares com alguns amigos, como Luciano Hang, presidente da rede de lojas Havan. Ele costumava também jantar com Carlos Renaux, dono do grupo Renaux; infelizmente, o empresário veio a falecer.

Marli, as filhas, Aroldo e as cunhadas passam as festas de final de ano juntos. São datas especiais para Aroldo, que se emociona ao ver a família reunida.

Como Aroldo gosta de ler, é certo que ele ganhe de Marli, ou das filhas Lenara e Larissa, um livro para as férias. Pois numa delas Aroldo recebeu de presente uma obra do ex-presidente Fernando Henrique Cardoso, intitulado "Diários da Presidência 1995-1996".

Qual não foi sua surpresa ao ler em uma das páginas a citação de FHC à trajetória dele, ressaltando a honestidade do presidente da Coamo.

É certo que, quando estão em Campo Mourão, Marli, as filhas Lenara e Larissa, e Aroldo Gallassini estejam na missa de sábado à noite. Eles sempre são recebidos na porta por Jurandir Coronado Aguilar, pároco da Catedral São José. Em algumas oportunidades em que Aroldo Gallassini recebeu homenagens e mais de 50 títulos de Cidadão Honorário dos municípios, o pároco Jurandir foi convidado e acompanhou a comitiva de amigos.

Bastante metódico, Gallassini se posiciona costumeiramente no mesmo banco. E assim que acaba a missa, ele segue para casa, para assistir ao Jornal Nacional na TV.

Certa vez, o pároco Jurandir convidou Aroldo e mais algumas pessoas que representavam setores da sociedade para participarem como apóstolos da missa de quinta-feira, onde haveria o Lava-pés. Aroldo não só aceitou como vivenciou o momento de tirar os sapatos e as meias, lavar os pés e cumprir todo o ritual.

Como já dito, Aroldo está sempre atento com tudo que acontece na cidade e busca ajudar como pode. Como quando uma empresa concorrente de autopeças passou por um drama, pois, a sede pegou fogo. A primeira companhia que se dispôs a auxiliar na recuperação da empresa danificada foi justamente a Coamo.

O pároco Jurandir Coronado Aguilar acompanhou todo o processo e a gratidão do empresário vitimado pela atitude de Gallassini como presidente da Coamo.

NADA DE POLÍTICA

O arquiteto Jaime Lerner, que governou o Paraná por dois mandatos, entre 1995 e 2003, quis montar um secretariado de notáveis em seu primeiro mandato.

Assim, o nome escolhido para Secretário da Agricultura foi o de José Aroldo Gallassini. O próprio Jaime Lerner fez o convite. Mas como acontecera em outras oportunidades, o presidente da Coamo optou por agradecer e se manter à frente da cooperativa.

Muitas foram as tentativas de levar e convencer José Aroldo Gallassini a assumir um cargo público e entrar para a política. A primeira sondagem surgiu no governo militar, do presidente Ernesto Geisel. Depois vieram tentativas de fazê-lo se filiar a um partido e concorrer a governador ou mesmo vice-governador do estado do Paraná, e a prefeito de Campo Mourão

Há décadas a gestão de Aroldo Gallassini permite que a Coamo viva situação financeira invejável, mesmo nos momentos acentuados de crise. Aroldo está constantemente atualizado e muito bem-informado sobre tudo que acontece com a cooperativa e o setor agrícola.

Um dos maiores acertos foi o de passar a atuar em regiões onde não havia cooperativas fortes, além de incorporar ou adquirir unidades armazenadoras e estruturas administrativas de algumas delas que passaram por dificuldades, como as de Toledo, Ivaiporã, Pitanga, Guarapuava, entre outras.

Muitos perguntam a Aroldo: "Qual o 'pulo do gato' da Coamo?". A gestão de Gallassini não é de extremos, mas de constância. Desde que a Coamo foi criada, em 1970, a cooperativa foi gerida com seriedade e apresentou resultados expressivos.

Mas aos que querem uma resposta, Gallassini responde:

— O segredo da Coamo, para nunca ter vivido período de crise, é ter gente competente no quadro de colaboradores!

PARTICIPAÇÃO ATIVA DOS SUPERINTENDENTES

Nas reuniões semanais de José Aroldo Gallassini com os superintendentes, o presidente da Coamo puxa os assuntos. Ao todo, são cinco superintendências: Industrial, Administrativo Financeira, Comercialização, Logística e Operações, e Técnica. E das conversas, onde cada superintendente tem liberdade de expor o que pensa ser o melhor para a cooperativa, saem as diretrizes.

Dessas reuniões os superintendentes recebem ainda os desafios para as áreas que comandam, e Gallassini sempre os motiva a cumprirem suas missões com sucesso. Ele é um grande incentivador de bons projetos!

Nas reuniões com os cooperados, Aroldo faz questão que os superintendentes, cujas áreas estejam sendo debatidas no evento, estejam presentes, para explicar o que tem sido feito pelos setores e os benefícios dessas ações.

Todo aquele que lidera equipe na Coamo tem que, obrigatoriamente, ser graduado num curso superior. Existe a linha da formação do desenvolvimento interno e o próprio presidente Gallassini incentiva os colabores: "É preciso estudar!"

Existe na Coamo a cultura do "Fazer o que é certo", implantada por José Aroldo Gallassini desde a fundação da cooperativa. Essa é uma cultura que desafia o tempo e se mantém viva na Coamo. E quem não se enquadra nessa cultura, não permanece na Coamo.

Alguns MBAs são desenvolvidos internamente, com grupos de 45 colaboradores cada e que ganham bolsa integral. As aulas são ministradas pelo Instituto

Superior de Administração e Economia (ISAE), de Curitiba, que representa a Fundação Getúlio Vargas, bem como com a Pontifícia Universidade Católica-PR, a PUC do Paraná. Existem também parcerias com outras instituições de ensino, como as de Londrina e Cascavel, com cursos ministrados internamente.

REMEMORAR...

Doutor Aroldo, eu me lembro do convite que o senhor me fez para trabalhar na Coamo na década de 1970, quando eu tinha lá pelos meus 15 ou 16 anos e mal sabia o que era uma cooperativa. E também que o senhor já enxergava o modelo de cooperativismo que vivemos hoje, dizendo: *'No futuro, todos virão na cooperativa comprar o que precisarem'. E naquela época nem se imaginava isso...*

A conversa saudosista aconteceu entre Aroldo Gallassini e Tauillo Tezelli, que pela terceira vez havia sido eleito prefeito de Campo Mourão. Tauillo é empresário e tem atividade comercial concorrente da Coamo. E em tantos anos de convívio, jamais se confundiu entre eles a amizade com os negócios.

E Tauillo se recorda que depois de a Coamo ter sido criada, a credibilidade de Aroldo Gallassini fez com que vários setores da cidade começassem a apoiar a iniciativa da cooperativa. A Como foi absorvendo um número cada vez maior de agricultores, dando condições para que os cooperados tivessem também à disposição cada vez mais produtos e serviços: assistência técnica, insumos, peças, máquinas, financiamentos, seguros...

PRATICAR COOPERATIVISMO

Todo mundo já os conhece, mas é necessário sempre frisar quais são os sete princípios fundamentais do cooperativismo e a essência da cooperativa. A Coamo está voltada para fortalecer os princípios e a fidelidade.

Sempre preocupado em ressaltar a ideologia cooperativista, José Aroldo Gallassini abriu assim seu discurso quando a Coamo foi a anfitriã do evento anual do Núcleo Norte e Nordeste organizado pela Ocepar, que reúne núcleos no estado do Paraná.

Depois, como é de praxe nos eventos, o presidente contou a história da Coamo, além dos momentos marcantes e desafios.

O cooperativismo é como um casamento: o básico é a fidelidade. O cooperado tem que entregar sua produção na cooperativa e comprar da cooperativa. É a essência da relação. Mas no Brasil muitas vezes é difícil fazer com que as pessoas entendam o sistema, justamente pela falta de tradição. No DNA dos europeus já existe o cooperativismo.

SEM DISCUSSÃO

Não existe meio certo! Ou é certo, ou é errado!

Esta é uma das frases que José Aroldo Gallassini mais repete. O gerente de produtos agrícolas, Edenilson Carlos de Oliveira, procura compartilhá-la com seus liderados.

A área dele engloba todo o recebimento de grãos e café dos cooperados: classificação, recepção, beneficiamento, armazenagem, ampliações de unidades e também a expedição para atender clientes externos e internos da Como.

O gerente Edenilson aprendeu com Aroldo Gallassini a nunca fugir do assunto, principalmente na hora de solucionar problemas. Aroldo não se omite, ele enfrenta e busca caminhos para vencer as dificuldades, conversando e explicando a todos a realidade da situação. Gallassini é hábil, mas fala o que precisa ser dito de forma transparente. Tal postura cativa o quadro social.

Outro ponto que Gallassini ressalta com frequência:

— Sempre tem que haver equilíbrio. Precisa ser bom para a cooperativa e para o cooperado. Você tem que olhar e defender o seu quadro social, mas precisa preservar a cooperativa. E o quadro social eu considero o tripé formado pelo cooperado, a diretoria e o funcionário.

RECEBER AMIGOS

Em 2017, Aroldo Gallassini recebeu as vistas de Silvio Galdino de Carvalho Lima, ex-coordenador do antigo Instituto Nacional de Desenvolvimento Agrário (Inda, atual INCRA) e que presidiu a assembleia de constituição da Coamo, e Wilson Thiensen, ex-presidente da Ocepar e de quem Gallassini foi vice na entidade.

Eles tiveram longa e agradável conversa, que continuou no jantar a convite de Gallassini. Claro, o cooperativismo e sua missão de distribuição de riqueza foi o tema principal das conversas.

Os visitantes elogiaram a Coamo, como agente de desenvolvimento, e também Gallassini, que no fim da década de 1960 percebeu o potencial que havia na região de Campo Mourão.

Thiensen ainda pontuou algumas passagens:

— Gallassini, você foi muito destemido e arrojado, assumindo áreas de responsabilidades alheias e regiões onde as cooperativas estavam em dificuldades. A chegada do Coamo ao Mato Grosso do Sul foi decisiva! Sua gestão sempre procurou diversificar em novas atividades, tendo maior volume e crescimento.

Durante sua trajetória como presidente da Coamo, houve quem criticasse Gallassini por algumas iniciativas, como investir no Porto de Paranaguá e na construção de armazéns, ou pela falta delas, no caso, não atuar na pecuária.

Mas Gallassini, como estrategista, nunca entrou numa atividade que fosse criar problemas para a cooperativa; ele tinha visão daquilo que não seria bom para os cooperados. E quando atuou em alguma área que não trouxe resultados satisfatórios, como trabalhar com suínos, feijão e usina de álcool, ele soube recuar e sair do setor. Gallassini foi expansionista com visão.

Thiensen também relembrou de um alerta de Gallassini quando ele foi presidente da Ocepar. Na gestão de Thiensen foi criada a Travelcoop, companhia de turismo para venda de passagens para cooperativas.

Numa das reuniões de diretoria Gallassini externou sua opinião contrária à iniciativa:

— Eu entendo que não é função da Ocepar concorrer com as agências de viagens. O foco da entidade é a representação política.

Pois Thiensen concordou com o presidente da Coamo e encerrou as atividades da Travelcoop, assim como com outras operações que, conforme havia dito Gallassini, fugiam do foco da Ocepar.

Gallassini e Thiensen também chegaram a viajar juntos para a Europa, onde conheceram de perto o sistema europeu de cooperativismo. Em especial, o italiano e o alemão com suas cooperativas de crédito e considerado o "berço do cooperativismo".

E, quem diria, hoje é o mundo que vem ao Brasil conhecer o modelo de cooperativismo do país. Principalmente, o do Paraná e o *case* de sucesso da Coamo!

"Os princípios cooperativistas são mais do que regras: são uma filosofia de vida que promove o bem coletivo."

A REPRESENTATIVIDADE DA COAMO

Efetivamente, investir fortemente na área técnica foi um grande diferencial que Aroldo Gallassini buscou desde o início da Coamo. Tanto que a Fazenda Experimental foi instaurada pouco depois da fundação da cooperativa.

Aroldo criou o departamento técnico e contratou agrônomos que desenvolveram pesquisas e métodos para melhoria da terra e aumento da produção. Certamente, isso ajudou a transformar as terras de Campo Mourão e região numa das mais produtivas e valorizadas do Brasil.

Outro acerto foi oferecer insumos aos cooperados. O fornecimento de insumos representa em torno de 30% do faturamento anual da Coamo.

Quem acompanhou a incrível evolução da Coamo se impressiona. Como o gerente de um banco que atendia a cooperativa há alguns bons anos. Ele visitou a diretoria e, na conversa com Gallassini, disse:

— Doutor Aroldo, sob a sua administração a Coamo ampliou todas as áreas: grãos, indústria, estrutura, faturamento... Parabéns pelo modelo de gestão!

Aroldo agradeceu e, humildemente, respondeu:

— Acredito que o nosso maior mérito é o de aprender bastante com os erros que cometemos. Erros redirecionam caminhos e podem se transformar em oportunidades! — palavras com as quais o gerente bancário concordou plenamente.

O BOM VIZINHO

Um dos vizinhos de Aroldo Gallassini no prédio em que mora é Osni de Freitas Menezes. Assim como Aroldo, Osni é rotariano, mas iniciou em 1996 e foi cooperado da Coamo por 20 anos, até arrendar as terras.

Como vizinho de prédio, Aroldo é participativo. Está sempre presente nas reuniões de condomínio e colabora com o que é preciso. Osni às vezes encontra com Aroldo aos sábados e domingos cedo, quando Gallassini está indo trabalhar em suas fazendas, atividade que ele nunca mistura com a de presidente da Coamo. Mesmo aos finais de semana, Aroldo acorda às 6h e perto das 7h já está de saída para suas terras, onde planta soja, trigo e milho, além da criação de gado.

No Rotary, enquanto participava das reuniões, Aroldo era de meter a mão na massa e ajudava em tudo que era preciso; desde a busca de patrocínios e parceiros para os eventos até montar cestas de Natal, para serem distribuídas às pessoas carentes. O rotariano está liberado das reuniões semanais e pode pedir dispensa da frequência com 65 anos de idade ou 15 anos de clube. Aroldo participou das reuniões e das atividades até os 74 anos, ou seja, até 2015.

E como presidente da Coamo, Aroldo Gallassini nunca misturou a relação de cooperado de Osni Menezes com as de vizinho, amigo e rotariano. Tanto que Osni, enquanto ainda era agricultor, precisou levantar crédito junto a Coamo. A ficha dele foi analisada e o crédito liberado mediante apresentação de um bem de garantia. Ou seja, Osni enfrentou o mesmo processo de avaliação que qualquer outro cooperado.

Há outro bom exemplo de que Aroldo Gallassini não mescla amizade com a posição de presidente da Coamo. Ele tinha um amigo próximo, que era corretor de seguros. Os dois estavam sempre juntos, inclusive com as esposas.

Com o tempo, o amigo criou uma empresa seguradora. Houve uma concorrência na Coamo. O homem participou com sua seguradora. E, como de praxe, Aroldo não interferiu na escolha do fornecedor.

Uma das concorrentes do amigo apresentou a proposta que se encaixou melhor nas expectativas e necessidades da Coamo, e foi contratada pela cooperativa.

Uma pena que nem todos sabem dividir e separar as situações. O homem levou a perda da concorrência para o lado pessoal e a amizade entre eles esfriou.

Gallassini jamais se deixa levar pelo coração e sim pela razão. Ele obrigatoriamente pensa em primeiro lugar nos cooperados!

DE OLHO NAS FINANÇAS

Joel, nas finanças o custo é como uma toalha molhada. Você pega a toalha molhada e torce, torce, torce até não sair mais água. Chega uma hora que parece que ela está seca. Você pisa numa ponta e torce com duas mãos a outra. Torce, torce, torce e no final vai sair uma última gota, fruto do esforço e do empenho. Pois é essa última gota que eu quero; ela é o resultado de baixar o custo.

É assim que José Aroldo Gallassini coloca a preocupação que ele tem com o dinheiro da Coamo para o gerente financeiro Joel Makohin, que está na cooperativa desde 2002.

Logo que começou a trabalhar, Joel foi um dos que ouviu e adotou a frase de Aroldo: “Não existe meio certo! Ou é certo, ou é errado!”

Sempre que alguém de fora da Coamo é contratado vem a pergunta: “Será que vai se adaptar e gostar da empresa?” Joel Makohin adaptou-se perfeitamente.

Para exemplificar o pensamento no dia a dia da cooperativa, quando se define um número de orçamento para o ano e a meta não é cumprida, Aroldo Gallassini fica preocupado e incomodado, porque aquilo que ele apresentou nas reuniões aos cooperados não aconteceu na prática. É a palavra dele que está em questão! Na primeira oportunidade que tem, Gallassini traz o assunto à tona e explica o que aconteceu aos associados.

Na Coamo, ninguém pede nada irregular e que fuja do padrão, pois, sabe que a resposta será negativa! Por isso Aroldo não admite que sua honestidade seja questionada por quem quer que seja! Como aconteceu certa vez, quando um cooperado tentava difamar Aroldo, espalhando suspeitas inverídicas sobre a idoneidade dele.

Bastante incomodado e irritado com o fato, Aroldo chamou o associado para conversar com ele na Coamo, e foi direto na mensagem:

— Você está falando por aí uma porção de mentiras sobre mim. Eu não admito isso! Certamente, você faz isso porque se estivesse no meu lugar estaria roubando e não se conforma que eu não haja da mesma forma! Exijo que pare com isso e que desminta os absurdos que andou falando a meu respeito por aí!

O agricultor se desculpou e continuou como cooperado Coamo. O “recado” de Aroldo foi bem entendido e ele nunca mais voltou a repetir o que fizera antes.

Na Coamo, tudo flui com agilidade. Quando alguém precisa falar com Aroldo Gallassini, é só acionar o secretário Moacir Lisot que ele já pede para entrar ou, caso o presidente esteja ocupado, retornar o contato assim que ele estiver a sós. E certamente o colaborador sairá da sala de Aroldo Gallassini com a solução para o que foi apresentado.

Há grande proximidade de Aroldo Gallassini e da diretoria com os colaboradores. É natural encontrar Aroldo ou um dos superintendentes no térreo da sede da Coamo, conversando ou tomando café com os cooperados ou funcionários. Gallassini faz palestras em todas as áreas da cooperativa.

A Coamo goza de excelente estabilidade econômico-financeira, o que permite que a cooperativa não sofra com os altos e baixos da inconstância da economia do país. Aroldo sempre reforçou a tese de que a Coamo tem uma política de cooperativismo preocupada com o produtor e com a cooperativa, onde não há espaço para especulação.

Outro ponto que Aroldo reforça com a equipe é o de que existe a necessidade de ser competitivo, para que a Coamo defina preços que consigam atender ao pequeno, ao médio e ao grande agricultor:

— Só seremos competitivos em preço se tivermos eficiência. E somos sempre desafiados a alcançar um resultado ainda melhor!

A convite da Coamo, José Luiz Tejon Megido, jornalista, escritor e referência no agronegócio brasileiro, fez palestra para os colaboradores da Coamo. Tejon é um dos membros do prêmio *Isto É Dinheiro Rural*, que homenageia as personalidades do setor agrícola. Aroldo Gallassini é presença constante no evento.

Na palestra, Tejon procurou expressar a admiração que cultiva por Gallassini e que vem de longa data, desde a década de 1970:

— O Gallassini é um exemplo de líder empreendedor e cooperativista. Desde que o conheci, nos anos 1970, já constatei ser um homem íntegro, honesto, aberto ao novo, criativo, disposto a investir na educação dos colaboradores da Coamo. Ele constituiu uma cooperativa empreendedora que gera e cria cooperados empreendedores.

O estilo de liderança de Gallassini também é destacado por Tejon:

— Onde há uma boa cooperativa, a vida tem mais valor. Tudo floresce melhor: o município, a sociedade, as escolas, a qualidade de vida. Mas só com líderes dignos, corajosos e que compreendam o poder fundamental de criar equipes de valor é que se constrói cooperativas de qualidade. Por isso, a minha admiração e os elogios ao doutor Aroldo Gallassini.

A BASE DA CONFIANÇA

— *Por que a Coamo cresce tanto?*

E veio a resposta:

— *A Coamo só cresce porque o doutor Aroldo trabalha muito e todos da diretoria e da equipe são confiáveis!*

A conversa aconteceu durante a entrega de mais um título de cidadão honorário. A pergunta, feita por um vereador que estava na mesa durante a entrega do título, foi respondida por um dos cooperados que acompanhava a comitiva de José Aroldo Gallassini.

Em Campo Mourão as pessoas têm uma forma "descontraída" de valorizar a solidez da cooperativa presidida por Gallassini, dizendo:

— Se um dia a Coamo passar por um aperto, certamente o resto do país já faliu faz tempo...

É comum os cooperados dizerem aos filhos:

— Prestem atenção no Doutor Aroldo, no que ele fala e faz, porque só tem bons exemplos para que possamos nos espelhar.

SEM OSTENTAÇÃO

Precisamos presentear o doutor Aroldo com um meio de transporte melhor. Devíamos comprar um helicóptero para a diretoria viajar.

A sugestão dada a um dos superintendentes da Coamo partiu do cooperado Wilson Pereira de Godoy, quando ele integrava o grupo de amigos, conselheiros, cooperados e rotarianos que acompanhava Aroldo Gallassini em mais uma homenagem de Cidadão Honorário. Nessas oportunidades, a turma vai de ônibus ou van, de acordo com o número de pessoas. E Gallassini acompanha o pessoal.

Aroldo Gallassini foi comunicado sobre a sugestão de Wilson Pereira de Godoy, agropecuarista que planta soja, aveia e azevém (um tipo de aveia mais rústica e que serve para alimentar gado). Apesar da preocupação do amigo e cooperado, em levar conforto ao presidente e aos membros da diretoria, a resposta foi dentro do "Padrão Gallassini de ser":

— Não podemos aceitar. Os agricultores chegam às reuniões de fusca, caminhonete, carroça, moto, bicicleta... Seria muita ostentação a diretoria aparecer de helicóptero. Temos que ser iguais aos agricultores.

Gallassini não admite privilégios, muito menos para ele próprio. Certa vez, Wilson iria com Ricardo Accioly Calderari a um evento em Maringá, para representar as cooperativas do Paraná. Como Aroldo voltaria da Alemanha de madrugada, e eles viajariam cedo, era certo que Aroldo não os acompanharia.

Pois mesmo chegando madrugada adentro, no horário marcado lá estava Gallassini, que seguiu viagem com Ricardo e Wilson.

Nas conversas que Wilson tem com Gallassini, o presidente da Coamo sempre alerta ao cooperado e amigo:

— Wilson, faça o seu sucessor, prepare a sua família, os seus filhos, para que deem prosseguimento ao trabalho.

Nas férias que Aroldo passa em Camboriú, é certo que ele encontre com Wilson para conversar.

E o que muda do Aroldo Gallassini presidente da Coamo para aquele que está na praia? Wilson só vê uma diferença:

— Na praia ou na Coamo ele é a mesma pessoa! A única mudança é que na praia ele fica mais informal no vestir...

As oportunidades que uma cooperativa como a Coamo oferece são inúmeras, tanto na construção de uma carreira sólida quanto de convívio social.

Existe uma diversidade de departamentos e funções e, se o colaborador tiver foco e vontade de crescer, ele aproveitará as ocasiões em prol da carreira. São grandes áreas, como administrativa, comercial, operacional... São áreas que abrem caminhos.

Quanto ao lado social acontece por meio da Associação Recreativa dos Funcionários da Coamo (Arcam), onde são realizados muitos eventos, ações esportivas e culturais. É possível perceber lideranças naturais nesses eventos e atividades.

Na Coamo, assim como na Arcam, reina o clima familiar. A cultura e a organização operacional disseminadas seguem princípios básicos e valores que resultaram nas diretrizes corporativas.

Todo esse espírito de trabalho, oportunidades e família se faz presente pelo nível de liderança do presidente José Aroldo Gallassini.

Como se costuma dizer: "Gallassini é um líder natural, presente e à frente do seu tempo!"

O ESTILO GALLASSINI DE LIDERAR

Diferentemente de alguns líderes, José Aroldo Gallassini não é favorável à gestão por conflito, colocando um colaborador ou setor contra o outro, para alcançar o resultado desejado. Ele é de escutar seus diretores e utilizar o bom senso na decisão.

Mas Gallassini lidera desafiando a equipe, criando metas e prazos a serem alcançados. E se o colaborador não cumpri-los, Gallassini toma a frente, demonstrando que ele próprio consegue fazer o que foi determinado.

Outro tópico do estilo da liderança de Gallassini: tudo que é dito e prometido a ele, o presidente da Coamo anota na frente do interlocutor. Assim, ele dá o alerta: "Tudo que se anota, não se esquece!"

O presidente Gallassini não manda recados em parábolas ou quebra-cabeças, ele é direto e objetivo, deixando muito claro o que quer. E se puder ele ajuda e passa alguma informação, para que não se perca tempo na busca das soluções. Essa objetividade pode ser constatada também pela mesa da sala de Gallassini; ali quase não há papeis, pois, ele procura despachar tudo que chega de forma rápida.

Mas os pontos fortes do estilo de liderança de Aroldo Gallassini são representados pelo exemplo de vida pessoal e profissional dele, com transparência, amor à causa, valorização pelo bem comum e honestidade; se o líder não for honesto, o tempo o desmascara. Por isso, muitos se espelham nele como exemplo a ser seguido.

Também Gallassini logo entendeu que não se faz uma cooperativa sem gigantesco investimento em educação, formação e treinamento. Se as pessoas não progredirem, elas se transformam em grande "peso".

Com mais de 28.000 cooperados, também liderados por Gallassini, não dá para ter apenas 10%, 20% de colaboradores que desenvolvam suas capacitações. Tem que ter no mínimo 80% que evoluam em suas carreiras. Na Coamo há qualidade humana, científica e tecnológica; os fornecedores também dão o melhor de si em prol da cooperativa.

Em 2017, a Coamo tinha em torno de 8.000 funcionários. Em 95% das áreas o pessoal foi formado dentro de casa. A área de Recursos Humanos é um dos exemplos de formação de profissionais na Coamo.

Destaque também para o respeito ao dinheiro da Coamo! Mesmo dirigindo uma cooperativa que fatura bilhões, Gallassini é um líder que tem responsabilidade com o caixa e com os talentos de gestão e administração. É um homem que criou uma série de líderes, sustentado na meritocracia.

O tema da sucessão, embora seja assunto já definido, sempre ganha espaço. Durante evento na Coamo, Gallassini foi perguntado sobre quem seria seu sucessor. A resposta confirmou a confiança na equipe:

— Eu tenho um grupo de executivos que está na Coamo há anos e conhece perfeitamente nossa filosofia de trabalho. Então, meu sucessor pode ser aquele ali, aquele outro, o que está sentado na ponta daquela mesa... — e ficou a apontar para alguns dos presentes e possíveis candidatos a presidente executivo da Coamo, demonstrando segurança e a certeza de ter gente muito bem-preparada para a função.

Em 2019, tem início o processo de profissionalização; em 2020, quando a Coamo completa 50 anos de trajetória, haverá eleições para o Conselho e a nova diretoria irá iniciar as atividades. A mudança de estatuto será feita em Assembleia, por voto presencial. Independentemente de quantos alqueires o cooperado tenha, cada qual representa um voto.

A política de gestão de Gallassini na Coamo não difere tratamento devido ao tamanho do cooperado. Como costuma dizer o presidente: "A Coamo não tem pequeno, médio ou grade cooperado. A Coamo tem cooperado!"

Outro aspecto determinante é o lema que Aroldo Gallassini criou entre os colaboradores da cooperativa. Todo funcionário da Coamo segue uma cartilha e se pergunta em qualquer novo projeto que pretende apresentar ou desenvolver:

"*O que isso trará de benefício ao cooperado?*"

Se a resposta for "Não sei", reestude. Se for "Em nada", aborte. Se for "Beneficiar só a corporação", não siga adiante. Se a resposta for positiva e "Favorável também ao cooperado", o projeto continua.

Ou seja, um novo projeto só avança se beneficiar o quadro social!

Todo grande líder tem sua frase característica. A de Gallassini expressa o presidente que ao mesmo tempo assume a figura do trabalhador que está ao lado da equipe. Uma frase que explica seu estilo de gestão: "Estamos juntos!" ou "*Tamo* junto" – frase que "contaminou" a empresa e é repetida à exaustão pelos colaboradores da Coamo.

SABER DECIDIR

Na história da Coamo, certas decisões que tiveram o aval de José Aroldo Gallassini se mostraram acertadas com o tempo, como investir nos entrepostos de Palmital, Cândido Abreu, Iretama, Nova Tebas, entre tantos outros. Ali se produzia milho, um pouco de feijão e havia muito pasto com pecuária pouco produtiva. Mas se tornaram áreas muito valorizadas e com alta produção de soja. As propriedades têm instalações modernas, os cooperados se abastecem dos insumos nos entrepostos e a produção é vendida no mercado interno e externo.

O presidente da Coamo também exige que todos os problemas que apareçam sejam resolvidos de imediato. Como quando, em 2013, a espera para despacho de navio no Porto de Paranaguá chegava a 60 dias.

Inclusive, o navio que levaria a primeira exportação de carga de milho para a gigante japonesa Zen-Noh, responsável pelo fornecimento de 50% das 16 milhões de toneladas de milho importadas pelo Japão anualmente, chegou ao porto em janeiro e só saiu em abril. O "gargalo logístico" causou saia justa com a Zen-Noh.

A solução foi armazenar produtos em Silos-Bolsa, sistema de silo de plástico flexível em polietileno, com capacidade de estocar 180 toneladas de soja. Aroldo também aprovou a estratégia de construir um terminal portuário próprio, na Baía de Babitonga, em Itapoá, Santa Catarina, onde a Coamo adquiriu uma área de 250 mil metros quadrados, com 450 metros de frente para o mar e calado de aproximadamente 19 metros de profundidade.

Com o terminal portuário próprio, a Coamo não ficará limitada ou vinculada às regulamentações públicas, como ocorre com o terminal portuário de Paranaguá, que está sujeito às concessões do governo.

MENTE SÃ, CORPO SÃO!

Aroldo Gallassini é bastante disciplinado. Ele faz caminhadas periodicamente na Arcam. Após o expediente, Aroldo anda por uma hora cronometrada.

O grande companheiro de caminhada é o superintendente administrativo Antonio Sérgio Gabriel. Durante o percurso, eles aproveitam para relaxar e papear sobre tudo. A conversa entre eles flui, pois, os valores são idênticos!

Eles evitam, mas às vezes surge um ou outro assunto da Coamo. Ambos sabem dividir quando a relação entre eles acontece entre dois amigos ou entre o presidente e o superintendente administrativo da empresa.

No horário em que costuma caminhar, Aroldo Gallassini fica incomodado ao ver a pista da Arcam praticamente vazia. O presidente sempre alerta ao pessoal da Coamo:

— Tem pouca gente caminhando. Este é um excelente esporte! É preciso que o pessoal cuide da saúde.

A cidade de Campo Mourão tem representatividade no esporte. Uma das modalidades de destaque é o atletismo, onde a equipe local costuma alcançar excelentes resultados nas competições.

O Estado do Paraná tem um programa de apoio ao atleta brasileiro, o Talento Olímpico do Paraná (TOP), com 1.600 atletas bolsistas.

A Coamo incentiva e apoia as iniciativas esportivas de Campo Mourão. E investiu na equipe de basquete da cidade, que disputa a Liga Nacional de Basquete, a NBB, utilizando recursos oriundos de leis de incentivo ao esporte.

Também há anos acontecem as disputas das Copas da Coamo, que envolvem os cooperados e familiares, e os JIU's, Jogos Inter Unidades, que envolvem os funcionários.

A COPA DOS COOPERADOS

Disputada desde 1993, com o objetivo de ser um projeto de lazer e esporte para integrar os agricultores, a "Copa Coamo de Cooperados" acontece a cada dois anos, intercalando com os Jogos Inter Unidades, destinados aos funcionários da Coamo. A fase final é disputada na sede da Associação Recreativa dos Funcionários da Coamo, a Arcam, em Campo Mourão.

Ao todo, a "Copa Coamo de Cooperados" movimenta mais de 500 equipes e 7.200 atletas, sendo que obrigatoriamente cada time tem que inscrever três jogadores com mais de 42 anos. Nas fases iniciais, a divisão de times e as disputas acontecem por região, sete ao todo.

Após a definição dos campeões e classificados regionalmente, sobram 34 equipes que se reúnem na Arcam num sábado, das 8h às 18h. Ali acontecem todos os jogos até a final, onde será conhecido o grande campeão.

É certa a presença de José Aroldo Gallassini, que faz questão de prestigiar os jogadores e cooperados. Ele participa das festividades e interage com o pessoal mantendo a mesma simplicidade que lhe é peculiar, para alegria dos presentes.

A Copa é muito esperada. O investimento da Coamo se resume aos jogos de camisas, troféus e a parte festiva, na qual é oferecido churrasco, o "costelão de fogo de chão".

Assim como tudo que envolve a Coamo, as disputas esportivas exigem disciplina. A montagem das equipes é analisada por uma comissão técnica. Jogadores que são expulsos das partidas ficam por dois anos afastados da competição.

A ARCAM

A estrutura da Associação Recreativa dos Funcionários da Coamo (Arcam), em Campo Mourão, é composta por cinco campos de futebol suíço, duas quadras de tênis, quadra de vôlei de praia, ginásio, parte social, academia equipada com aparelhos, pista de caminhada, playground, piscina, cantina, área para churrasco... Tudo isso dentro de uma área de mais de 10 hectares.

GARANTIA DO AGRICULTOR

– *Ninguém compra um carro e tira da loja sem seguro. Com a safra devemos pensar da mesma forma, fazendo seguro.*

O modo simples e direto de falar de Aroldo Gallassini cativa e convence o agricultor. Tanto que quase 100% das operações de crédito para custeio agrícola feitas na Credicoamo possuem seguro, dando proteção ao produtor. Gallassini mudou a cultura na atividade do cooperativismo agrícola.

Cada cooperado, dependendo da região, tem seu próprio histórico de produtividade. Desde que o seguro agrícola foi implantado na Coamo, em 2006, foram muitas as adversidades. Em algumas regiões os produtores rurais perderam parte ou toda a produção da lavoura. Então, sem o seguro agrícola ficaria difícil a manutenção de cada um deles em suas atividades.

O seguro agrícola do Brasil e seu desenvolvimento devem muito a Aroldo Gallassini.

PONTUALIDADE

Pessoal, é muito importante pagar as contas em dia e manter o crédito.

Esta é uma das teses que Aroldo Gallassini defende perante sua equipe de trabalho e os cooperados. A seriedade com que as pessoas têm que conduzir o crédito sempre foi pregada por ele.

Este é mais um ponto da admiração que Tarcísio Hübner, Vice-Presidente do Agronegócio do Banco do Brasil, cultiva por Aroldo Gallassini. A parceria entre o Banco e a Coamo vem de longa data e a relação entre eles também.

A criação da Credicoamo não abalou os negócios do Banco do Brasil no agronegócio. Como diz o próprio Tarcísio:

– A Credicoamo, repassadora de recursos, ocupou um espaço que precisava ser mesmo preenchido. É bastante positivo, por ser mais uma oportunidade para os cooperados. Não houve intenção de tirar espaço do agente financeiro.

Assim como muitos que passam férias em Balneário Camboriú, Tarcísio Hübner também tem imóvel na cidade. É certo que entre 20 de dezembro e 20 de janeiro ele e Aroldo se encontrem e curtam uma boa conversa na praia.

Uma das características que Tarcísio destaca em Gallassini é a de saber manter a liderança e a simplicidade. Outra delas foi a de associar os princípios do cooperativismo com a escala e o resultado. Um modelo que permite maior fidelização do cooperado.

A área de assistência técnica, gerenciada por Marcelo Sumiya, oferece modalidades de atendimento agronômico. O agricultor pode optar pela "Categoria de Grupo", onde recebe a visita de um engenheiro agrônomo da Coamo uma vez por semana em sua propriedade.

Existe a "Quinzenal", onde a cada duas semanas o agrônomo passa na propriedade do cooperado. Tanto na "Categoria de Grupo" quanto na "Quinzenal", o cooperado paga uma mensalidade.

A terceira categoria, isenta de pagamento, é a "Convencional", onde o agricultor pode optar por assistência técnica de grupo.

Os que não possuem nenhum plano de assistência técnica fazem parte de outro grupo e recebem atendimento quando contratam o crédito rural.

Há também visitas técnicas programadas para o plantio e na aplicação do herbicida e fungicida. Nos intervalos, o cooperado pode ligar e pedir a visita do agrônomo, assim como na colheita, onde se avalia a necessidade de ajustes para a safra. Não há custos extras para estas visitas.

Os agrônomos assessoram grupos de em média 5 a 15 produtores com atendimento personalizado.

Claro, há também a Fazenda Experimental. Ali são testados os mesmos processos e plantio que o agricultor aplicará em suas terras. Todos os produtos que são fornecidos pela Coamo passam por experiências práticas na Fazenda Experimental.

Outro evento que ocorre na Fazenda Experimental é o "Encontro de Cooperados", com duração de cinco dias. Mais de 600 agricultores e cooperados passam diariamente por clínicas, totalizando em torno de quatro mil cooperados de todos os entrepostos e regiões onde a Coamo atua. Ali são apresentados possíveis problemas e soluções do plantio, e as novidades de biotecnologia.

Inclusive, no último dia do evento e das atividades de campo, são convidados todos os agrônomos que trabalham nas empresas parceiras da Coamo. O objetivo desta iniciativa é o de permitir com que todos os profissionais da área tomem conhecimento das novas tecnologias, para uma melhor uniformização da assistência técnica.

PARCERIA FIRME

Peço a você que o BRDE continue a ser o maior parceiro do cooperativismo do Paraná, principalmente, no financiamento dos investimentos que são grandes no estado.

O pedido é feito por Aroldo Gallassini a Orlando Pessuti toda vez que o presidente da Coamo encontra o diretor-presidente do Banco Regional de Desenvolvimento do Extremo Sul, o BRDE. Aroldo e o agricultor paranaense sabem da importância que o BRDE tem na história do setor no estado, assim como o Banco do Brasil.

O relacionamento entre as diretorias da Coamo e do BRDE sempre foi bom e com troca de ideias. O crédito da Coamo foi uma conquista por mérito, tanto que jamais a cooperativa atrasou um pagamento sequer ao banco.

No início do processo de industrialização da Coamo, o BRDE teve participação direta, financiando produtos e maquinário. O BRDE é o banco que mais financia áreas agrícolas na região sul.

Gallassini sempre teve a convicção de que o cooperativismo é o melhor caminho para a agricultura paranaense e brasileira. A firmeza o levava ao comprometimento com os cooperados e que o elegeram como líder. Esse comprometimento inclui a geração de empregos, de renda, a transformação e o desenvolvimento dos produtores.

Em tantos anos de cooperativismo, Gallassini luta pelos direitos da Coamo, mas defende com unhas e dentes o setor e busca reivindicações para o conjunto do cooperativismo, trocando o "Eu" pelo "Nós".

"A transparência é essencial.
Sempre mostre a verdade,
mesmo quando ela não for animadora."

CAPÍTULO 6

A GIGANTE DO COOPERATIVISMO

DAR O MELHOR DE SI

A COOPERATIVA SÓ CRESCE *porque conta também com o comprometimento e competência dos funcionários!*

Esta é uma das frases mais ditas por Aroldo Gallassini e que, além de satisfazer aos colaboradores, faz com que eles se sintam parte da empresa, seguindo o exemplo dado pelo presidente da Coamo.

São inúmeros os casos que mostram o nível de ligação dos colaboradores com a Coamo, como o de um dos motoristas que sempre diz:

— Todo dia eu entro no caminhão e penso em realizar o trabalho do jeito que o doutor Aroldo explicou. Fazer a melhor viagem sem prejudicar ninguém. A gente não pode errar na profissão e precisa ser zeloso. Por isso, eu ando com dois sapatos: um para usar dentro do caminhão e outro para colocar fora dele e pisar na terra.

Mesmo estando atento a tudo que acontece na Coamo em todas as áreas, Gallassini acompanha de perto os setores de recursos humanos, comercial e financeiro. As áreas técnica, de compras e operacional ficam sob acompanhamento de Claudio Francisco Bianchi Rizzatto, vice-presidente da Coamo; a Credicoamo e a relação com associados está sob cuidados de Ricardo Accioly Calderari, diretor secretário.

VALORES E LIÇÕES DE VIDA

Doutor Aroldo, nos conhecemos desde 1975! Eu vim de uma família com o pai sendo homem do campo e semianalfabeto, que me ensinou o que é honestidade e trabalho, e uma mãe que frequentou a escola e que me ensinou a importância de estudar. Como bem sabe, doutor Aroldo, além de reforçar todos esses conceitos, aprendi com o senhor a ser perseverante e a ter determinação. Os seus princípios são marcantes para nós.

Na conversa com Aroldo Gallassini, o superintendente administrativo, Antonio Sérgio Gabriel, registrou o convívio de longa data e a referência que o amigo e presidente da Coamo representa na vida dele.

E mesmo depois de trabalharem juntos há tantos anos, para Antonio Sérgio a grande transformação de Gallassini foi conceitual:

— Ele é sempre a mesma pessoa, acelerado e com energia e discernimento. Os tempos mudaram, mas ele não mudou como pessoa e profissional. O doutor Aroldo se modernizou e acompanhou as tecnologias. Ele lidera pelo respeito que desperta nas pessoas. O doutor Aroldo é também extremamente sincero e nunca dá uma versão diferente sobre os fatos.

Aqui vale registrar a passagem de quando três engenheiros agrônomos foram encaminhados para fazer um trabalho de levantamento de dados junto aos cooperados nos municípios do Mato Grosso do Sul. De lá, voltaram com os relatórios e os apresentaram em reunião a Gallassini.

Passado um ano, em nova reunião entre Gallassini e os engenheiros, um deles disse que aquela região do Mato Grosso do Sul, a mesma sobre o qual havia sido feito o estudo, não produzia tanto. Pois no mesmo momento Gallassini questionou o rapaz, dizendo de cabeça o resultado que havia sido apresentado há um ano e que contradizia as colocações dele.

Certa vez, Aroldo e Antonio Sérgio passaram toda a manhã discutindo sobre a solução de um determinado problema. Coube e Antonio Sérgio ficar encarregado de fazer algumas checagens.

Quando deu meio-dia, eles saíram para almoçar juntos e depois voltaram para a Coamo. Assim que chegaram, Aroldo perguntou se Antonio Sergio já havia resolvido a parte que lhe coube. E ele respondeu:

— Doutor Aroldo, ficamos reunidos pela manhã e saímos e voltamos juntos do almoço. Ainda não tive tempo. Mas vou resolver agora o que ficou pendente.

Com Aroldo é mesmo assim: missão dada precisa ser cobrada, para ser feita com agilidade! Quando Aroldo imagina um novo projeto, ele já faz a divisão de tarefas e tudo começa a andar. E cabe a ele cobrar e dar o ritmo das ações, para que o projeto siga adiante e seja colocado em prática!

Há anos Antonio Sérgio presencia Gallassini comprar um chiclete depois das refeições e pagar do próprio bolso, não utilizando a verba de refeição da Coamo. Aroldo Gallassini também pediu para instalar dois ramais de telefone em sua mesa. Um deles é para receber e fazer as ligações da empresa, e o outro para as ligações particulares e cuja conta é paga por Gallassini.

Não há nada de demagogia nisso! Conforme já registrado, Gallassini respeita o dinheiro da Coamo. Por isso é que a cada quatro anos José Aroldo Gallassini é reeleito presidente por unanimidade pelos cooperados.

É sabido que Gallassini não admite ter sua honestidade questionada! Outro exemplo aconteceu quando o governo liberou a importação de algodão e isso desestimulou os produtores agrícolas, que já tinham dificuldade de conseguir mão de obra; eles então migraram a produção do algodão para a soja.

Pois numa Feira Agrícola, um grupo de diretores da Coamo e de outras cooperativas encontrou com o ministro da Agricultura, Abastecimento e Reforma Agrária da época.

No diálogo, um dos executivos comentou sobre o governo não interferir na parte de importação de algodão. E do ministro recebeu a seguinte resposta:

— O pessoal das cooperativas é muito vivaldino!

Pois as palavras do político chegaram até Gallassini. Uma reunião entre ele e o ministro foi marcada, onde o presidente da Coamo tirou a situação a limpo e falou em nome dos integrantes do setor:

— Ministro, se acha que nós cooperativistas somos como as pessoas com as quais o senhor lida, está redondamente enganado!

O ministro tentou se explicar, mas sentiu a profundidade que as palavras mal colocadas causaram em quem tem a honra como maior patrimônio.

Situação semelhante aconteceu quando o governador do Paraná, Roberto Requião, proibiu a exportação de soja e produtos transgênicos pelo Porto de Paranaguá. Na época, um dos dirigentes do Porto fez um pronunciamento infeliz:

— Nenhuma empresa que opera nos terminais portuários aguenta passar por auditoria.

Aroldo Gallassini ficou sabendo do comentário e, da mesma forma, tirou satisfações, dizendo:

— Na Coamo pode mandar quem você quiser para fazer auditoria! No Coamo, não nos prestamos a fazer coisas erradas e que burlam a lei! Pela nossa história, eu exijo respeito! — foi uma das poucas vezes na vida em que Aroldo Gallassini subiu o tom de voz!

A NOVA "MOEDA"

O dinheiro que eu tenho hoje é soja. Amanhã, se eu necessitar vender, faço isso na hora. Não precisa esperar um ou dois dias... Vou até a Coamo, vendo a soja, recebo o preço que está definido pela saca e saio com o cheque na mão. E se eu não quiser vender, minha soja fica lá depositada, como dinheiro num banco. Vou comprar terra, um carro, uma casa? Pago em soja! Soja é como dinheiro, virou a moeda do agricultor!

É dessa forma que pensam os cooperados. Quem precisa de dinheiro, vende o produto e recebe o valor na hora. Quem não precisa ou quer esperar por uma melhor oferta pela saca, deixa a produto guardado na Coamo, como se fosse numa conta de banco.

Essa mesma segurança é compartilhada pelos cooperados do Paraná, Mato Grosso do Sul e Santa Catarina, estados onde a Coamo atua.

Em anos em que há quedas dos preços dos grãos, o cooperado que pode esperar prefere deixar a mercadoria estocada na Coamo. Nessas situações, a cooperativa sofre com espaço de armazenagem. Em 2017, por exemplo, a saca de soja, que chegou a R$ 84 em tempos anteriores, caiu para R$ 63; com a saca de milho aconteceu o mesmo, baixando de R$ 35 para R$ 20. Isso fez com que a Coamo recebesse 20 milhões de sacas a mais, de 107 milhões para 127 milhões.

Por isso, a Coamo aceita estocar sacas de soja do cooperado por um ano. Depois desse tempo, o agricultor começa a pagar um valor de armazenamento.

ESTIMULAR O JOVEM PARA O TRABALHO NO CAMPO

Uma alerta da agricultura: os jovens não querem ficar no campo, mantendo a tradição da família. A Europa padece do mesmo problema; um terço da produção europeia está arrendada.

No Brasil ainda não é uma ameaça, até porque a explosão do agronegócio despertou interesse dos jovens em trabalhar nas terras da família, estudar e trazer novidades para serem incorporadas ao negócio.

Esse foi um dos pontos que estimulou a direção da cooperativa, por meio do aval do presidente Gallassini, a criar cursos e encontros para aproximar da Coamo e do agronegócio não só os filhos e jovens dos cooperados, mas também as esposas. O cooperativismo, como instrumento de aproximação da família, abre caminho para a continuidade do processo produtivo na fazenda.

A Coamo precisa fazer com que o cooperado alcance a melhor produtividade. Isso se faz através da utilização da tecnologia e dos insumos adequados. Aí entra a área técnica com sua equipe de agrônomos, que orienta sobre o tipo de semente de soja a ser plantada, e o adubo e a dosagem a serem utilizados. Tudo visa resultado: ter o menor custo com maior produtividade. Na outra ponta, a Coamo venderá a produção dos cooperados em pool, o que garante a melhor margem para o conjunto.

A Credicoamo fica com a missão de orientar e direcionar os cooperados a utilizarem da melhor forma o produto em questão, o dinheiro!

SEGURANÇA VALE MUITO

Em 2016 a Coamo realizou pesquisa entre seus cooperados. O objetivo era o de conhecer, na opinião deles, qual o principal valor da Coamo.

Entre as opções estavam Assistência Técnica, Entrega da Produção... e Segurança, que recebeu mais votos. Certamente, uma segurança alcançada pelas décadas de gestão de José Aroldo Gallassini como presidente da cooperativa e pelos valores que ele disseminou entre a diretoria e os colaboradores. Uma segurança que dá tranquilidade aos cooperados pelo modelo definido de sucessão da Coamo e que teve Gallassini à frente de todo o processo. As pessoas ligadas a Coamo e a Aroldo Gallassini sabem dos princípios que regem a cooperativa e seu presidente, assim como todo o vasto grupo de trabalho.

Certa vez, durante jantar organizado pela Coamo e que contou com a presença da sua diretoria e de vários níveis de colaboradores, e com profissionais de uma empresa parceira, um dos diretores da mesma se manifestou. Encantado ao ver a proximidade nas relações entre todos os funcionários da cooperativa, independentemente do cargo, ele comentou com o vice-presidente, Claudio Francisco Bianchi Rizzatto:

— Agora eu entendo por que a Coamo tem tanto sucesso! Vocês gestores são acessíveis e a relação entre os colaboradores é fantástica. Vocês têm funcionários que trabalham na mesma sintonia, algo que não consegui alcançar com os meus. Por isso a Coamo cresceu tanto!

E para quem gosta de saber qual é o segredo de tanto sucesso e crescimento, Gallassini mantém seu jeito simples e direto de explicar:

— A Coamo cresceu com esforço e trabalho! E vamos crescer ainda mais!

O valor e a respeitabilidade de trabalhar na Coamo são tão grandes que certa vez um colaborador abasteceu o carro num dos postos de Campo Mourão e, quando foi pagar, constatou ter esquecido a carteira. Pois o funcionário do posto perguntou onde ele trabalhava. Ao saber que era na Coamo, o frentista respondeu:

— Na Coamo? Lá só trabalha gente séria! Não se preocupe. Pode passar depois e pagar o combustível — algo que o rapaz realmente fez após o expediente.

Como se costuma dizer pela cooperativa, ao entrar na Coamo o funcionário ganha um novo sobrenome: É o "João da Coamo"... "José da Coamo"... "Antônio da Coamo"... o que também exige viver dentro de uma cartilha de conduta.

Filho, o doutor Aroldo sempre foi dinâmico, sério e correto. Espelhe-se nele!

O cooperado Cezar Augusto Massaretto Bronzel seguiu fielmente as orientações do pai, Arnaldo Walter Bronzel, cooperado número 289 da Coamo e que assim avaliava o presidente da cooperativa:

— O doutor Aroldo foi se capacitando cada vez mais. Na época em que o conheci ele era um jovem empreendedor e hoje é um exemplo a ser seguido. Ele era uma aposta de todos e hoje é o papa do agronegócio!

Com o presidente da Coamo, Cezar Augusto aprendeu a dar continuidade nas açoes e a ter foco naquilo que faz. E foi justamente aos conselhos do doutor Aroldo, a quem chama de "Tio", que Cezar Augusto recorreu após o falecimento do pai, recebendo dele uma verdadeira lição de vida e superação.

Aroldo aprecia trocar experiências e transmitir conhecimento aos mais jovens. Tanto que aceita todos os convites que recebe para fazer palestras em universidades e para gerações que representam o hoje e farão o amanhã do agronegócio.

Na década de 1980, a Coamo foi decisiva na atividade agrícola de Cezar Augusto. Ele vislumbrava comprar uma propriedade em Palmital, mas lhe faltava dinheiro; o pai não podia ajudá-lo na época. Cezar Augusto recorreu a Coamo e vendeu parte do estoque de soja; pela urgência do negócio, tudo foi feito na maior agilidade.

Cezar Augusto, que é o 68º cooperado da Credicoamo, participou por quase duas décadas do Conselho Administrativo Fiscal da cooperativa.

ENTENDER A FILOSOFIA

Ser cooperado é uma exigência para quem almeja ocupar cargos de alta gestão em cooperativas, seja presidente ou diretor.

As experiências de cooperativas geridas por profissionais do mercado, fora do sistema cooperativo, não foram bem-sucedidas. A visão de negócio desses executivos não se coaduna com a filosofia cooperativista, enquanto a de um executivo formado no meio cooperativo é fortalecer a cooperativa, com vistas a melhoria do status socioeconômico dos cooperados.

Desde que iniciou a Coamo e passou a presidi-la, Aroldo Gallassini aplicou os princípios do cooperativismo, mantendo o comando e montando uma excelente equipe de profissionais nos cargos de diretoria e nos outros postos de liderança.

Como presidente da Coamo e líder do setor, Gallassini sempre teve participação ativa nas entidades do segmento agrícola, em especial, na Ocepar, Organização das Cooperativas do Paraná, onde há anos atua na diretoria.

A história da Ocepar e do setor mostram a parceria da entidade com as cooperativas. Aroldo Gallassini valoriza a Ocepar e sempre recorreu à entidade como "voz do agronegócio", apoiando suas ações, reivindicações e decisões.

PLANO DE CARREIRA

A cultura de construção de carreira na Coamo envolve fechar ciclos de conhecimento e crescer na cooperativa a médio e longo prazos. É preciso consolidar os aprendizados. Não há históricos de construção de carreiras meteóricas.

Os colaboradores têm grande identificação com a Coamo e a defendem com unhas e dentes, porque a empresa é exigente, mas transmite segurança e credibilidade; trabalhar na Coamo é sinônimo de capacidade. Dificilmente acontecem demissões. Quando alguém não está desempenhando bem determinada função, mas é avaliado como um profissional de qualidade, o colaborador tem a chance de se recuperar ou ser transferido de setor. A empresa redireciona e dá atenção aos problemas vividos pelo funcionário. O setor de Recursos Humanos está sempre atento e pronto a intervir e a discutir os problemas e as soluções com a diretoria.

Na Coamo são feitas projeções de perfis de líderes e de colaboradores para cinco e 10 anos. O objetivo é definir, num quadro de rápidas e grandes mudanças, quais as competências exigidas no futuro. Os colaboradores são orientados e recebem planos de preparação; segui-los à risca representa uma grande oportunidade de construir carreira na empresa.

Por isso, o investimento em capacitação e treinamento dos colaboradores é grande. Uma ação que conta com aprovação e incentivo de Aroldo Gallassini, sempre muito alinhado com a alta gerência. Ele dá espaço para as pessoas colocarem suas ideias e, quando há consenso, ele apoia. Aroldo não faz o tipo de gestão personalista e tem espírito comunitário de equipe, colocando-se a serviço da empresa, e não o contrário. O todo tem mais força que o individual.

Apesar de ter fundado a Coamo há quase 50 anos e de presidi-la há quase 45 anos, Aroldo nunca se acomodou e foi sempre exigente em busca da excelência. E precavido! Está atento às novidades, mas só aceita implanta-las na Coamo depois de testadas e aprovadas.

A Coamo está constantemente preparando gente. Aroldo busca estar cercado de pessoas competentes e bem-preparadas. Por isso, a sucessão sob o ponto de vista da gestão não preocupa. Mas o carisma de Aroldo Gallassini é incomparável!

A rotatividade de emprego na Coamo é pequena. A política salarial talvez nem seja o maior fator disso, mas sim a confiança no presidente e na diretoria. Além disso, os colaboradores se sentem prestigiados na Coamo, tal o investimento em qualificação. Todas as áreas têm seu líder e um segundo gestor já pronto para assumir o departamento no caso de promoção ou desligamento.

Aroldo Gallassini e a Coamo são cases de sucesso para serem estudados. É uma empresa que se destaca pelo acolhimento genuíno às pessoas, reflexo direto da postura do "doutor Aroldo", como é amplamente conhecido. Os valores pessoais dele estão profundamente alinhados com os da Coamo, uma organização que valoriza e cultiva princípios sólidos, com os quais as pessoas se identificam e se conectam.

HOMENAGEM POR TEMPO DE CASA

São bem-organizadas e marcantes as homenagens aos colaboradores que completam ciclos na empresa, mesclando momentos descontraídos com emocionantes.

Anualmente são homenageados os colaboradores que, durante o ano, completaram 10, 20, 30 e 40 anos de trabalhos prestados à cooperativa. Eles recebem o reconhecimento da Diretoria em eventos realizados nos seus próprios locais de trabalho, com a presença dos colegas e familiares.

Ao final de cada ano, Gallassini faz questão de reunir os homenageados com 30 e 40 anos em eventos solenes realizados na sede da cooperativa.

ACERTOS E MARCOS DE GESTÃO

Quem é diferenciado constrói algo igualmente diferenciado e de sucesso. A pessoa reproduz o que ela é.

Assim José Roberto Ricken, presidente do Sistema Ocepar, define o presidente da Coamo, José Aroldo Gallassini, um cooperativista na essência.

Como costuma dizer Gallassini:

– A Coamo é uma sociedade de pessoas, mas tem que ser vista como uma empresa ou não realizará a missão de organização econômica. As pessoas envolvidas com a cooperativa precisam ir bem, crescer, ter renda.

No cooperativismo, a contribuição dos pequenos é tão importante quanto a dos grandes. O pequeno vê a possibilidade de crescer, enquanto o grande precisa ser competente para se manter no mesmo patamar.

Todos estão sob o guarda-chuva da cooperativa. Aroldo Gallassini tem isso bem claro: a cooperativa é o porto seguro, mas não é paternal.

A cooperativa não pode ter linha política. Tem que manter a sua autonomia consistente. Isso se faz com educação, ou seja, ensinando a cooperar. Não tem razão de um produtor ser concorrente de outro. Todos ganham juntos num projeto maior.

Para Ricken, outro ponto forte de Gallassini é o interesse pela comunidade, pelo desenvolvimento dos municípios. A preocupação dele com a integração do sistema.

Não é à toa que Aroldo Gallassini foi homenageado em mais de 50 municípios com o título de Cidadão Honorário. Ele fez da Coamo a empresa do Paraná com maior faturamento.

A Coamo apoia incondicionalmente o cooperativismo em geral. E Aroldo Gallassini defende, incentiva e exige que a Ocepar seja uma liderança forte no segmento.

Na visão do presidente da Coamo, as cooperativas são empresas modernas, pois, seus princípios exigem que sejam organizadas e proativas. No cooperativismo, os direitos e os deveres devem estar muito alinhados.

Capitalizar! Para Ricken, a estratégia e a visão de Gallassini, de capitalizar a Coamo, levaram ao crescimento contínuo. A preocupação de capitalizar envolve não apenas a Coamo, mas o cooperado também; parte do resultado líquido tem que voltar para quem plantou.

A tese defendida por Gallassini, sobre o cooperado fazer seguro da safra, e o considerar como "insumo" da produção, foi outra cartada de mestre para Ricken:

— Se a Coamo conseguir que 100% dos seus cooperados façam seguro, nós retiramos a "espada" da insegurança climática do "peito" do produtor. O doutor Aroldo defende que é preciso universalizar o seguro, o que reduz o custo e viabiliza para os pequenos agricultores. Com o seguro da safra garantido, se chover ou fizer sol o produtor fica tranquilo.

SAÚDE COOPERADA

Cooperativista apoia cooperativista! Os cooperados da Coamo são basicamente associados da Unimed, uma cooperativa de prestação de serviços médicos. O trabalho de conscientização dos agricultores ligados a Coamo teve forte participação de Aroldo Gallassini.

Os colaboradores da Coamo, assim como seus familiares, são associados ao Fundo de Saúde dos Funcionários da Coamo, o FUPS; o custo é descontado na folha. Mesmo depois de sair da empresa, o funcionário pode ainda pagar e permanecer no FUPS por mais dois anos, se foi demitido sem justa causa. Se foi desligado por aposentadoria, pode permanecer segurado por toda vida.

A ROTINA

Aroldo Gallassini costuma manter seus hábitos. Sua vida é quase que cronometrada. Diariamente, Aroldo segue uma rotina. Às 7h ele chega na Coamo e acompanha a abertura do preço dos grãos nas bolsas internacionais. Depois das 7h30, quando já tem os preços, começam as reuniões e a resolução dos temas do dia a dia.

Perto das 12h, Aroldo sai para o almoço. Costumeiramente, quando não há nada agendado, ele almoça em casa e depois ainda descansa um pouco, para repor as energias. Às13h30 ele já está despachando em sua sala.

O expediente segue até às 18h. Geralmente, ele sai da cooperativa e passa em casa, se troca e sai para caminhar por uma hora na Arcam. Quando isso não acontece, Aroldo chega em casa, toma banho, janta e assiste TV e lê jornal ao mesmo tempo. Ele gosta de ver o Jornal Nacional e as emissoras com programas jornalísticos.

Se ele tem alguma ideia ou algo sobre o trabalho o incomoda, Aroldo liga para o profissional da Coamo ou das fazendas, e já despacha a missão ou problema, pedindo solução imediata. Também passa as diretrizes quando é consultado sobre algum assunto.

Perto das 23h Aroldo vai dormir. Pela manhã, novamente às 7h ele já está em sua sala, para acompanhar a abertura dos preços e organizar a vida antes de começar o expediente. Depois, não haverá tempo para tal...

JUBILEU DE OURO DA TURMA DE AGRONOMIA

Dia 17 de novembro de 2017! Curitiba, Universidade Federal do Paraná! Ao lado dos colegas de turma, José Aroldo Gallassini comemorou Jubileu de Ouro da formatura de engenheiro agrônomo. Ao todo, 40 dos 75 formandos receberam o diploma de Jubileu de Ouro Profissional.

A solenidade aconteceu no anfiteatro da direção do setor de Ciências Agrárias e, além dos formados e de seus convidados, estiveram presentes o reitor da UFPR, Ricardo Marcelo Fonseca, e algumas autoridades.

Na cerimônia, foi programado o plantio de uma árvore, como registro da turma de 1967. Gallassini estava muito feliz em rever os colegas, sendo que já convivia com parte deles no mundo do agronegócio.

Para o presidente da Coamo, havia muito a comemorar:

— São 50 anos de formado, além de 49 de Campo Mourão e 47 da Coamo. Foi uma solenidade importante e um grande prazer encontrar amigos da faculdade que não via há muitos anos. É uma satisfação constatar que vários colegas tiveram sucesso na profissão. É uma festa que deixará boas lembrança que ficarão na minha memória!

RESGATE PROFISSIONAL

Bem que a filha Larissa Lorena Gallassini pensou em prestar agronomia na época do vestibular, mas acabou por se definir pela odontologia.

Mesmo tendo atuado na área, Larissa nunca se encontrou na odontologia. Ela se especializou em odontopediatria; depois se casou e mudou para Brasília, onde estudou estomatologia, sobre o câncer de boca. Foi quando se candidatou a professora substituta da Universidade de Brasília (UnB), onde foi contratada e ministrou aulas, mas não se adaptou.

Pois nunca é tarde para recomeçar! Por volta de 2015, Larissa se interessou em trabalhar nas terras da família, principalmente na pecuária.

A dedicação de Larissa surpreendeu Aroldo, tal o nível de entrega da filha, que chega cedo às fazendas e só sai no final do dia. Desta forma, Aroldo se rendeu não mais à possibilidade e sim à realidade de ele ter a filha como braço direito no agronegócio!

Em determinadas ocasiões Larissa sugere alguma ação e Aroldo pede um tempo. Mas ela percebe que o pai registra tudo que lhe é dito. Como já mencionado, Aroldo é precavido e gosta de maturar as novidades. Tanto que depois de refletir e conversar com o agrônomo que trabalha nas suas fazendas, ele muitas vezes acata as sugestões da filha.

Por atuar mais diretamente nos negócios do pai, Larissa passou a conviver um pouco mais com o mundo profissional de Aroldo Gallassini. E conheceu mais de perto a respeitabilidade que o pai desperta nas pessoas, assim como a apertada agenda de Aroldo e que tantas vezes o "roubou" do convívio da família.

Como aconteceu no dia em que Larissa defendeu sua tese no curso de pós-graduação. O pai, devido aos compromissos, não conseguiu estar presente, para prestigiar Larissa!

NADA É POR ACASO

Se uma pessoa ficar por muito tempo numa mesma função tende a criar uma oligarquia. A Coamo tem um mesmo presidente desde 1975, José Aroldo Gallassini, mas a cooperativa representa uma exceção à regra, pois, não tem nada de oligarquia em seu modelo de gestão.

Certamente, se houvesse algo de errado com o modelo de comando de Gallassini, ele não seria reeleito pelos cooperados a cada quatro anos. Vale lembrar que apenas na eleição de 1992 houve uma chapa de oposição.

Na Coamo, todos trabalham com metas, objetivos e busca de resultados. E também com definição de normas de trabalho. Como constatou Eugenio Stefanelo, professor e nome importante do agronegócio paranaense, numa das idas a Coamo.

Ao entrar na cozinha, ele conversou com a funcionária e perguntou:

– Como a senhora prepara o café? Tem alguma metodologia?

A mulher se dirigiu até uma área da cozinha e mostrou um papel impresso e afixado, dizendo:

– Aqui temos escrito o passo a passo para se fazer um bom e saboroso café: a quantidade de água, de açúcar, de pó de café...

Ou seja, na Coamo, ninguém dá um passo sem estar devidamente orientado e preparado!

"BOCA MALDITA"...

Gallassini, se a agricultura vai bem, o comércio cresce junto. Nós sentimos a diferença de onde tem e de onde não tem uma cooperativa trabalhando sério.

Esta é uma "tese" defendida por Darci Piana, presidente da Fecomércio do Paraná. Darci acompanha Gallassini de longa data, tendo participado de vários eventos e homenagens ao presidente da Coamo.

Reconhecidamente, Aroldo Gallassini é considerado um importante líder não só do cooperativismo, mas do mundo empresarial. E a Coamo é uma das empresas e marcas mais premiadas.

Todo esse sucesso envolve também a atuação de Gallassini em conseguir aglutinar os cooperados. Ele os mantém unidos, crescendo, evoluindo como agricultores e associados. Não é apenas ganho material e econômico, mas envolve a questão social dentro desse processo que a Coamo, sob o comando de Gallassini, tem proporcionado aos cooperados e suas famílias.

As conversas entre Aroldo Gallassini e Darci Piana englobam tanto o cooperativismo quanto o comércio, os problemas, as virtudes, as necessidades e o que é preciso fazer para o bom desenvolvimento de ambos os setores.

A modernização da Coamo com o passar dos anos também é destacada por Darci Piana, o que comprova que não houve acomodação. Nas viagens que Gallassini e sua equipe fazem ao exterior, trazem muitas novidades.

Homenageado por algumas das principais entidades nacionais e mundiais, Aroldo Gallassini aceitou receber um prêmio no mínimo inusitado.

A convite do amigo Darci Piana, Aroldo Gallassini foi agraciado em 13 de dezembro de 2015 com a Comenda de Cavalheiros da Boca Maldita – "Grau de Cavalheiro". Na mesma data, receberam a comenda Paulo Skaf, político e que presidiu a Fiesp, e o juiz federal Sergio Fernando Moro.

Criada na Revolução de 1964, a confraria tem tradição de mais de 50 anos e homenageou muitas outras personalidades. O chamado "Clube do Bolinha", pois, é vedada a participação de mulheres, teve como presidente vitalício seu fundador, Anfrísio Siqueira; com o falecimento de Anfrísio, o filho dele, Ygor Siqueira, assumiu a presidência.

O *Boca Maldita* não tem sede e nem estatuto. Os membros se reúnem apenas uma vez por ano, na entrega das comendas, e cada um paga seu próprio jantar. Nesses encontros, geralmente há um comediante que imita as "figurinhas carimbadas" do Boca Maldita ou mesmo os indicados a receber a comenda. É uma noite de muita alegria e descontração!

A EVOLUÇÃO DA PRODUÇÃO

Ao longo de quase 50 anos de história, a Coamo incorporou ou adquiriu instalações de 10 cooperativas que passavam por dificuldades financeiras e estavam em vias de serem liquidadas. Entre elas estavam as cooperativas de Palmas, Toledo, Guarapuava, Pitanga, Ivaiporã, Goioerê, dois entrepostos da cooperativa de Apucarana, em Faxinal e Cândido de Abreu, instalações da Cooperativa Central Agropecuária do Paraná (Cocap) em Manoel Ribas, todas no Paraná; a de Abelardo Luz, em Santa Catarina, e um armazém da Coagri em Guaíba, Município de Laguna Carapã, no Mato Grosso do Sul.

Essas aquisições fizeram com que a Coamo começasse a atuar nas regiões do centro, sul e oeste do Paraná, e oeste de Santa Catarina.

Nessas décadas de trabalho árduo, a área técnica foi estudando e pesquisando para dar o melhor suporte e a melhor produtividade pelo menor custo ao agricultor. Assim os cooperados foram se capitalizando cada vez mais, seguindo a forma de pensar e agir de Gallassini.

A produção galgou patamares incríveis. No passado, entre as décadas de 1970 e 1980, a produção de soja era de 29 sacas por hectare; atualmente, a média passou das 62 sacas por hectare, embora muitos agricultores cheguem a colher entre 75 e 82 sacas. Quanto ao milho, também nas décadas de 1970 e 1980 a produção era de 62 a 75 sacas por hectare, passando nos dias atuais à média de 186 sacas por hectare, sendo que alguns cooperados chegam a colher de 227 a 248 sacas por hectare.

UM COOPERATIVISTA NATO

O José Aroldo Gallassini agricultor está entre os 50 maiores cooperados da Coamo. Em suas terras, Aroldo planta soja, trigo, milho, aveia e tem gado de corte, desde a cria até o confinamento e a venda para o abate.

O rebanho tem em torno de três mil cabeças de gado do cruzamento das raças Angus e Nelore; Aroldo iniciou com pecuária em fins dos anos 1970, criando apenas a raça Nelore. A procriação do gado acontece pelo sistema de Inseminação Artificial em Tempo Fixo (IATF); Aroldo compra produtos veterinários e sêmen da Coamo, e a inseminação é feita na própria fazenda.

Toda a produção das terras de Aroldo é entregue em cooperativas. Na agricultura, ele é cooperado da Coamo; na pecuária, é cooperado da Cooperaliança, de Guarapuava; na área financeira é cooperado da Credicoamo; e na saúde é cooperado da Unimed. Gallassini é realmente um cooperativista nato.

Gallassini explica porque tudo que ele faz está ligado ao cooperativismo:

– É um sistema muito democrático, que prevê distribuição de renda. É uma coisa boa. Incentiva o cooperado a crescer cada vez mais.

A RESPONSABILIDADE DE PRESIDIR

Minha esposa brinca que é urbana, não é rural. A Marli não se interessa pelos negócios, mas sempre me incentivou a comprar terras, mesmo quando precisávamos fazer fortes economias em casa, para que eu pudesse adquirir mais propriedades.

Aroldo Gallassini é do tipo "pés no chão", seja com seus negócios, seja na gestão da cooperativa. Como ele costuma afirmar:

— Não posso errar na cooperativa. Não se vende mercadoria de cooperado se ele não autorizar.

Mas quando se tem também indústria, a dinâmica muda, conforme esclarece Gallassini:

— Eu explico na reunião que quando se tem indústria, você não pode dizer que não mexe no produto do cooperado. Indústria tem que trabalhar 24 horas por dia. Você tem que industrializar, ter mercado. Vendemos por um ano para fretamento de navio. Quando o cooperado não vendeu e o cliente comprou, você o atende e cobre na bolsa. Quando o cooperado decide vender, então você sai da bolsa e paga o cooperado. Se o cooperado vendeu e o nosso cliente não comprou, você cobre na bolsa e fica no aguardo. Você paga o cooperado com capital de giro. É um mecanismo bastante complexo, mas seguro, sem risco.

Por isso tudo, ser presidente de cooperativa exige confiança e respeitabilidade do cooperado. E uma enorme dose de responsabilidade. José Aroldo Gallassini e a esposa Marli são avalistas e assinam contratos assumindo pessoalmente os riscos das investidas da Coamo.

Mas eles sempre assinaram os papeis necessários com enorme segurança. Jamais a Coamo viveu situação financeira de risco.

Às vezes, Aroldo chegava com papeis para Marli assinar. Para descontrair e brincar, ela segurava as folhas, fazia cara de preocupação e avisava:

— Antes de assinar eu vou ler os papeis!

Aroldo ria e apenas falava:

— Vamos depressa, não tenho a vida inteira para esperar... e ambos caíam na risada.

E, como de costume, Marli assinava! A esposa sempre esteve ao lado do marido. Era com Marli que Aroldo estava nas noites em claro, de preocupação, e nas noites alegres, de comemoração das conquistas da Coamo!

O PÓS-SUCESSÃO

Depois de consolidada a sucessão na Coamo, Aroldo Gallassini tem uma certeza: o modelo de governança corporativa precisa mudar. O novo formato deve apresentar um Conselho de Administração forte e uma diretoria executiva contratada e prestando contas ao Conselho.

A preocupação de Gallassini é a de criar uma estrutura na qual o dia a dia da cooperativa seja tocado por profissionais.

O tema de sucessão da Coamo, com o objetivo de profissionalizar a gestão, é do conhecimento dos cooperados e foi amplamente abordado nas Assembleias de 2017 e 2018. Este assunto é do conhecimento dos Conselheiros atuais, dos diretores executivos, dos superintendentes e está em estudos aprofundados.

Como afirma o presidente Gallassini:

— Não fizemos a Coamo para uma geração, mas para toda a vida!

30º ENCONTRO DE COOPERADOS DA FAZENDA EXPERIMENTAL

No ano de 2018, em cinco de fevereiro, a Coamo atingiu importante marco: comemorou a realização do 30º Encontro de Cooperados da Fazenda Experimental.

O evento é uma oportunidade que os cooperados têm de conhecer novas tecnologias. São 10 estações montadas com 10 experimentos diferentes.

Os cooperados passam pelas estações e acompanham as explicações, que duram em torno de 50 minutos, para conhecer as novidades, que depois serão colocadas em prática em suas propriedades.

São cinco dias de aprendizados destinados aos cooperados de todas as regiões. A cada dia a Fazenda Experimental recebe em torno de 600 cooperados de uma determinada região do Paraná, Santa Catarina e Mato Grosso do Sul.

A equipe técnica da Coamo participa ativamente, apresentando pesquisas e novidades para serem aplicadas na produção. Pesquisadores das universidades e das instituições oficiais, como Iapar e Embrapa, entre outras, tem presença certa, dando aulas aos cooperados.

Como costuma dizer Gallassini:

— É uma escola a céu aberto. Realizamos um evento técnico no qual os cooperados participam para aprender. Todas as novidades apresentadas já foram testadas por nós na Fazenda Experimental.

A diretoria faz questão de estar presente todos os dias. Aroldo Gallassini, acompanhado pelo vice Claudio Rizzatto e pelo secretário Ricardo Accioly Calderari, faz a tradicional abertura.

Depois de receberem a parte teórica sobre determinado assunto, os cooperados vão a campo, para ver como foi desenvolvido o ensaio. Apesar de estarem em regiões distintas, os cooperados conseguem ter noção daquilo que devem utilizar em suas propriedades.

Numa das áreas do evento as empresas fornecedoras de insumos e máquinas do setor criam stands para expor seus produtos.

Uma certeza que ficou ao final da 30ª edição: a tecnologia digital é a realidade da agricultura e o produtor precisa rapidamente adaptar-se e utilizar-se dela! Por meio de uma plataforma web, contendo todas as informações da propriedade e que pode ser acessada de um dispositivo móvel, como celular ou tablet, o agricultor poderá ter todo o panorama de suas terras.

Aroldo Gallassini sempre cobra a área técnica, para que seja persistente em suas pesquisas e buscas por novidades. E relembra de quando chegou a Campo Mourão:

— Naquele tempo, iniciamos com o trigo para experimentação num solo acostumado a madeira. Muitos duvidavam que daria certo, mas precisei ser persistente para conseguir mudar o sistema. E valeu a pena!

ASSEMBLEIA

Anualmente e sempre em fevereiro acontece em Campo Mourão a Assembleia Geral Ordinária (AGO) de prestação de contas da Coamo, onde José Aroldo Gallassini apresenta o balanço do ano anterior, com a participação de cooperados de toda a área de ação da cooperativa.

Mas geralmente parte dos cooperados chega pela manhã. Aroldo e a diretoria fazem questão de recebê-los na sede da cooperativa. Os grupos de cooperados se dirigem até a sala de Aroldo, onde ele os recebe e já passa algumas informações importantes.

De lá, todos seguem para a sala ao lado, onde fica a superintendência comercial. O Superintendente da área, Alcir José Goldoni, e o Gerente Comercial de Produtos Agrícolas, Rogério Trannin de Mello, fazem apresentações sobre a dinâmica do setor, tanto para as negociações feitas internamente quanto para as exportações.

Aroldo Gallassini também faz inserções de informações. Além de descontrair com o pessoal:

– Toda a comercialização da Coamo está sob o comando do Superintendente Comercial Alcir Goldoni, que tem ao seu lado o Rogério Trannin. Quando viajo eu deixo uma ordem para eles: 'Só pode subir o preço dos grãos, não pode baixar!' Agora... não sei se eles cumprem o que eu peço... – e o grupo de agricultores gargalha com a brincadeira.

Os cooperados saem de lá satisfeitos pela calorosa receptividade e pela bagagem adquirida ao conhecerem e entenderem como funciona internamente o processo de comercialização das suas produções. Dentro do estilo Gallassini de gestão, tudo é feito com muita transparência!

Ainda são programadas para o grupo de cooperados visitas às fábricas, para que conheçam os processos produtivos das indústrias de soja, café, algodão e trigo.

Na parte da tarde a Assembleia tem seu início, com Gallassini fazendo a leitura do relatório das atividades desenvolvidas no ano anterior. E assim segue a prestação de contas.

Após divulgar os resultados, Gallassini perguntava aos cooperados se há necessidade de esclarecimentos complementares, seguindo-se então à votação.

Apelidada de "13º salário do agricultor", a distribuição das sobras, após a aprovação da Assembleia, é comemorada pelos cooperados, ficando à disposição dos mesmos três dias após a AGO.

As sobras são os resultados da movimentação dos cooperados pelas entregas da sua produção e abastecimento de insumos.

A "CARA" DOS PRODUTOS COAMO

Numa ousada ação de marketing, com o objetivo de incrementar a comercialização, a Coamo contratou uma artista da TV Globo para divulgar os seus produtos fabricados. E qual seria a melhor imagem entre os artistas globais para associar à farinha de trigo, óleo de soja, margarina e café Coamo?

Sim... se você respondeu Ana Maria Braga, acertou em cheio!

Os comerciais gravados não seriam exibidos no programa matinal da apresentadora na TV Globo. A campanha veicularia nas emissoras localizadas de Minas Gerais ao Rio Grande do Sul.

O lançamento da campanha aconteceu em fevereiro de 2018. O primeiro filme produzido foi apresentado a Aroldo Gallassini e aos outros superintendentes por Alcir José Goldoni, responsável pela área comercial. Nele, Ana Maria Braga fazia uma receita de doce, onde utilizava todos os produtos da Coamo. Essa era mesmo a ideia, apresentar uma receita produzida com farinha de trigo, óleo de soja, margarina e café Coamo.

Além da veiculação nas mídias impressas e eletrônicas, o material ficou disponibilizado no site da cooperativa.

GALLASSINI E SEUS 50 ANOS DE CAMPO MOURÃO

Ano de 1968: o recém-formado José Aroldo Gallassini, extensionista da Acarpa, "adotara" Campo Mourão como seu novo destino. O que ele não sabia era que, além de novo, o destino seria definitivo!

Ano de 2018, dia 3 de maio... Cinquenta anos se passaram... e José Aroldo Gallassini recebe, em 19 de abril, homenagem surpresa da Organização das Cooperativas Brasileiras (OCB), cujo presidente é Márcio Lopes de Freitas, e da Organização das Cooperativas do Estado do Paraná (Ocepar), presidida por José Roberto Ricken. A deferência aconteceu durante o Fórum de Presidentes das Cooperativas Agropecuárias do Paraná, realizado na Coamo, em Campo Mourão.

Ao todo, o evento contou com 51 presidentes de cooperativas. Prestigiaram também o Fórum o ministro da Agricultura, Blairo Maggi, a governadora do Paraná, Cida Borghetti, além de outras autoridades, políticos e lideranças cooperativistas.

Bastante ligado a valores, Gallassini trouxe em suas palavras a importância de praticá-los no dia a dia:

— É preciso acreditar na família, nas pessoas, na união, na solidariedade e no espírito comunitário. É importante resgatar a confiança nas pessoas, acreditar na palavra empenhada e cultivar, praticar e propagar a honestidade.

E que nos tornemos homens e mulheres de fé, acreditando em tempos melhores para esta e para as novas gerações.

E romanceou a missão que ele criou junto com a Coamo:

— O que a Coamo mais plantou não está na terra, mas no coração do agricultor e do colaborador, que acreditaram na força da união e da cooperação. Plantamos fé e nasceu a esperança, e os frutos deste trabalho são comemorados merecidamente pela família Coamo.

A "GREVE DOS CAMINHONEIROS"

Dia 18 de maio de 2018! Depois de muito reivindicar, as entidades ligadas aos caminhoneiros cobram do governo federal, entre outras reivindicações, a redução de impostos no diesel (PIS/Cofins) e anunciam uma ameaça de iniciar a greve dos motoristas.

No dia 21 de maio a greve foi deflagrada e os caminhoneiros ficaram parados e interrompendo total ou parcialmente o trajeto nas rodovias de 21 estados.

Daí em diante, o que se viu foi uma sequência de negociações entre governo brasileiro e lideranças do setor. Havia pressa na solução, para minimizar os prejuízos irreparáveis em todos os sentidos.

Enquanto isso, os protestos avançavam e atingiram 25 estados, além do Distrito Federal.

Enfim, depois de 11 dias de paralisações, governo e entidades ligadas aos caminhoneiros chegam a um acordo, compensando a desobstrução das estradas.

Mas, e como a greve dos caminhoneiros afetou a Coamo? Qual foi o posicionamento do presidente da Coamo, José Aroldo Gallassini?

Evidente que a greve causou transtornos e prejuízos para a Coamo; porém, com o seu final e a volta da normalidade, a cooperativa tinha que agilizar os embarques de navios e a retirada de fertilizantes do Porto de Paranaguá e estocar nos Entrepostos, para fazer frente ao plantio da safra 2018/2019.

Desde a década de 1970 a Coamo já enfrentava problemas com frete. Na entressafra o valor subia muito no Paraná, pois, os caminhoneiros preferiam atuar nas safras do Mato Grosso ou do Paraguai.

O presidente Gallassini decidiu então que a Coamo deveria chegar a ter em torno de 30% a 40% de frota própria, percentual que se elevou com o passar do tempo. Além disso, havia participação significativa de frota terceirizada "dedicada", que atendesse a Coamo com exclusividade e tivesse contrato com garantia de prestação de serviços para todo o ano.

Em 2018, a frota total que atendia a Coamo tinha em torno de 2.500 caminhões percorrendo as estradas, sendo 680 próprios e o restante contratado de terceiros. No mesmo ano, a Coamo adquiriu mais 150 caminhões para a renovação da frota, totalizando 830.

Com essa frota disponível a cooperativa conseguiu cumprir seus compromissos após a liberação das rodovias, com uma estratégia de logística extremamente eficiente.

NOVO MODELO DA COAMO EM 2020

Em 2020, quando vence o próximo mandato de José Aroldo Gallassini, a Coamo terá uma reestruturação na sua governança corporativa.

No novo formato desenhado por Gallassini, haverá um Conselho de Administração composto por nove membros, todos cooperados como determina a lei, e uma diretoria executiva contratada. O presidente do Conselho poderá dar expediente integral na cooperativa.

Segundo Gallassini, o Conselho de Administração deve contratar profissionais em atividade na própria cooperativa, para exercer as funções dos Diretores Executivos.

O presidente Aroldo Gallassini está confiante:

– O estatuto já está pronto. O mandato do Conselho de Administração será de quatro anos. Tenho certeza de que todo esse trabalho de reestruturação dará certo.

E como Gallassini costuma dizer:

– Temos executivos de primeira linha e que se formaram aqui. Algumas cooperativas fizeram experiências com gente de banco e multinacionais, mas que deram errado. Cooperativa tem o lado comercial, mas também o social. Temos que agradar ao máximo a totalidade dos nossos cooperados. Nós fizemos a Coamo para a vida toda e não apenas para uma só geração!

IMPORTANTES METAS A SEREM CUMPRIDAS

O ano de 2019 começou bastante intenso, com reuniões, conversas isoladas, avaliações que precisavam levar José Aroldo Gallassini, mesmo apoiado pelo quadro de superintendentes, a importantes definições. Entre elas, a implementação de ações à governança e a criação de um novo modelo na gestão organizacional da Coamo.

No ano seguinte, em 2020, a Coamo completaria 50 anos, dos quais Gallassini participou de todo o processo de desenvolvimento da cooperativa, desde a sua criação em 1970, tendo assumido a presidência em 1975, sendo reeleito sucessivamente pelos cooperados a cada quatro anos em assembleia geral.

Por isso, Gallassini sabia que seria praticamente impossível definir novos presidentes para a Coamo e a Credicoamo que se mantivessem por tantas décadas no posto. Mas, entre seus altos executivos de confiança e que estavam a seu lado há muitos anos, o cooperativista precisava cravar nomes que pudessem se manter na presidência por um tempo expressivo, evitando, assim, muitas mudanças sequenciais, dando condições para que novas lideranças fossem criadas.

Nas reuniões com os supervisores Gallassini dava poucas pistas, mas acompanhava atentamente os posicionamentos, o que praticamente cravava pela escolha dos possíveis indicados que tinha em mente.

Paralelamente, ele mantinha conversas reservadas com aqueles que entendia serem os recomendados para assumir as presidências executivas da Coamo e da Credicoamo.

Como aconteceu nas conversas a dois com Airton Galinari, onde por vezes ele "deixava escapar": "Airton, quando você for o presidente da Coamo"... Mas o executivo logo "corrigia": "Doutor Aroldo, ao invés de quando, prefiro que o senhor diga 'Se você vier a ser o presidente'".

Assim, em outubro de 2019, durante a Assembleia Geral Extraordinária (AGE), José Aroldo Gallassini obteve a aprovação dos cooperados para a reforma do Estatuto Social para a reestruturação da Coamo, que foi consolidada na Assembleia Geral em fevereiro de 2020. Ele apresentou a nova diretoria executiva da Coamo, sendo Airton Galinari o presidente e como diretores contratados e responsáveis pelas áreas: Antonio Sérgio Gabriel (Administrativa e Financeira), Rogério Trannin de Melo (Comercial), Divaldo Correa (Industrial), Edenilson Carlos de Oliveira (Logística e Operações) e

Aquiles de Oliveira Dias (Suprimentos e Assistência Técnica).

O próprio Gallassini assumiu a presidência do Conselho de Administração, que, ao todo, é composto por mais oito integrantes, com mandato de quatro anos e uma renovação mínima de um terço dos seus membros a cada nova eleição. No novo formato, apenas o presidente pode, de forma facultativa, cumprir expediente integral, enquanto os outros integrantes participam das reuniões mensais.

Abaixo do Conselho, estão as presidências executivas da Coamo, sob comando de Airton Galinari, que deixou a superintendência operacional, e da Credicoamo, sendo o indicado, Alcir José Goldoni, ex-superintendente comercial da Coamo, que tem na diretoria executiva da cooperativa de crédito os diretores de negócios (Dilmar Antonio Peri) e de Controladoria (José Luiz Conrado).

Há também um Conselho Fiscal, com dois terços do quadro renovado anualmente na Coamo e a cada dois anos na Credicoamo, composto por três membros efetivos e três suplentes, também com reuniões mensais. Nesses encontros, há um coordenador e a participação de toda a diretoria executiva.

Como em tudo que José Aroldo Gallassini realiza, o fator determinante foi a seriedade:

— Nós da Coamo prezamos os valores. Em todas as nossas ações e iniciativas, nos pautamos pela honestidade, regra básica que é uma obrigação de todos nós. Nas horas difíceis da economia, ou mesmo de falta de insumos, a Coamo nunca deixa de ser atendida, e dos nossos parceiros ouvimos: "A Coamo sempre será beneficiada pela história de seriedade construída ao longo do tempo".

O novo processo de governança deixa ainda uma certeza a cada um dos quase 10.000 colaboradores da Coamo: independentemente do escalão e da posição por eles ocupada, fica a certeza de que aqueles que idealizam um plano de carreira e um crescimento profissional, desde que se dediquem, se qualifiquem e atuem dentro dos preceitos éticos e morais que pautam a Coamo, pelo método qualitativo da meritocracia podem aspirar a importantes posições na cooperativa, como as de gerência, diretoria e presidência executiva.

Os próprios presidentes executivos da Credicoamo, Alcir José Goldoni, e da Coamo, Airton Galinari, com suas trajetórias de décadas de dedicação, reforçam e alicerçam essa tese.

Galinari faz um alerta:

— A mentalidade de quem atua no cooperativismo precisa ser diferente. Prezamos os aspectos sociais e econômicos, a prestação de contas aos cooperados, pensamos no coletivo. Portanto, não são apenas os aspectos econômicos que pesam nas nossas decisões e, sim, aquilo que representa o melhor para os cooperados, dentro dos preceitos do cooperativismo. Isso faz parte da nossa cultura organizacional. Costumo dizer que trabalhar no cooperativismo exige agir dentro de uma só regra: atuar da forma correta! Não há espaço para ideias e ações escusas!

As palavras de Airton podem ser confirmadas pela atuação dos colaboradores. Como foi presenciado certa vez no café que fica na entrada da sede da cooperativa. Ali, dois funcionários conversavam, e um deles disse, sobre uma colega de setor:

— Ela falou que está preocupada, porque deu uma resposta negativa ao cooperado. O temor que ela tem é de receber alguma represália do responsável pela área.

O rapaz completou:

— Eu então lhe perguntei: Você conhece bem os conceitos éticos e morais da Coamo? E as nossas regras de conduta? Ela respondeu afirmativamente... e eu finalizei: Pois se você agiu dentro daquilo que nós entendemos e praticamos como correto, pode ficar tranquila... não há o que temer!

O ano de 2019 foi também de comemoração! O "braço" financeiro da Coamo, a Credicoamo, completou 30 anos de atividades, reunindo em torno de 23.000 associados.

Nessas três décadas, a Credicoamo cumpriu com perfeição o papel para o qual foi criada, financiando os agricultores em suas expansões, evoluções técnicas e em suas aquisições de maquinários e inovações tecnológicas.

Alcir José Goldoni, que assumiu a Credicoamo, traça a missão da cooperativa:

— Muito mais do que oferecer crédito aos associados, a Credicoamo apresenta soluções sustentáveis às necessidades dos cooperados. Além disso, o resultado anual é distribuído entre eles, mediante suas respectivas participações. A Credicoamo é o domicílio financeiro dos seus cooperados.

Um aplicativo da Credicoamo também foi lançado, para facilitar e aumentar a integração dos associados com a cooperativa, conforme expõe Goldoni:

— Queremos estar sempre junto aos associados. Para isso, investimos constantemente em produtos, serviços e tecnologia. E o aplicativo é mais um importante passo dado em prol do nosso time de cooperados.

Os números da Coamo apresentaram, em 31/12/2019, um faturamento perto dos R$ 14 bilhões, sendo R$ 792 milhões de sobras líquidas; mais de 29.100 cooperados, em torno de 8.000 funcionários, tendo recebido de seus cooperados, 7,5 milhões de toneladas de grãos.

AGIR COM RAPIDEZ E EFICIÊNCIA NO COMBATE À COVID-19

Doutor Aroldo, quero dizer ao senhor e a todos que, com o surgimento de uma variação do coronavírus na China, em dezembro, há uma preocupação mundial de que a contaminação se espalhe pelos países e continentes, infectando e até vitimando pessoas. Como os sintomas iniciais do coronavírus são os de uma gripe, sugiro que nos antecipemos e apliquemos no nosso quadro de colaboradores a vacina da H1N1!

Estávamos em fevereiro de 2020! As palavras ditas pelo médico do trabalho da Coamo, o doutor Carlos Eduardo Rosa Mildenberg, a José Aroldo Gallassini e aos outros integrantes da diretoria, já traçavam um quadro que se apresentava como crítico e com perspectivas de se agravar: o do surgimento da Covid-19.

Desta forma, numa ação ágil, os funcionários da cooperativa receberam as doses da vacina antes mesmo que o primeiro caso fosse constatado no Brasil, em meados de fevereiro de 2020. A partir da constatação, um grande comitê foi formado, presidido pelo diretor administrativo e financeiro, Antonio Sérgio Gabriel, envolvendo todas as áreas.

As primeiras medidas de segurança foram as distribuições de máscaras, álcool gel e outras ações que envolviam a higienização pessoal, bem como a ampla apresentação de comunicados e memorandos informativos, tanto em relação ao comportamento pessoal quanto nos atendimentos aos cooperados.

Dentro das ações, Antonio Sérgio destaca:

Nós tínhamos que evitar o acúmulo de pessoas dentro dos nossos entrepostos e instalações. Para isso, mudamos os turnos, demos férias antecipadas, suspendemos as contratações de funcionários, evitando, assim, trazer para o quadro alguém que porventura pudesse estar contaminado, suspendemos todas as viagens e os eventos presenciais, criamos regras para o atendimento dos cooperados nos entrepostos, priorizando fazê-lo por WhatsApp e efetuando as entregas programadas de produtos e insumos. Algumas áreas e pessoas específicas, como os mais idosos, grávidas, deficientes e pessoas com comorbidades e doenças preexistentes, passaram a trabalhar em home office, dividimos os departamentos em mais salas e ambientes, reduzimos os turnos de oito para seis horas, as Reuniões de Campo passaram a ser gravadas na sede da Coamo e disponibilizadas via internet. Tudo isso acompanhado de perto por nosso departamento médico.

Antonio Sérgio relembra como foi árduo o trabalho nos períodos mais críticos:

— Todas as segundas-feiras, das 7:30h às 8:15h, havia reuniões sob a minha supervisão e com as participações do nosso médico, o doutor Carlos Mildenberg, e dos integrantes do comitê. Ali, criamos e desenvolvemos campanhas educativas, palestras com o nosso pessoal da área da saúde por videoconferência, veiculadas pelos nossos canais de mídia social. Os alertas, além dos tópicos de preservação da saúde, traziam orientações comportamentais.

Para Gallassini, o resultado superou as expectativas:

— O processo todo foi muito bem conduzido pelo comitê e rigorosamente cumprido pelo nosso consciente quadro de colaboradores. Infelizmente, mesmo com todo o nosso intenso trabalho e esforço, tivemos algumas perdas bastante sentidas.

E quanto foi investido com todas essas ações pela Coamo? O presidente conta que isso nunca foi medido:

— Em momento algum pensamos em demitir pessoas, pois, além do aspecto social, o nosso setor representa uma atividade essencial como produtor de alimentos. Não há como retardar o período da colheita. Mesmo com todos os investimentos, jamais nos preocupamos em mensurar quanto tudo isso custou. Nosso objetivo, o de preservar pessoas e suas vidas, foi amplamente atingido! Por isso, parabenizo e agradeço a todo o nosso time de colaboradores.

Ao fim de 2020 e em diante, conforme orientações ministradas pelo Ministério da Saúde, as ações começaram a ser gradativamente e criteriosamente flexibilizadas.

Como avalia Gallassini:

– Aprendemos muitas coisas com o processo da pandemia. Entre elas, a diminuição da burocracia em vários setores e aspectos. Fica ainda a certeza de que o Brasil mostrou ser um país privilegiado, onde há fartura de alimentos.

MARCO NA HISTÓRIA DA COAMO

Em fevereiro de 2020, durante a assembleia que reuniu a direção da Coamo com os associados, o novo modelo de gestão e quadro diretivo foi apresentado aos associados, que votaram favoravelmente à oficialização dos mesmos.

As mudanças e transformações marcaram, também, as comemorações do cinquentenário da Coamo, que nasceu em 28 de novembro de 1970, com apenas 79 cooperados, bem diferente da realidade vivida 52 anos depois, onde a expressividade dos números alcança milhares de bilhões de faturamento anual e supera 30.000 associados.

Assim que o novo projeto de gestão entrou em vigor, logo puderam ser sentidos seus efeitos positivos. Entre eles, a reorganização administrativa, com criação de novas gerências, desprendimento de algumas áreas e maior celeridade na implementação e na operacionalização dos sistemas e processos.

Com isso, pode-se afirmar que a Coamo mudou para evoluir e ter um crescimento ainda mais organizado, buscando, assim, atender melhor aos cooperados, promovendo aos seus colaboradores a evolução das condições profissionais.

No dia a dia, todos se adaptaram ao novo sistema de gestão, mantendo o diálogo rápido entre os líderes, exatamente como era com José Aroldo Gallassini na gestão executiva, que sempre foi um bom ouvinte, sem perder sua capacidade de avaliação e decisão.

Para aquele que representa a seriedade, idoneidade e segurança da Coamo, José Aroldo Gallassini, o passo dado é um caminho sem volta:

– Todo o movimento que realizamos visa o bem da Coamo, a quem me dedico fielmente desde 1970, quando a cooperativa foi criada. Sou muito feliz com a vida que levo e que é bastante intensa. Meus objetivos são cuidar da minha família, de tudo que envolve a Coamo e dos meus negócios. De segunda a sexta, chego na sede da cooperativa às 7h e cumpro expediente até às 18h, saindo apenas para o almoço.

Aos finais de semana, toco as minhas terras, com criação de gado, e a lavoura de soja, trigo e milho.

Gallassini complementa:

– Sou uma pessoa realizada! Na vida pessoal, completei 50 anos de casado com a Marli e temos duas filhas maravilhosas, a Lenara e a Larissa, que atua comigo na pecuária das nossas fazendas. Na vida profissional, tenho minhas terras e, em relação à Coamo, segue uma trajetória futurística.

AUMENTAR A EXPOSIÇÃO DA COAMO, DA CREDICOAMO E DOS PRODUTOS

Simultaneamente ao novo organograma do complexo cooperativo, internamente, foi dado início a um novo processo de comunicação para exposição da Credicoamo e da Coamo, assim como da sua linha de produtos.

Projetos editoriais, dirigidos a todas as idades, alimentação das mídias sociais, criação de programas audiovisuais, reportagens de campo, entre outros, são alguns dos produtos criados pela área de Comunicação.

Assim como aconteceu com muitas empresas, a pandemia provocou significativas mudanças e levou à criação de projetos e processos. Desta forma, a Coamo e a Credicoamo passaram a ter mais presença na mídia.

O caminho de aumentar a exposição, conforme explica Gallassini, vem obtendo bons resultados:

– Um bom exemplo é o "Momento Coamo" que apresentamos de forma regular e semanal, onde nossos executivos apresentam as novidades, estando assim mais presentes junto aos cooperados, colaboradores, parceiros comerciais, fornecedores, clientes e consumidores.

COAMO E SEUS PRODUTOS DE CARA NOVA

Criar identidade! Esse foi o maior objetivo de empenhar tantos esforços e investimentos na unificação, modernização e transformação da marca Coamo, e que está estampada nas embalagens da linha alimentícia da cooperativa, composta por farinha de trigo, margarina, café, entre outros. Uma linha conceitual que associa a relação do Sol, da terra e da semente.

Assim, independentemente do corredor em que o consumidor esteja no supermercado, atacado, pequeno varejo ou atacarejo, poderá reconhecer a identidade visual desenvolvida para a marca Coamo.

Visualmente, a nova configuração de apresentar o nome Coamo, traz em sua identidade visual, com personalidade e leveza, o respeito aos preceitos do cooperativismo, a busca incessante pela qualidade, o espírito de união, a fé no trabalho, entre tantos outros pontos que compõem os valores indissociáveis de sua história e cultura.

Dentro do processo de governança, o lançamento oficial aconteceu em junho de 2021 e trouxe a seguinte reflexão de evolução e transformação: "A Coamo está plantando uma semente muito especial", como forma de mostrar-se como a verdadeira "casa" do cooperado, onde, mais do que ser atendido, ele é acolhido!

Gallassini traz detalhes sobre a receptividade da iniciativa:

— A mudança da marca, que contou com aprovação interna e do mercado nacional e internacional, trouxe consigo, além de um novo conceito, o slogan: "A vida é a gente que transforma". Foi um trabalho brilhante de toda a nossa equipe, a quem eu parabenizo!

Assim como a Coamo, a Credicoamo também mudou sua identidade visual, trazendo para a nova marca a evolução cooperativa do setor.

Fatores como seriedade, credibilidade e solidez nos processos operacionais e de gestão, além de apresentar a preparação da cooperativa para o crescimento, fomentando também o desenvolvimento dos cooperados e de suas famílias, assim como das regiões em que atua, são apresentados nas formas e cores da nova marca da Credicoamo.

O presidente Gallassini relata sobre a mudança da mensagem:

— A nova marca traz consigo o slogan: "Juntos com você, sempre"! Com isso, queremos expressar que nos mantemos ao lado dos nossos cooperados onde quer que eles estejam: nos momentos de trabalho ou lazer, no campo, no escritório, na praia, em casa, durante as viagens, ou seja, onde houver comunicação digital, eles poderão contar com a Credicoamo, a cooperativa de crédito deles!

50 ANOS DE HISTÓRIA DE CONQUISTAS

Construir uma história cooperativa e empreendedora de cinco décadas no Brasil, completada em 2020, infelizmente, é uma conquista para poucos! Entre eles, está a Coamo, considerada a principal cooperativa agrícola da América Latina.

Toda a narrativa da longeva trajetória foi apresentada na edição comemorativa da Revista Coamo, com destaque para as 50 perguntas e 50 respostas realizadas sobre a cooperativa, onde são abordados tópicos como governança, cultura organizacional, gestão de pessoas, *compliance*, relação e respeito aos cooperados, entre outros.

Também são apresentadas histórias que agregam emoção, detalhadas nas declarações de protagonistas, como cooperados e executivos.

Mas, é impossível falar em protagonista sem imaginar José Aroldo Gallassini, cuja imagem se confunde com a da Coamo. Mesmo assim, ele sabe que a Coamo surgiu e se desenvolveu para comemorar 50, 100, 150 anos ou mais:

– A Coamo não foi criada para atender a uma ou duas gerações, mas para uma vida toda. – Exalta com emoção o presidente do Conselho de Administração.

APLICATIVO COAMO

Informações na palma da mão!

Para facilitar a vida do cooperado, foi criado o aplicativo Coamo, canal de relacionamento e de aproximação dos cooperados, via celular, na integração dos seus negócios aos da cooperativa com agilidade e segurança.

Por meio do aplicativo, os associados podem se informar sobre os preços dos produtos no mercado e as cotações da Bolsa de Chicago, assim como a do dólar, além de promover intenções de vendas dos produtos, acompanhar os contratos, quitar débitos, entre outros.

Na mesma linha, foi lançado o programa "Conectividade Coamo". Em parceria com provedores de internet, a Coamo busca que as operadoras desenvolvam a prestação de serviços e planos qualificados para atender aos cooperados.

O acesso à internet é ainda restrito no Brasil. Estudos mostram que apenas 20% da área agrícola do país possuem cobertura que permite o uso da internet, apresentando, assim, um vasto espaço a ser explorado.

Outra novidade da Coamo é o site: www.coamomaquinas.com.br, canal aberto para que, após a aquisição de máquinas novas na cooperativa, os cooperados possam vender as usadas com postagem no site.

A comercialização do maquinário é feita diretamente entre comprador e vendedor, sem a intermediação da Coamo.

COAMO, A MELHOR EMPRESA DO PARANÁ

Pelos expressivos resultados alcançados em 2020, a Coamo se posicionou na edição das Melhores e Maiores da Revista Exame como a principal empresa do Paraná, ocupando ainda a 40ª posição em nível nacional.

Com o faturamento perto de R$ 19,3 bilhões, a Coamo, pela primeira vez em sua história, alcança tal posição no estado. Uma posição que a cooperativa não pretende largar, mesmo conciliando produção, resultado e responsabilidade social.

Para José Aroldo Gallassini:

— A Coamo é moderna, bem administrada. Nossa equipe é excelente e muito bem treinada. Criamos convênios com a PUC e a Universidade Federal do Paraná, que enviam seus professores para ministrar aulas e cursos de especialização. Essa é outra das nossas metas, qualificar o grupo de trabalho da cooperativa.

O futuro apresenta uma prospecção promissora, conforme apresenta Gallassini:

— Vivemos a nossa realidade, que é a de crescer e desenvolver. Ampliamos nossa produção, nosso maquinário, nossas instalações, criamos indústrias, fabricamos e beneficiamos soja, milho, café, trigo e algodão. Está em estudo o projeto de uma indústria de etanol de milho.

Para ele, a área de produtos alimentícios também se mostra próspera:

— Ampliamos a distribuição da linha alimentícia, negociando os nossos produtos na maioria dos estados brasileiros. Vendemos também café, farinha de trigo, óleo de soja e margarina para diversos países da América do Sul. Nossa produção e exportação de produtos vem aumentando significativamente. — Explica Gallassini, que ainda apresenta um importante objetivo da cooperativa. — Na parte técnica, temos a preocupação de trazer novas tecnologias para o quadro social. A Coamo que aumentar cada vez mais a renda dos nossos associados.

Fábricas são ampliadas e construídas, como a de Dourados, novos entrepostos, como o de Campo Mourão, e melhor qualificação dos já existentes, implantação de novas tecnologias e inovações nos processos produtivos, maior qualificação dos canais de comunicação com os cooperados, colaboradores e parceiros comerciais, investimentos estruturais, como a construção de um novo terminal portuário próprio em Paranaguá, e a iniciativa do licenciamento ambiental do Porto de Itapuã, expansões importantes nos estados em que a Coamo atua.

O crescimento constante, sustentável e de ações verticalizadas da Coamo, serve de modelo de empreendedorismo consciente.

UMA OSCILAÇÃO NO APROVEITAMENTO DAS SAFRAS

Uma safra para entrar na história da Coamo!

Assim Gallassini avalia a safra da temporada de 2019/2020, onde houve o maior recebimento de produtos nos mais de 50 anos de trajetória da cooperativa.

Em relação à temporada seguinte, correspondente à safra e safrinha de 2020/2021, frustrou as expectativas, principalmente no inverno (2021), pois os agricultores colheram metade daquilo que havia sido programado. Como exemplo, das 47 milhões de sacas de milho previstas, a Coamo recebeu apenas 24 milhões.

A safra seguinte, do verão de 2021/2022, se manteve abaixo do esperado. A expectativa da colheita era de 100 milhões de sacas de soja, mas a Coamo só recebeu praticamente metade disso, 52 milhões de sacas de soja.

A queda da produtividade pode ser explicada pelo fenômeno *La Niña*, que provoca o aquecimento das águas do Pacífico, causando chuvas em algumas regiões e um bolsão de calor em outras, evitando que surjam as frentes frias e, automaticamente, provocando seca.

Em função disso, na região oeste do Paraná, por exemplo, alguns municípios tiveram até 90% de perda da safra de soja. Mas, na média, a perda geral dos agricultores chegou a 50% na safra de soja; em relação ao milho, das 7 milhões de sacas, apenas 4 milhões foram entregues na Coamo.

Por isso, a Coamo e seus dirigentes sempre reforçam junto aos seus cooperados e agricultores para que façam seguro da produção.

O presidente do Conselho de Administração sempre defendeu:

– Seguro deve ser considerado um insumo. O agricultor compra adubo e tantos outros componentes que podem ser financiados, assim como o seguro, pelo plano agrícola de custeio concedido pelo governo.

Em 31/12/2021, a Coamo apresentava um faturamento acima dos R$ 24 bilhões, com sobra líquida de R$ 1,865 bilhão. Eram mais de 30 mil cooperados, que entregaram à Coamo 7,78 milhões de toneladas de grãos; o quadro da cooperativa registrava mais de 9 mil funcionários.

A temporada de 2021 foi realmente especial. Os expressivos resultados garantiram à Coamo a 47ª posição no *ranking* das maiores empresas do Brasil, além da indicação de melhor empresa do agronegócio brasileiro, no anuário "Valor 1000", organizado pelo jornal *Valor Econômico*. Aroldo Gallassini subiu ao palco do hotel Unique, em São Paulo, para receber o troféu em prestigiada festa, realizada no mês de setembro de 2022.

Já no *ranking* da revista *Exame*, a Coamo é líder no segmento das cooperativas.

A GUERRA ENTRE RÚSSIA E UCRÂNIA

É inacreditável que em pleno século 21, com toda a evolução mundial, onde não são mais aceitas exclusões e intransigências, e se luta por uma sociedade mais humana, pela força do diálogo como solução dos conflitos, fatores econômicos levaram a Rússia e a Ucrânia a uma guerra que provoca destruição e mortes.

A forma de pensar de José Aroldo Gallassini é endossada por bilhões de pessoas mundialmente, que não conseguem entender ou mesmo aceitar a situação que envolve os dois países europeus.

Em 24 de fevereiro de 2022, a Ucrânia foi invadida por tropas russas. Iniciava-se ali um conflito que sensibilizaria o mundo com as fortes imagens dos ataques realizados pelas forças russas e das ações de defesa do exército ucraniano.

Um conflito cujos efeitos econômicos afetaram, além da Ucrânia, a todos os países, em função dos aumentos da inflação e dos preços de produtos como combustíveis, alimentos, fertilizantes, *commodities* em geral, entre outros.

O agrobusiness foi diretamente afetado, pois, Rússia e Ucrânia são fortes produtores e exportadores de insumos. Para usar como base da oscilação do custo produtivo, cada saca de soja consumia em torno de R$ 45 entre o plantio e a colheita, mas, com os efeitos da guerra e da crise econômica que assolou o mundo, passou para em torno de R$ 70.

Em contrapartida, o preço da saca da soja no mercado também disparou, chegando a R$ 200!

Todos os efeitos da guerra são daninhos! Causam dor e prejuízo!

Mas, certamente, as maiores perdas são aquelas cujo valor é imensurável, inestimável!

Afinal... quanto vale uma vida?

DESENVOLVIMENTO EM TODOS OS SENTIDOS

Na Coamo e na Credicoamo, trabalhamos o macro e o micro, sempre atentos ao todo e também aos detalhes. Essa nossa conduta envolve todos os campos de ações: cooperativas, indústrias, entrepostos, logística, finanças e investimentos... e, em especial, o apoio irrestrito aos cooperados.

As palavras de José Aroldo Gallassini, presidente do Conselho de Administração da Coamo e da Credicoamo, expressam com clareza e exatidão o modelo de gestão que o acompanha há anos e que se perpetua e ganha atualizações constantes com a governança corporativa, iniciada em 2020.

A melhor resposta a isso consiste nos números sempre crescentes das duas cooperativas, inclusive, no aumento de cooperados no Paraná, Santa Catarina e Mato Grosso do Sul.

Com o desmembramento da Credicoamo, a Coamo vendeu para a coirmã a Via Sollus Corretora de Seguros. Gallassini explica o sistema:

Foi uma decisão acertada! Assim, a Coamo define-se exclusivamente como cooperativa agrícola e a Credicoamo como cooperativa de crédito. Em seus respectivos campos de atuação, cada qual cresce em suas atividades.

Embora em áreas distintas, as duas cooperativas desenvolvem ações interligadas:

Os cooperados são os donos tanto da Coamo quanto da Credicoamo. Então, quanto mais produtos e serviços eles adquirem, mais as cooperativas crescem, faturam, solidificam-se, valorizam-se, mais crédito agrícola oferecem... e ainda mais sobras eles recebem.

Após o desmembramento das duas cooperativas, Alcir José Goldoni assumiu a presidência executiva da Credicoamo, com a larga missão de reestruturar a cooperativa de crédito e dar a ela o mesmo patamar de desenvolvimento da Coamo.

Alcir traça um esboço das ações:

O Conselho de Administração da Credicoamo deu sinal verde para um intenso trabalho de diversas atividades que buscavam ajustar a administração central: traçamos as estratégias, os indicadores financeiros e os de gestão, e começamos a passar o conteúdo para as agências. Qualificamos nossos colaboradores, ampliamos o quadro, desenvolvemos processos e conscientizamos o nosso cooperado a movimentar sua conta conosco, e também os cooperados da Coamo a se tornarem nossos cooperados.

A resposta veio em forma de resultados, conforme conta Alcir:

Entre 2020 e 2024 passamos de 232 funcionários para mais de 500. Era preciso dar respaldo e estrutura para o crescimento previsto. Temos dois departamentos de T.I., o da Coamo e o nosso, que passou de 18 colaboradores para mais de 40 em 2024. Ampliamos o número de agências, criamos produtos e tornamo-nos não o banco, mas a cooperativa de crédito dos nossos *associados.*,

Já em relação à Coamo, Airton Galinari, presidente executivo, traça um marco importante na forma de a Coamo apresentar-se ao mercado externo:

Um fato marcante foi a atualização das logomarcas em 2021, expressando a nossa missão. Também provocamos uma mudança total na forma de comunicação. Antes, tínhamos duas marcas, a Coamo Alimentos e a Coamo Institucional. Observamos que o mercado atuava diferentemente de nós, e essa percepção veio na Alemanha, em 2019, quando estive acompanhado de outros diretores. Ao apresentarmos nosso vídeo institucional aos parceiros externos, não percebemos o impacto esperado.

Baseado em estudos, Airton conta sobre as alterações:

Centralizamos a estratégia no nome Coamo e mudamos então a logomarca, trazendo a relação da terra e da semente, com uma forma suave de interação.

Também modificamos nosso modo de nos comunicarmos pelo vídeo de apresentação da Coamo, apresent*ando aspectos sociais e econômicos da nossa atuação, nossos números expressivos, o desenvolvimento do produtor e da cooperativa, que é um agente de transformação. Essa nova forma de comunicação foi muito bem recebida pelos compradores internacionais e expressa perfeitamente a nossa identidade.*

NOVA ETAPA DE INDUSTRIALIZAÇÃO

Em setembro de 2023, a Coamo inaugurou a fábrica de ração no polo industrial de Campo Mourão, onde já havia toda uma estrutura montada. Os investimentos iniciais foram da ordem de R$ 180 milhões, e as instalações de última geração.

A linha principal é a de ração para bovinos de leite e corte. Mas o segmento de ração para peixes é muito intenso, sendo um dos tipos de ração mais consumida; a extensa criação de tilápias para exportação ajuda a explicar tal volume.

A lista completa, além dos ruminantes (bovinos de leite e gados de corte) e peixes, inclui equinos, suínos, aves, além da linha *pet* para cães e gatos. A base das rações é preparada com milho e soja.

Por falar em exportação, abrimos um parênteses para registrar a aquisição da plataforma do Porto Itapoá, em Santa Catarina, pela Coamo. A transição é explicada por Airton Galinari, presidente executivo da cooperativa:

A área de Itapoá, de 450 metros de frente, somada ao espaço do Porto de Paranaguá, onde atuei por largo tempo, torna a Coamo autossuficiente no âmbito portuário, podendo, inclusive, gerar recursos com a disponibilização dos serviços a outras empresas.

Voltando ao segmento das rações, foi criada uma estrutura para atender à piscicultura, com a contração de engenheiros de pesca, tanto para atuar no processo industrial quanto para dar assistência aos cooperados.

A capacidade inicial era de 200 mil toneladas por ano, que se imaginava atingir em três anos. Surpreendentemente, em seis meses a fábrica já alcançava a capacidade produtiva plena.

Devido ao grande sucesso, que atende apenas ao mercado interno e inviabiliza a exportação, e como a fábrica foi construída em módulos, em 2024 o plano de expansão já era estudado.

Gallassini comemora mais uma investida triunfal:

Nós não estamos na produção animal, mas temos mais de 70 lojas veterinárias, que fornecem os insumos da pecuária aos nossos cooperados. A ração e os suplementos minerais têm grande demanda. Nós vendíamos aos cooperados a ração terceirizada, mas como temos todos os ingredientes necessários para a fabricação da ração, ou seja, o farelo de soja, o milho e as principais matérias-primas, resolvemos investir e ter a nossa própria fábrica. Os resultados comprovam a assertividade da decisão.

ATENÇÃO À PARTE TÉCNICA

No que tange ao constante e incessante trabalho de desenvolvimento técnico, como suporte aos cooperados, a Coamo faz significativos investimentos no aprimoramento dos métodos, insumos e equipamentos utilizados no plantio.

O objetivo é sempre produzir com qualidade e sustentabilidade, ampliando a quantidade de sacas de colheita no menor tempo possível.

Uma das iniciativas de sucesso da Coamo foi a criação de uma nova Fazenda Experimental, em Dourados, no Mato Grosso do Sul, inaugurada em dezembro de 2023. Com a significativa expansão da Coamo, e o fato de as condições de clima e solo daquele estado diferirem das do Paraná, além da distância para deslocar os cooperados até a sede, em Campo Mourão, foi criada então a segunda Fazenda Experimental.

Localizada em Dourados, na região centro-sul de Mato Grosso do Sul, a segunda Fazenda Experimental nasceu sob o mesmo conceito já praticado e está situada no parque industrial. No local, são realizados diversos eventos com a participação dos cooperados e das equipes técnicas, além do desenvolvimento de pesquisas e experiências junto aos fornecedores.

A primeira, instalada em Campo Mourão e com uma área de 190 hectares, fechou um ciclo de 50 anos de atividades. Um grande evento foi organizado para comemorar o importante marco, em que foi apresentada a linha do tempo da Fazenda Experimental de Campo Mourão.

Instalada em 1975, a Fazenda Experimental se tornou um desafio que José Aroldo Gallassini assumiu pessoalmente. Muitos estudos, tecnologia e inovação pautaram essas cinco décadas de pesquisas e descobertas transmitidas aos associados da cooperativa.

Na Fazenda Experimental de Campo Mourão, há uma área denominada Museu do Solo, somente desmatada, sem adubação ou correção, onde são plantados soja e milho. Na área, é apresentado às novas gerações de produtores como seus pais e avós plantavam, cultivavam e colhiam no passado, bem como a tecnologia e a inovação vêm transformando os processos.

O engenheiro agrônomo e diretor de suplementos e assistência técnica da Coamo, Aquiles de Oliveira Dias, apresenta o desenvolvimento do trabalho e registra uma importante parceria:

Nós temos um ensaio de rotação de cultura com a Embrapa que é o mais antigo do Brasil. É um trabalho conjunto iniciado há quase quatro décadas e engloba a soja, no verão, e o trigo, no inverno, além de outras experiências com diversas rotações importantes para a conservação do solo.

Os estudos são importantes, conforme explica Aquiles:

Os resultados nos dão informações do que aconteceu com a física, a química e a biologia do solo. Inclusive, há várias teses de doutorado e *dissertações de mestrado desenvolvidas por meio desses ensaios. Temos ainda experimentos de integração com a pecuária, iniciados em 1999, no Paraná. A Fazenda Experimental tem grande representatividade na história da Coamo.*

Uma das iniciativas é agraciar parceiros representativos na trajetória da cooperativa. Gallassini explica:

A Fazenda Experimental tem enorme significado para nós. Iniciamos também as homenagens a algumas pessoas e parceiros importantes no desenvolvimento da Coamo. O primeiro deles foi o empresário Alceu Elias Feldman, fundador e presidente da Fertipar, uma das principais empresas de fertilizantes do país e que visitou a nossa sede. Na oportunidade, plantamos uma árvore e nela colocamos uma pedra gravada com o nome dele.

Entre os experimentos, Aquiles relaciona alguns:

Em 2024, realizamos testagem de irrigação nas nossas Fazendas Experimentais, avaliando como o processo pode contribuir na produtividade, na maior estabilidade da produção e no aspecto financeiro para os nossos cooperados. Estamos bastante entusiasmados com esse projeto. Nosso time técnico se conscientiza das novidades, aprende como utilizar e faz a testagem, para saber se faz sentido ou não apresentá-las aos nossos cooperados.

Tudo feito dentro do propósito apresentado por Gallassini:

A missão da Coamo é prover as melhores condições para que cada um dos nossos mais de 32 mil cooperados prosperem, gerando melhores condições para o desenvolvimento sustentável do agronegócio.

A mensagem que a Coamo prega é reforçada por Gallassini:

Estamos aqui para ajudar os cooperados. A Coamo é uma organização de transferência de tecnologia. As empresas do setor investem muitos recursos em pesquisas, gerando novos produtos e tecnologias. Nós trazemos para os nossos campos de testagens, adaptamos para as nossas Fazendas Experimentais, treinamos nossos técnicos e transferimos para os cooperados poderem utilizar em suas produções.

Gallassini complementa:

— Estamos também atentos às necessidades dos nossos cooperados. É importante conversar com o pessoal que visita os nossos entrepostos, pois é uma forma de participar da vida dos cooperados na comunidade e no agronegócio, para entender as suas demandas e dificuldades, e como podemos de fato ajudar.

Aquiles apresenta detalhes da amplitude dos campos de testes:

Temos uma vasta área entre a Fazenda Experimental de Campo Mourão, com 190 hectares, e a do Mato Grosso do Sul, com 70 hectares, onde investimos mais de R$ 25 milhões. São áreas muito bem equipadas e com adequação de ambientes. Entre 2022 e 2024, tivemos um aumento em torno de 35% do quadro de profissionais da área técnica, contratamos agrônomos, médicos veterinários, entre outros, prestando assistência técnica aos nossos cooperados. Nosso time passou de 300 para mais de 400 profissionais. Temos a cultura de investir pesado em qualificação dos nossos colaboradores, e com o quadro técnico não é diferente.

Outro ponto comemorado por Gallassini é a participação feminina no campo:

O agro nasceu formado pelos homens agricultores e a Coamo, criada em 1970, também. Mas essa realidade vem sendo alterada nos últimos anos, pois as mulheres têm cada vez mais se posicionado como protagonistas e já representam 19% do nosso quadro de cooperados.

Aquiles traz outro dado, pois a participação feminina não está registrada apenas entre os associados:

Em torno de 15% do nosso quadro técnico é composto por *veterinárias e engenheiras agrônomas. Isso sem contar o grande número de colaboradoras na área administrativa e nos entrepostos.*

Nessa estreita relação da Coamo com seus cooperados, foi desenvolvido o programa Gestor Rural. Nele, os produtores cadastram propriedades e registram a programação de insumos para a safra seguinte.

À medida que os insumos são retirados, as notas ficais são emitidas para a propriedade do associado, que assim vai calculando o custo de produção.

Quando chega a época da colheita, é possível calcular quanto foi investido em insumos, mais o custo dos funcionários, diesel e algo mais adquirido durante o processo. Ao fim, o cooperado tem o custo total da produção de cada saca por hectare e pode emitir a nota fiscal de entrega da colheita na Coamo, optando ou não pela venda antecipada.

O papel da Coamo como cooperativa está bem-desenhado, conforme traça Airton Galinari:

Sabemos que a nossa missão é oferecer as melhores e mais seguras condições de produção, produtos, insumos e maquinários, além da melhor negociação aos nossos cooperados. Por isso, entre efetivos e temporários, temos mais de 13 mil colaboradores trabalhando para eles.

MULHERES DO AGRO

Nós temos trabalhado muito com as mulheres, as filhas, netas e esposas, na operação de máquinas, gestão e parte técnica, para que sejam atuantes e possam assumir os comandos das propriedades cooperadas.

O presidente do Conselho de Administração da Coamo e da Credicoamo, José Aroldo Gallassini, vibra com a possibilidade de cada vez mais qualificar e incluir as famílias cooperadas no negócio:

A economia agrícola expressa forte traço familiar e cada vez mais as mulheres têm se posicionado e ocupado funções importantes entre os nossos cooperados. Há um programa chamado Mulheres que Semeiam, no qual abordamos temas sobre a propriedade, a sucessão familiar, entre outros, bem como apresentamos caminhos de como elas podem participar de todas essas etapas.

Os encontros femininos, nos quais diversas palestras de profissionais com autoridade em suas atividades são ministradas, reúnem milhares de cooperadas. Um dos eventos agrupou mais de 5.000 mulheres.

É comum elas comemorarem, dizendo: “O principal é o conceito de família que a Coamo trabalha”, “É um grande orgulho fazer parte do corpo de cooperadas da Coamo”, “O pessoal tem uma forma de linguagem que todas nós entendemos”...

"O segredo está em respeitar as pessoas e entender que cada colaborador é peça-chave no sucesso."

DO CAMPO PARA OS STATES...

Outra novidade da Coamo, para permitir aos cooperados a troca internacional de experiências, foi a viagem programada para os Estados Unidos, organizada em 2024.

O grupo, composto por 40 cooperadas e cooperados, mais o pessoal da Coamo, cumpriu uma agenda programada: visitas aos produtores locais, para conhecer o manejo do campo e as tecnologias utilizadas, além das visitas a algumas instituições de pesquisas e universidades.

A formação do grupo exigiu o cumprimento de determinadas regras definidas pela direção da Coamo. Aqueles que aderiram ao processo de intercâmbio arcaram com 50% do valor do pacote de viagem, sendo o restante coberto pela cooperativa.

Mesmo com intensa agenda profissional, sobrou tempo para alguns passeios de lazer. Os participantes adoraram a iniciativa e os relatos foram muito positivos.

A perspectiva é incentivar esses eventos, trazendo mais adeptos e oferecendo a oportunidade de interação a um grupo cada vez maior de cooperados.

OSCILAÇÃO DE PREÇOS

Diante do enfrentamento de condições climáticas adversas, a safra de 2024 foi menor, bem como a queda dos preços foi aquém do esperado pelos cooperados e também pela direção da Coamo.

Conforme elucida Gallassini, a baixa dos insumos equilibrou financeiramente o custo de produção:

Na temporada de 2021/2022, a tonelada de adubo custava R$ 3.800,00. Na de 2023/2024, o preço foi elevado para mais de R$ 5.600,00. Mas no lançamento da campanha de 2024/2025, simultaneamente à apresentação do Plano Safra, houve queda no preço, que baixou para em torno de R$ 2.800,00, viabilizando o custo de produção.

Proporcionalmente, o mesmo aconteceu com os insumos em geral. Isso tornou o custo de produção o mais baixo dos últimos dez anos e equilibrou o resultado da safra como favorável.

Em 2022, José Aroldo Gallassini começou a sentir dores na panturrilha. Mesmo recorrendo aos médicos e fazendo tratamento à base de remédios, a dor não aliviava.

Depois de nova avaliação médica, a orientação foi para que procurasse um especialista, em São Paulo. Logo ele marcou consulta e viajou para a capital paulista. Ali foi atendido, realizou alguns exames e veio o diagnóstico: "É uma infecção no rim e precisamos operá-lo imediatamente, antes que possa causar uma doença mais grave".

A recomendação foi seguida e Gallassini submeteu-se à cirurgia, em que ocorreu a retirada de um dos rins.

A recuperação foi excelente e, assim que recebeu alta, pôde seguiu para Campo Mourão, fazendo depois os retornos previstos no consultório do médico que o assistiu durante todo o tempo.

PRÓXIMO PASSO: USINA DE ETANOL DE MILHO

O tempo não para! E a Coamo muito menos!

Com investimentos de R$ 1,7 bilhão, e previsão de início de funcionamento para 2026, outra etapa da industrialização é a usina de etanol de milho, igualmente posicionada no polo industrial de Campo Mourão.

A usina, que deve consumir diariamente em torno de 1.700 toneladas de milho, produzirá etanol amido combustível, que será misturado à gasolina, e etanol hidratado, para venda nos postos de combustível.

Mesmo com mais essa iniciativa, ainda há muito espaço a ser explorado com ampliações das indústrias ou mesmo a construção de novas fábricas, conforme explica José Aroldo Gallassini:

O polo industrial está anexo à Fazenda Experimental, com 190 hectares. As áreas das indústrias de sementes, rações, as futuras instalações da usina de etanol de milho, entre outras, utilizam ao todo em torno de 150 hectares. Mas sobra ainda muito espaço, pois a área total destinada às indústrias totaliza mais de 900 hectares (há), ou acima de 370 alqueires.

QUALIFICAR, INOVAR E MANTER A CULTURA ORGANIZACIONAL E OS VALORES

Em 2024, um grande passo educacional estava prestes a ser dado. A preocupação com a qualificação de quem faz a Coamo é constante e ousada, conforme registra com empolgação Antonio Sérgio Gabriel, diretor administrativo e financeiro da Coamo, e também o funcionário mais experiente, que completou 49 anos de Coamo em 2024:

Nós estamos estruturando a Academia Empresarial. Estudamos o melhor caminho e contratamos uma consultoria externa e profissionais especializados no sistema educacional, para começar a implantar a Academia. Definimos convênios com universidades e entidades ligadas ao ensino profissional.

O diretor administrativo e financeiro, como todos os gestores da Coamo, enxerga longe:

É *como cuidar da Coamo de hoje e já projetá-la para o futuro, com o objetivo de perpetuar a cooperativa. Nós não pensamos na nossa organização somente para uma ou duas gerações, e sim para eternizá*-la. Por isso, *investimos na qualificação das pessoas e incentivamos a participação cada vez maior das mulheres no agronegócio, o que torna a Coamo sempre atualizada e bem-preparada.*

Tudo isso sem se descuidar dos valores:

Preparamos colaboradores que entendam a cultura cooperativista. Essa é a cultura da honestidade, do trabalho, do comprometimento e dos fortes valores que são a base do doutor Aroldo e da Coamo. Batemos muito na tecla de que cada um de nós precisa de consciência do nosso papel a ser desempenhado no todo. Seja o doutor Aroldo, presidente do Conselho de Administração, o presidente executivo, ou diretores, gerentes, auxiliares, engenheiros agrônomos ou os porteiros, entre outros, cada um de nós precisa se conscientizar de que é uma peça importante do quebra-cabeça cujo patrimônio atinge a marca de bilhões de reais.

Todos esses conceitos foram reforçados com a governança, de acordo com Antonio Sérgio:

A implantação da governança trouxe mudanças estruturais, além do reforço dos valores e do espírito cooperativista. Havia um grupo que estava conosco há muitos anos, mas preferiu se desligar em vez de se submeter às transformações. Respeitamos a postura deles e explicamos aos que continuaram conosco como colaboradores que dependemos do somatório de conhecimentos deles e que funcionamos como uma orquestra; cada um de nós faz sua parte e toca seu instrumento, para proporcionar uma linda música.

E acrescenta um importante conceito:

Nesse sentido, reestruturamos a área de recursos humanos. O termo "humano" remete à gente. Por isso criamos a gerência de Gestão de Pessoas. Isso permite que, independentemente de como pensamos a Coamo, seja no sentido horizontal, criando entrepostos e atividades no campo nas diversas regiões de atuação, ou no sentido vertical, com a área administrativa e a atualização e formação de novas indústrias, tornando-se cada vez mais competitivas, estaremos sempre envolvendo pessoas, gente que precisa ser capacitada, motivada e valorizada.

A Coamo atua dentro de uma política global, com planejamento estratégico. Isso permite à cooperativa entregar ao Conselho de Administração, representante dos cooperados, números expressivos e que dão a certeza de que os caminhos e decisões estão sendo assertivos.

Apesar de estar totalmente alinhada ao ESG (Ambiental, Social e Governança, ou Environmental, Social and Governance), Antonio Sérgio relembra que os conceitos fazem parte da Cultura Organizacional da cooperativa há muito tempo:

Estamos preocupados com a preservação, revisão e transmissão da cultura organizacional para as futuras gerações. Esse desafio sobre o meio ambiente, certificação de emissão de carbono, segurança e medicina do trabalho, inclusão, preocupação social e governança, transparência, compliance, entre outros conceitos, nós sempre praticamos e estão na nossa essência muito antes de darem esse nome bonito de ESG.

As ações estão enraizadas:

— Há mais de 50 anos investimos no reuso de água, na preservação das margens dos rios, do meio ambiente em geral e na aplicação dos produtos adequados, nos melhores insumos para a lavoura ou para a saúde e o bem-estar dos cooperados e colaboradores.

Tudo feito às claras:

Em 1975, 1976, 1977, nós trabalhávamos até às 18h e depois seguíamos numa Kombi, para fazermos reuniões noturnas com os cooperados, em que apresentávamos como a cooperativa estava sendo administrada. Era a preocupação com a transparência que nos acompanha até hoje, como nas reuniões de campo.

Antonio Sérgio ainda realça, entre tantas, uma grande conquista:

A Receita Federal tem um programa chamado "Confia" e a Coamo recebeu este certificado. Temos nosso Código de Ética registrado. Aqui não se faz "qualquer negócio"; analisamos muito bem a forma correta de trabalhar e os valores das empresas com quem fechamos parcerias.

E finaliza:

Tudo que foi literalmente plantado pelo doutor Aroldo está em solo fértil, com sustentação, moral e valores, são pilares fincados em alicerces sólidos. Colhemos aquilo que plantamos: grandes frutos! Não se constrói uma Coamo na areia... O doutor Aroldo une experiência com conhecimento. É um homem sábio!

PREPARANDO O FUTURO DOS COOPERADOS E DAS COOPERATIVAS

"*Cooperativismo é uma filosofia de vida". A mais perfeita tradução da frase* é *entender essa filosofia e buscar a melhoria do relacionamento com o associado, principalmente, por meio de ações educacionais e sociais voltadas para os cooperados e seus familiares.*

Com o intuito de disseminar ainda mais o espírito cooperativista entre os funcionários, e automaticamente nos cooperados, foi criada a Assessoria de Cooperativismo, comandada pelo engenheiro agrônomo José Ricardo Pedron Romani. A atuação está diretamente ligada à diretoria de suprimentos e assistência técnica, sob responsabilidade de Aquiles de Oliveira Dias.

A área, desenvolvida em 2019, prestes à entrada da governança, trabalha intensamente a parte educacional e social da Coamo. O foco principal é atuar dentro do quinto princípio do cooperativismo: *Educação, Formação e Informação.*

Como o desenvolvimento aconteceu durante a pandemia, o primeiro passo foi segmentar o quadro social. Então, foi feito um *raio x* do público, para entender as características e perfis do quadro social, e fazer uma correlação com aquilo que era ofertado, para assim poder atender e superar as expectativas dos cooperados e de seus familiares.

Logo, foram detectadas ações muito bem desenvolvidas e que precisavam de ajustes, mas também se percebeu um público com o qual a Coamo não conversava. O relacionamento acontecia com os cooperados, mas havia potenciais agricultores que poderiam se associar e com os quais a cooperativa não interagia. Por isso, estratégias começaram a ser traçadas nesse sentido.

Existia ainda a necessidade de conversar e trazer para dentro da Coamo os futuros cooperados, a geração abaixo dos 18 anos, pois a associação só é permitida a partir dessa idade. Mas os estudos projetaram ainda um outro público para ser acionado: o dos 4 aos 12 anos, que também se tornará cooperado.

Foi então feita uma divisão etária: dos 4 aos 12 anos, e dos 12 aos 18 anos. Como se dizia internamente: "Vamos falar de cooperativismo numa linguagem que o jovem entenda, o que certamente será o sucesso desse relacionamento. Mas não adianta querer tirar o jovem com 18 anos do sofá, do ar-condicionado, e jogar no sol quente e na poeira. Precisamos trabalhar o conceito do agronegócio e do cooperativismo, e levar o saber com sabor".

O próximo passo definido foi começar a conversar com o público, para então desenvolver o material de comunicação com viés lúdico e educacional, falando de cooperativismo, da força da propriedade, da família cooperada e da criança ou adolescente.

Inteirados das necessidades do público, começou portanto a ser lançada a campanha de comunicação: um dos veículos foi a revista Coamo Kids; seria como "plantar" a semente do cooperativismo nas futuras gerações.

A Coamo Kids tem ampla distribuição junto ao público infantil, composto pelos filhos e netos dos cooperados, dos colaboradores e também por algumas escolas.

O veículo foi elaborado para ser lançado com quatro edições anuais, em momentos significativos para o agronegócio que a criança vivencia de perto:

— A primeira edição é a de março, mês da colheita para o cooperado e fim do ciclo do solo; coincidindo com o período de volta às aulas;

— A segunda edição acontece em julho, mês no qual no dia 5 se comemora o Dia Internacional do Cooperativismo e muitas outras ações são preparadas. Para o cooperado, são trabalhadas as culturas de inverno, da meia-safrinha ou do trigo, enquanto para as crianças é o mês das férias escolares. Ainda em primeiro de julho começa oficialmente o ano agrícola;

— A terceira edição é lançada em outubro. No dia 12 é comemorado o Dia das Crianças, mas é também o momento do plantio, de colocar a semente que irá gerar a próxima safra e colheita de soja na terra;

— A quarta edição, realizada em dezembro, traz um assunto especial: não há como falar com a criança no último mês do ano, sem envolver o Natal.

Nessas quatro edições são abordados temas como ESG, os 7 princípios do cooperativismo, entre outros, sempre criando contextos e histórias interligadas com a comunidade da cooperativa e com a criança.

Outra segmentação envolve a faixa etária dos adolescentes, entre 13 e 17 anos. Para eles foi criado o programa Futuro Coop, em que o nível do diálogo se eleva, pois estão na iminência de se tornarem cooperados.

O programa é ministrado em formato de curso, mas com um toque mais desenvolto e participativo, bastante dinâmico e interativo, sem o aspecto de aula ou de algo mais pesado, que envolva a obrigatoriedade de participar.

Entre os principais temas abordados estão o cooperativismo; a comunicação entre o jovem e a família, bem como com o pessoal na propriedade; educação financeira; relacionamento; assuntos envolvendo aspectos emocionais e autoconhecimento, desenvolvimento profissional e pessoal. No geral, tópicos que não são trabalhados por eles no cotidiano.

Em um dos módulos, o grupo visita a Coamo; é quando os integrantes conhecem o funcionamento da cooperativa e a função de cada área, justamente para apresentar um cenário com o qual eles irão se deparar em breve.

O curso é realizado em seis módulos, distribuídos em seis semanas. Cerca de 500 jovens já participaram e, na temporada de 2025, esse número deve girar em torno de 850 futuros cooperados.

Ao fim, acontece a formatura, em que é apresentada uma palestra sobre "Legado e sucessão familiar", e os alunos são premiados com um certificado; sendo, para a maioria dos jovens, o primeiro recebido em suas ainda curtas trajetórias. Para que o grupo não perca contato, são realizados encontros anuais.

Além da satisfação com o empenho e desempenho das turmas, os depoimentos dos familiares mostram que realmente todos os esforços são recompensados.

Aquiles traz um panorama do resultado satisfatório dessas ações:

Geralmente participo dos encerramentos das atividades. É gratificante ouvir os depoimentos emocionados dos pais e avós, de como esses encontros despertam o interesse das futuras gerações no agronegócio. Muitos agradecem e dizem: "Antes de ter vivido essa experiência, meu filho – ou filha – não olhava a propriedade com interesse de trabalhar e vir a se tornar o sucessor – ou sucessora –". Para os pais, isso traz a certeza da continuidade da propriedade agrícola.

Outro programa sequencial e complementar, que já acontece há muitos anos, é o de Jovens Líderes, para os cooperados de 18 a 35 anos, realizado em parceria com a Universidade Federal do Paraná.

O curso, validado pelo MEC, é ministrado por sete professores, todos com doutorado. São 144 horas de capacitação e quatro meses de duração, sendo parte da programação uma imersão do cooperado na cooperativa.

O grupo estuda temas como gestão, liderança, planejamento estratégico, organização da propriedade rural, cooperativismo, além da aproximação com a diretoria.

Ao término, como conclusão de curso, os alunos entregam um trabalho, o Projeto Integrador, no qual trazem suas visões e apresentam aquilo que aprenderam sobre a cooperativa.

Foram formados mais de mil alunos em quase 30 turmas. Quem realiza o curso se credencia também para poder assumir um posto no Conselho de Administração, Conselho Fiscal e Comitês Educativos.

Além desses, há também:

– Coamo Mais Gestão, dirigido aos que pensam em profissionalizar o negócio;

– Coamo Mais Social, para aquele cooperado ou familiar que não pretende aprender sobre gestão, mas ter um curso específico, participar de uma palestra motivacional, ou de uma palestra sobre saúde feminina ou masculina, entre outras. Além disso, há o incentivo ao esporte e lazer, com a Copa Coamo;

– Coamo Mais Mulher, programa que tem colhido excepcionais resultados e busca a capacitação técnica das mulheres realmente interessadas em se aprofundar no agronegócio. Para aquelas que ainda desejam se envolver na gestão da propriedade, é oferecido o programa Mulheres que Semeiam, de capacitação técnica de gestão, governança da propriedade rural e sucessão familiar. O Núcleo Feminino tem como intenção apresentar e aproximar as mulheres da Coamo, para que conheçam melhor a cooperativa, seus produtos e serviços, assim como os benefícios que a cooperativa oferece. O grande interesse pelos programas fez com que a Coamo os dividisse em nove núcleos regionais;

– Coamo Mais Tecnologia, que trabalha conceitos do presente e do futuro, como inteligência artificial na agricultura, pois é uma ferramenta que já chegou ou certamente ainda chegará até o cooperado.

Para ser aprovado pela diretoria, todo programa deve responder a três perguntas decisivas: "Essa ação que você quer oferecer, vai trazer benefício direto para a propriedade, para a qualidade de vida do cooperado e da família?... "O cooperado quer"?... e "Nós temos condições, sem ser simultâneo, de ofertar a 100% do nosso quadro social"?

Se a resposta for "sim" para todas elas, o projeto sai do papel!

Como prega o cooperativismo, esse suporte é oferecido a todos os cooperados, independentemente da segmentação ou tamanho da propriedade agrícola, do nível social ou da escolaridade.

Essa política está alinhada à fala do presidente executivo da Coamo, Airton Galinari:

A cooperativa é uma extensão da casa do cooperado.

E conforme duas das clássicas frases de José Aroldo Gallassini:

"*A Cooperativa não foi feita para uma geração, foi feita para uma vida inteira*", e "*As pessoas envelhecem, mas a cooperativa não pode envelhecer*"!

O MEMORIAL

Imortalizar a trajetória de José Aroldo Gallassini e da Coamo!

Inaugurada em 28 de novembro de 1970, com apenas 79 cooperados, tendo como idealizador o engenheiro agrônomo José Aroldo Gallassini, a Coamo completou em 2024 uma trajetória de 54 anos, dos quais a maioria o próprio Gallassini foi presidente executivo.

O primeiro presidente, Fioravante João Ferri, atuou no período de 1970 a 1974, e em novembro desse mesmo ano veio a falecer com 61 anos. Em 1975 assumiu a presidência da Coamo o engenheiro agrônomo José Aroldo Gallassini, que preside o Conselho de Administração da Coamo até o final do mandato, em 2027, quando haverá nova eleição.

Mas, independentemente do posto ocupado na Coamo, ou mesmo na Credicoamo, como presidente ou presidente do Conselho de Administração, José Aroldo Gallassini é a maior expressão e referência das cooperativas.

Impossível imaginar a Coamo ou a Credicoamo sem associá-las a José Aroldo Gallassini e vice-versa!

Portanto, a melhor forma de homenageá-lo, assim como as histórias das duas cooperativas, foi a criação do Memorial Coamo: semeando história, responsabilidade que ficou a cargo de Antonio Sérgio Gabriel, diretor administrativo e financeiro da Coamo, sendo todo o processo operacionalizado pela área de Comunicação.

Aliás, a comunicação é um dos pontos fortes da Coamo, tanto interna quanto externamente. A cooperativa comunica-se com os funcionários e cooperados por meio da produção de revistas, mídias sociais, além da interação por meio de programas de rádio e TV.

Inclusive, em novembro de 2024 a cooperativa comemorou 50 anos de mídia impressa, iniciada em novembro de 1974 com o Informativo Coamo, passando depois, em 1975, para Jornal Coamo. Em 2015, acompanhando a inovação, foi lançada a Revista Coamo, que vem sendo uma publicação que chega aos lares dos cooperados, funcionários, clientes e fornecedores, como fonte de informação das atividades da Coamo, do cooperativismo e do agronegócio.

Bastante feliz com o resultado, Antonio Sérgio parabeniza seu time e também o homenageado:

Foi um bom trabalho do Ilivaldo e de toda a equipe de comunicação, tecnologia e inovação. O Memorial comprova como chegar até aqui não foi nada fácil e que ainda há muito trabalho pela frente.

Essa é a Coamo do futuro, com tecnologia avançada; é algo muito mais representativo do que simplesmente apertar um botão e ver fotos ou assistir a um filme. O Memorial representa uma concepção de espaço, do passado que mostra o presente e orienta para o futuro.

Antonio Sérgio também reverencia, com conhecimento de causa, o grande destaque dessa linda e marcante história:

O mais nobre de tudo é registrar a importância do doutor José Aroldo Gallassini como nossa maior referência! Tanto que uma imagem virtual dele dá as boas-vindas na entrada e faz um agradecimento aos visitantes na saída do Memorial. É um ser humano incrível e um homem pautado por valores inegociáveis, que nos ensina algo a cada dia. Digo isso por acompanhá-lo profissionalmente há praticamente 50 anos!

Muitos estudos, pesquisas, levantamentos e checagens de dados, fotos e vídeos, contratação de profissionais que são referências no setor foram realizados.

E valeu a pena! O Memorial foi inaugurado no dia 11 de outubro de 2023, durante emocionante evento com presenças dos membros dos Conselhos de Administração e Fiscal, diretores executivos da Coamo e da Credicoamo, dos cooperados fundadores Martins Kaiser e Moacir José Ferri e familiares, cooperados, autoridades, convidados especiais, funcionários e admiradores de Gallassini.

Bastante feliz e emocionado, Gallassini fez seus agradecimentos:

Sou fiel aos meus relacionamentos. Conheci a minha esposa Marli há mais de 60 anos e nos casamos em 1969. Em 28 de novembro de 1970, com a união de 79 cooperados, constituímos a Coamo, que passei a presidir desde 1975, portanto, há quase 50 anos.

Hoje realizamos um sonho com a criação do Memorial. Assim como Coamo e a Credicoamo, eu também tenho orgulhosamente a minha trajetória registrada de forma tecnológica e inovadora, mostrando como tudo começou e se desenvolveu, além das perspectivas futuras e que serão sempre atualizadas.

O Memorial é um projeto desenvolvido não apenas para nós, mas também para as próximas gerações cooperativistas.

Uma trajetória construída a milhares de mãos: com o meu grupo de diretores, com os cooperados, colaboradores e parceiros comerciais.

Por isso, a melhor forma de registrar este momento é dizer: **Obrigado!** – palavra que embargou a voz de Gallassini.

GOVERNANÇA, COM SERIEDADE E TRANSPARÊNCIA

GOVERNANÇA SOB O OLHAR DE QUEM AVALIA

Conforme já mencionado, tanto a Coamo quanto a Credicoamo têm estruturas e organizações próprias, com seus Conselhos de Administração e Fiscais presididos por José Aroldo Gallassini, e diretorias executivas que seguem as políticas definidas pelos Conselhos.

O modelo de governança, que passou a vigorar em 2020, já vive seu segundo ciclo de quatro anos em 2024, com a reeleição por unanimidade de ambos os Conselhos, mantendo nos cargos das diretorias executivas os presidentes executivos Airton Galinari, na Coamo, e Alcir José Goldoni, pela Credicoamo, e seus respectivos diretores.

Além dos resultados expressivos, integrantes dos Conselhos de Administração, eleitos a cada quatro anos, e dos Conselhos Fiscais, com mandatos de um ano na Coamo e de dois anos na Credicoamo, representam em suma a real avaliação daquilo que expressam as presidências das diretorias executivas com Airton Galinari e Alcir José Goldoni, em nível de solidez e segurança, aos mais de 32 mil cooperados.

O Conselho de Administração da Credicoamo é composto por seis integrantes, enquanto o Conselho Fiscal contém três membros titulares e um suplente. Na Coamo, são nove membros no Conselho de Administração e seis no Conselho Fiscal.

O secretário que está no segundo mandato do Conselho Fiscal da Credicoamo, Wilson Menin Júnior, cooperado desde 2005 e de número 59131-0, de Mamborê, resume a história de Gallassini na Coamo em uma única palavra: "Sumidade"!

Wilson relembra que quando Gallassini apresentou a ideia de um novo modelo de governança, houve certa apreensão, mas os nomes definidos na sucessão tranquilizaram os cooperados:

Meu pai sempre dizia: "O doutor Aroldo é um grande homem". Sabíamos que as escolhas do doutor Aroldo e dos outros diretores seriam assertivas. Afinal, são profissionais que estão ao lado dele há dezenas de anos. Antonio Sérgio, por exemplo, o acompanha há 49 anos na Coamo. Os presidentes executivos, Airton e Alcir, assim como seus diretores, são de extrema competência. Dessa maneira, os Conselhos podem focar discussões de objetivos sobre planejamento, visão, contato mais próximo com o cooperado, entre outros temas relevantes. Uma solução excelente que tranquilizou o quadro social.

Outro acerto, na avalição de Menin, foi a mudança provocada pela governança na Credicoamo:

A criação do Conselho de Administração e da diretoria executiva contratada deixou-a mais leve e ágil. A Credicoamo expandiu muito e ampliou a gama de produtos ofertados, com cartão de crédito, entre outros. Assim como a Coamo, a Credicoamo atua em prol do mesmo foco: dar suporte, tecnologia e recursos para os cooperados.

Menin exemplifica:

Vivemos um período de queda de preço e quebra de safra, e a Coamo e a Credicoamo abriram as portas para receber os associados e atender suas necessidades para novo plantio. As ações de compra, venda, financiamento e tudo mais ocorrem em operações interligadas e na forma de intercooperação.

Como toda organização precisa ter uma referência, José Aroldo Gallassini mantém-se nesse inabalável posto, conforme conta Menin:

O doutor Aroldo é pautado por valores e tem a *impressionante capacidade de raciocínio lógico e sensato, e de guardar números. Cumpre de forma rigorosa e diária o expediente das 7h30* às 17h, *e quer se inteirar de tudo. Expressa grande realização com o processo de governança realizado.*

O cooperado de Engenheiro Beltrão, de número 62039-4, Jonathan Henrique Welz Negri, tradição que veio do avô e do pai, é membro do Conselho de Administração da Coamo, no qual cumpre o primeiro mandato em 2024. A primeira etapa foi passar pelo Conselho Fiscal, que ele avalia como "Uma grande escola".

Também representante da voz dos cooperados, Jonathan aprova o modelo da Coamo:

Posso afirmar que nossa governança, com presidente executivo e diretoria contratada, tem funcionado tão bem quanto o modelo anterior. O segredo do sucesso é o *fato de o doutor Aroldo ter selecionado pessoas que estão com ele há anos e que conhecem a fundo o negócio. Isso permite à Coamo manter-se como cooperativa que dá assistência aos seus cooperados e não pensar como uma empresa comum, que visa apenas lucro como meta. Temos também as sobras distribuídas em duas etapas: a de dezembro, que chamamos de "13° salário" do cooperado, e a de fevereiro, consolidada na Assembleia Geral Ordinária.*

Jonathan explica a diferença de conceitos:

A governança para uma cooperativa é diferente da formada em uma empresa comercial. Uma cooperativa deve estar atenta em gerar renda e dar suporte aos cooperados. No aspecto financeiro e no desenvolvimento social dos associados, isso é perceptível. Todos os cooperados têm canal de comunicação aberto com o doutor Aroldo e todo o quadro de diretores.

Muitas são as mudanças de rumo do setor, conforme relata Jonathan:

Nós, agricultores, estamos sujeitos às intempéries, como dificuldades de clima, achatamento de margem, quebra de safra, redução do preço da saca. A Coamo e a Credicoamo estão conosco nos bons momentos e também nos difíceis. Elas cuidam da nossa produção e dos nossos recursos financeiros, independentemente de o produtor rural ter área de *10 ou 1.000 alqueires. O nível de acerto das direções das duas cooperativas é elevado e isso se dá pela organização e honestidade de quem está no comando. Acreditamos fielmente naquilo que nos é transmitido.*

Aliás, há uma palavra "plantada" há muitos anos na vida de Jonathan:

Na nossa família, o termo honestidade sempre esteve em pauta e determinando as nossas ações. Quando eu tinha 19 anos, estava no Conselho Fiscal da Coamo e meu pai faleceu. O doutor Aroldo me chamou na sala dele, se propôs a conversar comigo e disse: "Você tem a honestidade como herança de avô e pai. Cultive-a e a transmita também aos seus filhos e netos".

Para Jonathan, a cultura da empresa deve permanecer:

Devemos nos manter fiéis àquilo que acreditamos e continuar a definir nossos gestores e sucessores executivos da Coamo e Credicoamo com o pessoal de dentro e não de fora da cooperativa. A cultura do cooperativista precisa ser preservada! Tanto que o doutor Aroldo e o corpo diretivo se preocupam e promovem diversas ações para incutir na mentalidade dos jovens o espírito de agricultor, cooperativista e sucessor familiar.

Adriano Bartchechen, de Araruna, cujo número de registro é 50000-7, e o do pai era 2137-3, é mais um cooperado que participa do Conselho da Administração, primeiro da Coamo e depois da Credicoamo, como secretário.

Em sua trajetória, Adriano sente-se honrado por participar do Conselho:

Para mim, é uma grande satisfação ser lembrado. Há alguns anos fiz o curso de jovens líderes, em que já é apresentada e trabalhada a dinâmica do cooperativismo. De lá, fui indicado para ser Conselheiro Fiscal da Credicoamo. Registro ainda a formação interessante dos Conselhos, com membros de diferentes idades e tempo de casa, criando assim um encontro de gerações. Ter a confiança do doutor Aroldo e de toda a diretoria, podendo estar junto a um grupo de pessoas tão sérias, é um privilégio.

Por ter vivido de perto as duas cooperativas, Adriano traça sua avaliação:

Tanto o Airton, na Coamo, quanto o Alcir, na Credicoamo, assim como seus respectivos diretores, têm apresentado uma atuação excelente. Tudo isso sob o olhar atento e experiente do doutor Aroldo Gallassini. A figura dele é essencial e representa ainda mais segurança para os cooperados.

Por estar no segundo ciclo da governança, Adriano entende que o processo já está consolidado:

Todo negócio precisa ter pessoas capacitadas para geri-lo, e no cooperativismo não é diferente. O nosso modelo de sucessão é conservador e foi muito pesquisado e estudado pelo doutor Aroldo e por todos da diretoria, até ser colocado em prática.

Adriano relata o sentimento dele, que impera entre os associados:

Isso traz segurança para todos os cooperados. Os produtores confiam na diretoria e no Conselho. E cada cooperado, independentemente do volume de produção, é tratado com respeito e dignidade. A Coamo tem tamanho de multinacional, mas com visão não só do negócio e sim, principalmente, de atender bem o cooperado.

Aroldo Gallassini representa a seriedade, a transparência e a segurança para os cooperados, sentimentos que os acompanham há décadas:

O doutor Aroldo teve preocupação com o futuro e preservou o poder dos donos, que são os cooperados. Ter o doutor Aroldo como referência é maravilhoso. Quando eu era criança, ia às reuniões com meu pai e ficava encantado em ver o doutor Aroldo falar. Isso perdura até hoje, com ele pregando valores, seriedade e transparência.

A Coamo desafia o tempo, que deixou outras cooperativas ou companhias cerealistas no meio do caminho:

Infelizmente, algumas empresas pedem dias para pagar a colheita do cooperado e depois somem com a produção. Eu não me aventuro e sou 100% Coamo e Credicoamo, com quem faço todas as minhas transações. Você pega o celular e pelo aplicativo já vende a soja *ou faz a movimentação financeira. Com isso, ficamos tranquilos para produzir, pois sabemos que estamos seguros. Mas tem gente que gosta de aventura...*

Desde que foi criada a nova governança, em 2020, Adriano registra alguns pontos marcantes:

Tivemos a inauguração da maravilhosa indústria de óleo em Dourados, no Mato Grosso do Sul, com tecnologia de primeiro mundo, aumentando consideravelmente a produção industrial da Coamo. Temos a indústria de rações, operações no porto de Paranaguá, e em estudo terminal no porto de Itapoá (SC) e a abertura de mais entrepostos. Destaca-se a indústria de etanol de milho, a ser inaugurada em 2026.

Adriano registra ainda o "sentimento de dono" do associado:

A cooperativa é minha e de mais de 32 mil associados. Para mim e tantos outros, a Coamo é a nossa segunda casa. Eu chego, tomo café, encontro e converso com outros cooperados, fico sabendo das novidades... essa é a postura do cooperado. Não é fácil ter visão cooperativista, mas quem vive o meio, se encanta e se apaixona. Outro membro do Conselho Administrativo da Coamo, Emilio Magno Guerreiro Júnior, e membro da terceira geração da família de associados, mantém registro de número 61644-2.

A participação de Emilio Guerreiro teve início por volta de 2016, quando assumiu um posto no Conselho Fiscal da Credicoamo, dividindo-se entre as funções de secretário e depois coordenador. Em 2019, Guerreiro passou para a coordenação do Conselho Fiscal da Coamo.

No ano seguinte, em 2020, assim que iniciou o novo modelo de governança, foi convocado para assumir umas das cadeiras do Conselho de Administração da Coamo.

Dentre tantos destaques, Guerreiro é outro conselheiro que realça a confiança como marca da Coamo e de um ciclo de 54 anos de irretocável trajetória:

A Coamo coloca dinheiro na frente e compra insumos, equipamentos e investe pesado em tecnologia e inovação, deixando assim os cooperados com as melhores condições de trabalho. Quanto aos associados, cada um paga como pode: durante ou até mesmo após a safra. Na verdade, é uma relação de confiança mútua. Esse modelo foi desenvolvido e sustentado durante as décadas de gestão do doutor Aroldo, grande referência da Coamo.

Todas as ações da cooperativa têm um único objetivo:

Quando a Coamo toma uma iniciativa e negocia com um fornecedor, a pergunta é: "Vai atender o cooperado"? Se a resposta for afirmativa, as tratativas seguem em frente! – reforça Guerreiro, que complementa – *Para a Coamo, o importante é o cooperado estar sendo ouvido, assistido e atendido.*

Quando se começou a ventilar a nova governança, houve um "burburinho" que incomodou alguns cooperados, mas que foi contradito por Gallassini:

Teve quem plantou a notícia de que poderia ser contratado algum executivo de fora da Coamo. Mas como sempre acontece, o doutor Aroldo logo desmentiu a informação e cravou que o novo presidente executivo seria alguém do time dele. Aliás, o novo formato de governança da Coamo e da Credicoamo, representa uma medida acertada, com dois presidentes executivos: o Airton Galinari e o Alcir José Goldoni, respectivamente. E cada qual conta com um time de diretores com muitos anos de casa.

Outro ponto a ser ressaltado por Guerreiro é o polo industrial:

Essa antevisão do doutor Aroldo nasceu há muitos anos, ao criar as primeiras indústrias e agregar valor aos grãos. A Coamo é uma cooperativa com força industrial, com uma ampla linha de produtos, como farinha de trigo, margarina, óleo de soja, rações e em breve o etanol, entre outros.

Quem veste a camisa da Coamo, zela pelo bem-estar da cooperativa e, automaticamente, dos cooperados. Guerreiro registra uma passagem:

Certa vez, viajei com o doutor Cláudio Rizzatto para o Mato Grosso do Sul, onde havia algumas obras da Coamo. Entramos num barracão às duas da tarde e, mesmo tendo muita claridade da luz solar, havia uma lâmpada de Led acesa. Ele foi até o interruptor e apagou. Todos ficaram olhando, e o doutor Cláudio disse: "Apaguei não por ser uma lâmpada de *Led, mas pelo conceito de cuidar do dinheiro do cooperado como se fosse nosso".*

Guerreiro registra então sua gratidão:

Cada conselheiro tem seu jeito de agir e o meu é o de ajudar na inovação e na criação de aplicativos. Ser Conselheiro da Coamo para mim não é um trabalho, mas uma forma de agradecer e retribuir tudo que a cooperativa, o doutor Aroldo e os colaboradores fizeram e fazem por nós, cooperados.

GOVERNANÇA SOB O OLHAR DE QUEM FAZ SOB O OLHAR DE AIRTON GALINARI, PRESIDENTE EXECUTIVO DA COAMO

Fico muito feliz por ter sido o escolhido para o posto de presidente executivo da Coamo, por poder fazer a gestão tendo o doutor Aroldo como nossa grande referência, por ter comigo um time de profissionais excelentes e pelos resultados alcançados, priorizando a solidez dos nossos cooperados.

O posicionamento de Airton Galinari reflete o pensamento de todos. A satisfação com a implantação do modelo de governança vem colhendo excelentes frutos e conta com avaliação positiva geral.

Durante o processo de preparação da governança, Gallassini já dava indícios a Airton de que ele seria o escolhido:

É difícil dizer qual foi o momento da definição pelo meu nome, pois o doutor Aroldo fazia indicações nas nossas conversas. Ele é bastante discreto e conduziu da mesma forma o processo da sucessão, tanto com a diretoria quanto com os membros do Conselho. O doutor Aroldo, no anúncio, disse: "Eu apenas referendei. A aceitação do seu nome foi total".

Além de Airton, o grupo executivo é assim composto: Antonio Sérgio Gabriel, Diretor Administrativo e Financeiro; Aquiles de Oliveira Dias, Diretor de Assistência Técnica e Insumos; Edenilson Carlos Oliveira, Diretor de Logística e Operações; Divaldo Corrêa, Diretor Industrial; e Rogério Trannin de Mello, Diretor Comercial Nacional e Internacional.

Dando sequência ao trabalho desenvolvido por Gallassini, Airton comanda as reuniões de campo semestralmente, com apenas uma diferença:

A pandemia eliminou certas burocracias e, assim, passamos a realizar uma reunião presencial e outra online, em vez de apenas presenciais. São mudanças adaptadas para as novas gerações.

Ciente da responsabilidade do posto que ocupa, Airton leva uma frase como mantra:

O doutor Aroldo costuma dizer: "A Coamo foi feita para se perpetuar. Para isso, cada um de nós tem a missão de dar o nosso melhor e, principalmente, investir na preparação de novos líderes e sucessores que cultivem a raiz do cooperativismo". Foi isso que o doutor Aroldo fez durante sua trajetória e o resultado é inquestionável. O doutor Aroldo criou a cultura de desenvolvermos nossos talentos internamente, em vez de buscarmos gente no mercado. Uma receita que tem dado certo há décadas.

Isso torna a Coamo diferente, conforme traça Airton:

Temos nosso próprio estilo. É uma organização distinta das demais, tem um caráter social e econômico, e a questão da exigência da prestação de contas aos cooperados. Nossas decisões não são tomadas levando apenas o fato econômico em questão, mas principalmente o bem do associado e como melhor atender suas necessidades.

A definição da diretoria teve como ponto forte a escolha por aqueles já bastante ligados ao cooperativismo. O sistema que acompanhou Gallassini com o passar dos anos, ainda impera na Coamo.

Airton explica:

Assim como acontece comigo, no posto de presidente executivo, quando o doutor Aroldo o ocupava, ele tinha que tomar suas decisões, mas as questões relevantes eram sempre discutidas em colegiado, com os pares de diretoria. Mesmo tendo a responsabilidade de definir caminhos, é importante colocar os temas em debate e ouvir as opiniões.

O peso fica mais leve:

Essas decisões colegiadas são mais seguras, nós discutimos os assuntos gerais nas reuniões semanais de diretoria. Independentemente da área de atuação do diretor, ele tem total liberdade de opinar. Afinal, além da própria área, o executivo conhece muito bem a Coamo.

Para Airton, a responsabilidade de perpetuar a Coamo agrega o sentimento coletivo de participação:

O objetivo é formar opções para que alguém possa ocupar as cadeiras de diretores no futuro. É um modelo de construção, apoiado pelo quadro social, que se deve ao aval do doutor Aroldo, pela confiança conquistada por ele nos mais de 50 anos de cooperativismo.

Ter executivos na presidência inspira e motiva os funcionários em geral a traçar um plano de carreira de sucesso:

As trajetórias de décadas, minha e do Alcir Goldoni, levaram-nos à presidência executiva e são motivos de estímulo para qualquer um dos nossos colaboradores. O esforço, a capacitação, o interesse pelos temas, entre outras iniciativas, dependem de cada um daqueles que defendem as *camisas das nossas cooperativas. Os degraus para serem galgados estão à disposição de todos.*

Manter a gestão operacional das cooperativas nas mãos de executivos há décadas tem se mostrado o modelo acertado. Pelos elevados volumes que as cooperativas operam, cada vez mais as organizações necessitam da atuação dos executivos, que assim ganham também novas atribuições.

Airton resume este ponto em três frases:

Essas funções que estão sendo construídas precisam ser bem alicerçadas... Não *se pode criar iniciativas que não estejam ligadas ao melhor desempenho dos cooperados...* Não *se pode perder o que virou cultura!*

SOB O OLHAR DE ALCIR JOSÉ GOLDONI, PRESIDENTE EXECUTIVO DA CREDICOAMO

O processo de governança da Coamo começou a se desenvolver muitos anos antes da implantação, em 2020. Isso vale tanto para a Credicoamo, quanto para a Coamo. Já se aplicava internamente, com o doutor Aroldo ressaltando constantemente: "A Coamo é feita para durar várias gerações".

O presidente executivo da Credicoamo, Alcir José Goldoni, da qual foi um dos criadores, está há 42 anos na cooperativa. Ele também atuou nas áreas financeira e comercial da Coamo, e vivenciou de perto o desenvolvimento e a consolidação da governança da organização.

E faz um comparativo:

Podemos associar a um time de futebol, para o qual o pai leva o filho, que começa a participar e a viver o esporte e a equipe intensamente, e carrega a tradição adiante. Criamos essa ligação com o filho do dono, do sócio, do associado, que dará continuidade ao negócio no campo. Trabalhamos intensamente na descoberta e no desenvolvimento de novas lideranças, tanto entre os colaboradores quanto associados, para comandar as cooperativas e integrar os Conselhos. É como viver o hoje, mas pensando no amanhã.

Apesar de a governança já estar em andamento há muitos anos, a consolidação veio por meio de consultas, análises, estudos e a contratação de importantes profissionais e consultorias da área:

O olhar de fora nos ajudou a estruturar o modelo hierárquico com base na governança e na divisão de funções. Com isso, ficaram bem definidos os papeis dos associados, dos colaboradores e dos executivos. O próprio Banco Central passou a fazer certas exigências sobre o tema em relação à Credicoamo. Assim, quem toca e faz a gestão da cooperativa são os executivos. Quem faz a estratégia e pensa nos associados é o próprio associado, por meio do Conselho de Administração, presidido pelo doutor Aroldo.

Em um modelo de cooperativa, no qual cada associado e cooperado é dono, os cargos executivos estão abertos a todos os colaboradores. Uma situação que motiva cada funcionário:

Todo novo colaborador passa pelo processo de integração, em que apresentamos o sistema cooperativista. Acontecem testemunhos de gente com mais tempo de casa, contamos a história das nossas cooperativas, reforçamos nossos valores e pontos da cultura organizacional. A partir do início, eles ganham novo sobrenome: Marisa da Credicoamo, João da Coamo, Pedro da Credicoamo, Solange da Coamo... e assim por diante!

Na cooperativa, no caso da promoção de quem comanda o setor ou departamento, está muito bem-conceituada a estratégia de desenvolver lideranças que estejam prontas para assumir os postos de gestão. Certamente, os colaboradores serão os executivos do futuro, pois, os associados continuarão a cuidar dos seus negócios e de suas terras, contribuindo de outra forma: no Conselho de Administração ou no Conselho Fiscal.

Retrocedendo um pouco no tempo, com a consolidação da governança corporativa, houve a acertada decisão em relação à Coamo e à Credicoamo, criando assim vida própria para ambas: a Coamo como cooperativa agrícola e a Credicoamo como cooperativa financeira. Tanto que a Corretora Via Sollus passou a integrá-la, agora como Credicoamo Corretora de Seguros, apresentada como Credicoamo Seguros nas agências da cooperativa de crédito.

Sob uma análise fria, ambas se beneficiaram com a divisão, pois, continuam somadas e interligadas em suas atuações:

A Credicoamo é uma instituição financeira que trabalha com o dinheiro do*s associados. A Credi tem seus associados que, basicamente, são os cooperados da Coamo. Se ele vende a totalidade ou parte da safra, o dinheiro vai para a Credicoamo e pode ser utilizado na aquisição dos nossos produtos e na preparação da próxima temporada agrícola. Se nosso associado levanta recursos conosco, ele pode investir na aquisição de insumos e equipamentos na Coamo.*

A escolha de Alcir Goldoni para a presidência executiva da Credicoamo, foi um pedido de Gallassini:

O doutor Aroldo me chamou na sala dele e disse: "Alcir, preciso de você na Credicoamo. Em 1989, você participou da estruturação e criação da Credicoamo com 29 associados, manteve-se na área financeira e depois migrou para o departamento comercial da Coamo". Um pedido do doutor Aroldo a gente não nega, até porque é uma honra saber o quanto ele confia em mim. Com o Airton, na Coamo, foi uma escolha natural, pelos excelentes conhecimentos e conceitos dele.

A Credicoamo tem, além de Alcir na presidência executiva, mais três diretores: Dilmar Antonio Peri, Diretor de Negócios; José Luiz Conrado, Diretor de Crédito e Governança; e Elton Alexandre Scramocin, Diretor Financeiro e de Riscos. Quanto ao Conselho de Administração, tem José Aroldo Gallassini na presidência, além de mais cinco membros.

Para seguir carreira solo, a Credicoamo recebeu um choque de gestão e até ganhou outra logomarca; era obrigatório um novo "olhar do negócio". A Credicoamo precisava desenvolver gosto pelo crescimento, assim como a Coamo já tinha no seu DNA.

Alcir explica:

O foco da Coamo é produção, tecnologia, inovação, produtividade e sucessão da propriedade rural. Já o foco da Credicoamo é o braço financeiro do associado, aumentar a produção, financiar e prospectar crescimento das atividades dele, fazer o trabalho direcionado a agregação de receita, que é gerada pela ligação com a Coamo.

E apresenta a estratégia utilizada:

Nós começamos a mostrar ao associado que a Credicoamo tem uma identidade mais palpável e que ele é dono dessa instituição financeira. Mas também, para que a cooperativa e o associado cresçam, é necessário que ele faça as transações financeiras e adquira os produtos dela.

Muitos foram os detalhes e campos a serem trabalhados: realinhamento dos funcionários, das agências, preparação das equipes, qualificação dos profissionais. Tudo realizado com muita transparência.

Alcir relembra das ações:

Tínhamos que fortalecer a ponta, para que o restante funcionasse bem. Assim que houve a segregação da Coamo e da Credicoamo, analisamos o perfil dos colaboradores e provocamos um redirecionamento, mantendo-os ou não nas mesmas cooperativas, funções e departamentos, respeitando suas aptidões profissionais.

Alcir segue nas explicações:

Estabelecemos um comitê de negócios das agências, analisados pela Coamo. Esse comitê começou a aproximar as duas partes e a qualificar os clientes pelos históricos. A Coamo vendia os insumos e o associado fazia o financiamento na Credicoamo; ele então entregava e vendia o produto na Coamo, que dava baixa no financiamento. Tudo muito bem integrado. Eram duas cooperativas agindo em prol dele: a Coamo gerava a receita, o giro do investimento, a venda dos insumos. Era ali que ele comprava, entregava, vendia e era direcionado para a

Credicoamo, meio pelo qual poderia obter financiamento, ter um banco no qual era também o dono e adquirir vários produtos.

Entre eles, estão os seguros, que o associado pode contratar tanto para suas operações agrícolas quanto para os bens pessoais, como casa, carro, entre outros:

Preparamos profissionais nas agências para oferecer a corretora Credicoamo Seguros aos associados, que opera com seis credenciadas, escolhidas de acordo com os nossos valores. Em algumas das nossas agências, já temos três colaboradores para trabalhar só a área de seguros. Criamos também uma central de atendimento terceirizada, para servir o associado que precisa de esclarecimentos, suporte e apoio no registro de sinistro.

O conceito de ser correntista da Credicoamo, precisou ser bem trabalhado:

Nosso associado é sócio e responde como dono. Por isso, precisa fazer da Credicoamo a sua cooperativa de crédito, o seu domicílio financeiro e ser bastante presente. Incutimos esse conceito nos funcionários. Estudamos a fundo e instituímos processos e um sistema de metas e objetivos de resultados. Orientamos nossos colaboradores nas nossas agências a fomentarem esse conceito junto ao associado: o de movimentar a conta, gerar limite operacional e aumentar o crédito, além de explicar que todos os recursos levantados junto à Credicoamo deveriam ser movimentados na própria conta do cooperado, e não em outro banco ou instituição financeira.

Alcir apresenta outro produto de grande sucesso:

Tínhamos um único cartão de crédito. Avaliamos, criamos parcerias e desenvolvemos cinco categorias de cartões: Débito, Gold, Black, Platinum *e* Business. *Quanto mais o associado movimenta e cria relacionamento e volume de crédito com o banco, mais ele cresce representativamente na cooperativa.*

Durante o processo, Alcir e seu time de diretores aplicaram ajustes estruturais:

No terceiro ano da governança, fizemos uma reestruturação regional. Nós pegamos os principais gerentes e transformamos em gestores de negócios, tornando-os responsáveis pelas regiões. Definimos, assim como acontece na Coamo, a regionalização das ações e responsabilidades. Com isso, em 2024 passamos das 50 agências, com quatro gestores de negócios responsáveis por quatro regiões estabelecidas. Acima desse braço operacional há um gerente funcional.

Alcir relata que a divisão de funções tornou a Credicoamo mais ágil:

A governança propiciou essa segregação de funções com bastante clareza. Agregou responsabilidade da gestão do negócio aos líderes e é justamente a el*es* *que nós, da diretoria, nos reportamos dentro dos nichos e cobramos desempenho. Temos tudo detalhadamente planilhado. O funcionário incorpora, contribui e agrega, e com isso cresce na organização.*

Mas as atenções da Credicoamo estão voltadas não só para quem faz o cooperativismo hoje, mas também para os quea comandarão no futuro:

Pensando na continuidade, assim como foi feito há anos na Coamo, difundimos um projeto para a Credicoamo, com foco nos jovens dos 12 aos 17 anos e filhos de associados, para que venham participar da cooperativa. Laçamos um cartão de débito; os jovens só podem movimentar o dinheiro que têm na conta, e o pai é o responsável.

Os benefícios são inúmeros em todos os sentidos:

*Assim, criamos a cultura da educa*ção financeira na garotada. Deu tão certo que os pais *sugeriram e baixamos a idade mínima para 10 anos; mas já estão nos pedindo para ter nova redução, para oito anos. Isso, além de vivenciar a cooperativa de crédito, dá aos jovens o espírito cooperativista de crédito e desperta o interesse pela estrutura e o conhecimento dos negócios da família. Os programas também incluem palestras, eventos, presentemos com um cofrinho o "Futuro Coop" nos 35 anos da Credi... São ações que agradam tanto os pais quanto os filhos dos associados, e fomentam a cultura da poupança e da administração do dinheiro.*

Entre as conquistas da Credicoamo, Alcir faz o registro com orgulho:

Nós fomos autorizados pelo Banco Central a operar com Pix. Recebemos o reconhecimento, no meio desse universo, como a quinta instituição financeira autorizada. Nosso Pix foi reconhecido pelo Banco Central como um negócio diferente. O nosso aplicativo foi todo remodelado e atualizado, para que o associado tenha a Credicoamo à disposição dele 24 horas por dia e possa movimentar sua conta de onde estiver, no campo, na cidade, no exterior...

Tudo feito com grande garantia, afirma Alcir:

O nosso sistema de segurança de fraudes é reconhecido também como um dos melhores, pois, se tiver qualquer indício de risco, trava tudo. Qualquer dificuldade ou suspeita de golpe que tenha o associado, ele nos avisa e imediatamente bloqueamos a conta. O nosso pessoal da gestão de risco é excelente.

Como o desempenho está associado aos resultados, Alcir abre os números:

De 2020 para 2024, tínhamos 19.904 associados, fechamos 2023 com 26.600 e ao fim de 2024 passamos dos 32.000; um crescimento da ordem de 42%. Saímos de R$ 1,7 bilhão de operações em 2020, para mais de R$ 3 bilhões em 2024, elevando assim o volume em torno de 80%. O ativo que está no balanço foi de R$

4,4 bilhões, contra R$ 2,2 bilhões de praticamente cinco anos antes. Tudo isso traz grande representatividade para a Credicoamo e gera mais sobras para os nossos associados. Nós estamos muito felizes e realizados, e contamos com total apoio do doutor Aroldo, dos membros do Conselho e da Coamo.

SOB O OLHAR DE JOSÉ AROLDO GALLASSINI – PRESIDENTE DO CONSELHO DA COAMO E DA CREDICOAMO

Dentro da regra alinhada na governança implantada em 2020, assumi a presidência do Conselho de Administração da Coamo e da Credicoamo. Os outros membros participam apenas das reuniões mensais, recebendo um valor considerável como cédula de presença. Pelo fato de acumular as duas funções, dou expediente diário na sede das cooperativas, das 7h30 às 17h.

Minha função é dar apoio às presidências e diretorias executivas. Depois de serem avalizadas pela diretoria executiva, eu reviso e aprovo as propostas de financiamento. Às segundas feiras, temos a reunião com a diretoria executiva da Coamo, quando trocamos ideias, além de avaliar relatórios e documentos. Às sextas feiras, acontecem as reuniões com a diretoria executiva da Credicoamo.

Minha atuação vai além da representatividade interna nas cooperativas. Represento a Coamo em nível governamental, nos eventos e discussões sobre o mercado, além das políticas do setor. Sou também membro do Conselho Administrativo da Ocepar, no qual realizamos reuniões mensais.

Até ser implantado em 2020, nosso modelo de governança foi bastante estudado. Contratamos consultorias especializadas, referências na área, estudamos modelos do Brasil e de outras localidades... Nas organizações europeias, nos bancos, nas principais empresas multinacionais funciona dentro desse modelo.

Em 2020, implantamos nova governança das cooperativas e definimos um Conselho de Administração de produtores cooperados e diretoria executiva, tanto para a Coamo quanto para a Credicoamo. Nossas diretorias executivas estão totalmente integradas ao cooperativismo, contam com profissionais do mais alto nível técnico e que cultuam os mesmos valores. E foram muito bem-aceitas pelos nossos cooperados.

Todos nós precisamos passar por um período de adaptação com a implantação da governança. No meu caso, precisei me realinhar com as funções de um presidente do Conselho e não mais da área executiva. As atividades mudam bastante, embora o olhar atento seja o mesmo.

Vivemos o segundo ciclo da governança. Durante a implantação do processo, tivemos um crescimento satisfatório, com algumas crises econômicas, dando total suporte e acompanhando de perto as dificuldades enfrentadas pelos nossos cooperados em alguns períodos, ora por condições climáticas, ora por situação de mercado.

Nós buscamos as melhores *soluções* técnicas para orientar os nossos cooperados, com pesquisas e testagens nas nossas Fazendas Experimentais, desenvolvimento de processos e tudo mais. Eles têm total suporte na parte produtiva, *comercial e econômica; com a Coamo, na* área *de assistência técnica, fixação de produtos, farmácia veterinária, loja de máquinas e peças, e tudo que ele necessita, e com a Credicoamo, no aspecto financeiro, tem custeio, investimento, capital de giro e aplicações financeiras.*

Ao cooperado fica a responsabilidade de plantar e controlar toda a sua produção, para depois escolher o momento certo de vender pela Coamo e receber pela Credicoamo, que oferece recursos de aplicação financeira e financiamento. As nossas cooperativas são altamente modernizadas.

No ano de 2024, o cooperado enfrentou uma crise e houve quem se descapitalizou, pois teve quebra de safra e de preço. *Acionamos o seguro para apoiar quem aderiu a este importante instrumento de proteção e fizemos prorrogação na Coamo quando necessário. Foi uma situação nacional e que já se arrasta há um tempo.*

Retomando o tema da governança, acredito que o modelo adotado deve ser utilizado pelo cooperativismo no Brasil. Executivos contratados atuando no dia a dia, pensando no todo, no comando de uma organização que fatura dezenas de bilhões por ano, e os Conselhos, de Administração e Fiscal, formados por associados. O produtor agrícola é empresário, ele planta, colhe, vende e administra o dinheiro, mas do seu próprio negócio.

Temos o Conselho de Administração e o Conselho Fiscal, compostos por cooperados; os comitês educativos nos entrepostos... além do nosso corpo diretivo de executivos que não pode ser composto por cooperados. Cada uma dessas áreas procura preparar seus sucessores, o que nos deixa bastante tranquilos em relação à continuidade das cooperativas.

Nossos executivos têm 30, 40, 50 anos de casa. São altamente qualificados, experientes, corretos e vivem intensamente o cooperativismo. E precisa mesmo ser assim: movimentamos por safra em torno de 10 milhões de toneladas de grãos, além dos outros negócios das duas cooperativas. Temos comercialização de commodities, tanto no mercado interno quanto externo, produtos industrializados, insumos, fornecemos alimentos de trigo, soja, milho, café, além de ração animal, para todos os estados do país.

Agregar valor aos grãos com a industrialização foi um grande acerto.

Depois da governança, em 2020, nós, do Conselho de Administração, fomos reeleitos para o segundo mandato de quatro anos, e mantivemos todo o nosso quadro executivo.

Outro dia me perguntaram: "Aroldo, onde você vê a Coamo daqui a dez anos"?

Respondi que a nossa tendência e o nosso DNA é o do crescimento sempre, com maior volume de movimentação de grãos e produtos industrializados, e também de capital na nossa cooperativa financeira.

No agronegócio, há uma falsa verdade, a de que exportar é sempre lucrativo. Isso não é verdade. Em determinados momentos, exportar é altamente vantajoso, mas em outros, como aconteceu no segundo semestre de 2024, vender os grãos no exterior dava um prejuízo de 3,3% a 7%, enquanto colocar a produção no mercado interno gerava um ganho de 1,6% a 5%. Por sua vez, os produtos industrializados deram bons resultados.

Este é apenas um dos cenários. Dessa forma, é preciso sempre pesar qual o melhor caminho a seguir e tomar a decisão acertada.

Por isso, a trajetória da Coamo projeta expandir e melhorar constantemente a indústria, evoluir no trato da terra, na produção de grãos, e no atendimento cada vez mais aprofundado no quadro social. Também ampliar os mercados de comercialização, agindo na América do Sul e na Europa, que faz exigências em relação ao desmatamento. A lei brasileira determina que toda propriedade agrícola do sul do país tenha uma reserva de 20% de mata, de reserva legal, além da mata ciliar.

Visualizamos ainda para o futuro um importante avanço no cooperativismo, com aumento de volume e produtividade por área no cultivo de trigo, soja e milho. Ou seja, produzir mais no menor espaço.

A industrialização também segue o caminho do aumento de volume de produtos. Temos farelo, margarina, gordura vegetal, óleo *refinado, farinha para pão e bolo, café* de *vários tipos, ração animal... e vamos estudar novas linhas.*

Estamos a caminho de um grande projeto econômico já *pronto e aprovado em assembleia, o da usina de etanol de milho. Adquirimos alguns equipamentos e devemos começar a produzir no segundo semestre de 2026. Os investimentos estão na ordem de US$ 1,6 bilhão.*

A usina está localizada em Campo Mourão e, além do etanol, produziremos em torno de 30 mil megawatts de energia, abastecendo as 13 fábricas situadas no parque industrial. Seremos autossuficientes com essa geração de energia.

Outra pergunta que me fazem: "Aroldo, quando você participou da criação da Coamo, em 1969, imaginava um dia atingir o estágio atual"?

Estamos sempre posicionados como a maior empresa do Paraná nos destacados rankings de revistas especializadas que avaliam as organizações, e entre as 47 significativas companhias em atividade no Brasil.

Quando ajudei a criar a Coamo, o objetivo era orientar a produção dos agricultores. Mas nos tornamos uma referência mundial, somos uma organização moderna, administrada com competência, seriedade e honestidade.

Destaque também para o porto Itapoá, em Santa Catarina. Temos uma área *de 450 metros de frente para o mar, faremos quatro píeres, para operar com grãs, farelo, líquidos, adubos e gás. Abrimos assim outra frente portuária, além de Paranaguá.*

Por isso, falo em meu nome e nos dos mais de 32 mil cooperados: estamos felizes com o rumo das nossas cooperativas, Coamo e Credicoamo. Toda o nosso trabalho está voltado para a rentabilidade do quadro social, com aperfeiçoamento e qualificação.

Apresentamos uma estrutura invejável e de grande responsabilidade, com crescimento constante, por meio de evolução e modernização.

*Destaco aqui mais alguns pontos que foram decisivos no estágio alcançado pelas nossas cooperativas: o investimento nas pessoas, na capacitação e qualifica-*ção delas, o *aperfeiçoamento do modelo administrativo, a industrialização e a credibilidade do quadro social na sua cooperativa.*

Isso tudo faz o cooperado acreditar na sua cooperativa. Nós jamais diferenciamos o produtor pelo porte, todos são tratados do mesmo modo, com respeito e atenção. São milhares de cooperados, sendo mais de 32 mil na Coamo e mais de 32.000 mil na Credicoamo.

São mais de 54 anos de atuação no cooperativismo sem se deixar abater pelas crises, crescendo ano a ano.

Se eu pudesse olhar para trás, diria: "Valeu a pena"!

E olhando para o futuro, afirmo: "Vai valer ainda muito mais"!

MENSAGEM FINAL

GOSTO DE RELEMBRAR QUE quando estudei no primário e no ginásio, diariamente, antes do início das aulas, os alunos e os professores se reuniam para cantar os Hinos Nacional e à Bandeira. Era a prática do exercício do civismo. Mais do que uma atitude nacionalista, aquilo ajudava na formação das crianças e dos jovens, e no respeito e amor à pátria.

Sou também de um tempo em que os jovens chamavam os mais velhos de senhor e não de você. Mas, infelizmente, assim como muitos hábitos e outros valores, estes se perderam com o tempo...

Novos tempos... novos e modernos tempos... E com eles, perdas e ganhos! Os ganhos, certamente, são nos resultados e nas formas para atingi-los, tecnologicamente muito mais precisos e inovadores, criando pessoas mais bem preparadas.

Há também as perdas... e, certamente, todas elas são pessoais e sociais, tornando as pessoas mais egocêntricas, menos participativas e interessadas no próximo.

Como você leu no início da minha história, a partir do momento em que eu optei por não querer trabalhar com meu pai na fábrica de móveis, decidi estudar e fazer agronomia. Coloquei na cabeça que para construir algo na vida eu precisaria estudar. Eu conhecia algumas pessoas que tinham estudado e alcançado sucesso. Claro, depois eu percebi que o estudo ajuda conceitualmente as pessoas, mas o que determina onde podem chegar é a perseverança, a garra, a criatividade, a obstinação e o desejo de vencer de cada uma delas.

Enfrentei muitas dificuldades na juventude. Não que seja uma regra, mas passar por dificuldades nos deixa mais preparados. Nunca tive nada fácil, como se diz de "mão beijada". Mas dificuldades a gente enfrenta, vence e aprende com elas. Tanto que tudo que vivi naquele período me serviu de base para a construção da Coamo e da missão, visão e valores da cooperativa. Nós temos uma disciplina grande na empresa e todos a seguem. Para cobrar, tem que dar exemplo!

Como eu fiz opção de vida para a agricultura e o cooperativismo, tenho compromisso com os cooperados. Provei que o cooperativismo era bom; comprometi os mais de 32.000 cooperados e não posso virar as costas a eles. A Coamo passa pelo segundo ciclo de sucessão e, em respeito aos cooperados, vou estar presente em todo o processo.

Acredito que o livro mostrou a você, caro/a leitor/a, a essência do cooperativismo e as bases para que uma cooperativa possa ter sucesso.

Se você leitor/a é do mundo cooperativista, entenderá com mais facilidade. Mas se não for, conheceu uma história que pode deixar alguns exemplos para serem aplicados na sua vida pessoal e para colaborar na sua profissão e carreira.

Pensar de forma coletiva fortalece. Quanto mais pessoas envolvidas com um mesmo ideal, mais fácil fica de alcança-lo. Juntos e unidos somos maiores e melhores!

Por isso, oriento você a seguir por um caminho que percorri, o de participar ativamente de entidades do setor em que atua, como organizações e associações. Participo da Ocepar, OCB, e de outras entidades. Em cada uma delas conheço pessoas interessantes, aprendo, troco experiências e cresço no convício social e profissional.

Ajudei a fundar com alguns companheiros o Rotary de Campo Mourão; também defendo a importância de atuar em trabalhos comunitários e que se fortalecem com a participação de um grupo de pessoas. É extremamente gratificante saber que, de uma forma ou de outra, você ajuda a minimizar a dor, a dificuldade, a levar conforto e sorriso ao rosto de uma pessoa. Aliás, quando cheguei em Campo Mourão, em 1968, a cidade tinha 20.000 habitantes; hoje conta com mais de 103.000 habitantes...

Participar dessas associações nos permite constatar que sozinho você não faz nada e não chega a lugar algum!

A Coamo conta mais de 13.000 funcionarios, entre efetivos e temporários. Trabalhar em uma empresa desse porte exige o desejo de crescer profissionalmente dentro da organização. Para alcançar esse objetivo, é fundamental investir no próprio aperfeiçoamento. Realize cursos, participe de MBAs, frequente eventos, assista a palestras... Certamente, a direção da empresa estará atenta a esse esforço e se sentirá confiante em promover você para um cargo de liderança.

Seja também versátil e comunicativo. Conheça a empresa e suas diferentes áreas. Este é o perfil de alguém preparado para ser diretor geral.

Há profissional que trabalha durante toda a vida num mesmo setor ou função e se fecha na empresa. Naquilo, ninguém é melhor do que ele. Mas, na hora de uma promoção, o funcionário não inspira confiança de que se dará tão bem em outra área.

Como presidente da Coamo, posso dizer que valorizamos os que estão a par de tudo que acontece na empresa, que giraram pelas áreas, que demonstram interesse em se desenvolver. Isso tudo acrescido de formação, estudo e curiosidade. Na Coamo, esse é o perfil que buscamos para os cargos de liderança.

Para os jovens que ainda ambicionam entrar no mercado de trabalho, digo que nada cai do céu! Tudo exige muita entrega, dedicação. Sei que muitos deles estão desmotivados com o Brasil. Tenho lido que um grande percentual de jovens quer ir embora do país. O desanimo é grande.

Mas tem outro percentual que vai perceber que nem tudo está errado. Aliás, reverter esta situação do Brasil depende justamente dos jovens e de todos nós!

Se procurarmos levar uma vida correta e contribuirmos para que o país saia do atoleiro, as coisas começam a caminhar para o lado certo. Tem gente querendo provar que o errado é o certo. Buscamos um país com disciplina e sem privilégios. Este é o Brasil que queremos!

Independentemente do tipo de governo ou do governante que está no poder, o cooperativismo produz e paga 100% dos impostos. Uma situação que favorece a qualquer governo.

Cooperativa não pode sonegar! Como sonegar algo que tem que prestar conta? Nós não pagamos imposto de renda com as operações com associados. Mas no final do ano a Coamo dá uma declaração de tudo que o cooperado operou conosco e essas informações vão parar na ficha dele com a Receita, que cobrará o imposto na própria declaração do nosso associado. Além disso, há um valor a ser pago por aplicações financeiras, operações com terceiros.

Para se ter ideia, a Coamo paga mais de R$ 850 milhões de impostos e a Credicoamo, mais de R$ 75 milhões. Pagar impostos não é mérito, mas nossa obrigação!

Uma grande necessidade do Brasil é o investimento em educação. O resultado às vezes vem em longo prazo, mas a Coréia do Sul é um belo exemplo de que vale a pena seguir por esse caminho. Há quase 40 anos eles investiram na criançada, no nosso ensino básico, e com isso criaram jovens e adultos bem-preparados, que se formaram em universidades e seguiram suas vidas e carreiras. Inclusive, a Coréia do Sul é um dos países que mais tem estudantes nas universidades norte americanas.

Os outros dois setores que precisam de investimentos são os da segurança e saúde. Se o brasileiro não tiver condições de pagar plano de saúde, ele vai para o SUS, o Serviço Único de Saúde do governo. E aí, quebra o sistema!

Quero ainda aqui registrar meu amor e agradecimento à minha esposa e grande companheira de cinquenta anos, Marli Pereira Gallassini. No passado, eu dizia a ela: "Marli, precisamos apertar o cinto, para comprar terras". A Marli não hesitava e respondia: "Pode deixar. Vamos economizar onde pudermos".

Casamento é isso! Amor, comprometimento, parceria, complementação!

Tivemos uma vida muito confortável, mas sem extravagâncias. A Marli entendeu a minha entrega ao trabalho e assumiu a casa e a criação das nossas filhas. Sou muito ligado à família. A Marli e as minhas filhas Lenara Letícia e Larissa Lorena são minha sustentação e minha base!

Certa vez eu conversava com a Marli sobre o passado. E lembrei que eu cheguei a estudar jornalismo, mas me formei como agrônomo.

Pois ela carinhosamente me disse:

— Aroldo, em qualquer carreira que você seguisse na vida, teria sucesso. Em qualquer lugar que você exercesse a profissão de engenheiro agrônomo, teria sucesso. Digo isso pelo nível de profissional determinado, dedicado e comprometido que você é! O seu maior êxito é saber ouvir, entender e se condoer pelas pessoas que o procuram!

Sei que muitos me avaliam como um homem de sucesso. Tem gente que diz que é sorte, que tive favorecimento, mas na verdade isso nunca existiu na minha vida. Tudo que conquistei foi à custa de muito trabalho. Não há como prosperar sem ter uma linha de vida e conduta a seguir. E na sua vida não será diferente!

Estou com 83 anos e me sinto muito disposto. Talvez seja porque ainda viverei até os 126 anos... Bom seria se Deus me permitisse chegar lá com saúde e disposição!

As pessoas me perguntam o que farei quando me aposentar da Coamo. Confesso que não penso nisso. Espero poder ajudar a Coamo enquanto tiver forças para isso. Para alguns digo: "Quando sair da Coamo eu vou cuidar das minhas fazendas. Subir no trator e arar a terra."

Já com a minha esposa eu brinco: "Assim que eu me aposentar comprarei um hotel." A Marli é fissurada por limpeza, nossa casa é um brinco, e ela responde também em tom descontraído: "Pois se você fizer isso eu peço o divórcio...".

Bem, mas quero agradecer a você por ter lido a minha biografia. Espero que ela possa de alguma forma colaborar na sua vida e carreira.

Posso garantir a você que um fator determinante para que possamos vencer na vida é estar cercado de pessoas capazes, com poder realizador e do bem.

Cheguei até aqui graças ao empenho que tive dos meus diretores, dos colaboradores, da confiança dos cooperados, da parceria com fornecedores, do apoio dos amigos e da presença da família! Agradeço a todos eles por estarem comigo nessa estrada da vida!

Monte e trabalhe com equipes talentosas e que exijam muito de você! Assim todos crescem, você e seu grupo de trabalho!

Em tudo que fazemos e vivemos as pessoas participam. Por isso, escolha estar ao lado de quem irá "conspirar" favoravelmente para que os seus sonhos se realizem.

Seja também comedido com os gastos. Conversei com grandes empreendedores que contaram a "receita" do sucesso: "Gastar menos do que ganha". Isso é o que eu aplico na minha vida e na Coamo, e que chamo de capitalizar!

Elimine paternalismo e privilégios da sua vida. Siga a regra! Assim, nada foge do programado. É desta forma que agimos na Coamo. O pequeno, o médio e o grande agricultor rezam na mesma cartilha, são tratados da mesma forma, possuem os mesmos direitos e deveres!

Temos que ter espírito realizador! Quando fui homenageado pela Bolsa de Chicago, sendo personagem de uma campanha mundial de propaganda, eu disse uma frase que expressa muito daquilo que vivemos no Brasil: 'Eu colho a oportunidade a partir dos riscos', ou *I harvest opportunity from risk*, como se diz em inglês.

Tudo que fazemos na vida envolve riscos. Toda novidade traz consigo riscos. Quando decidimos exportar na década de 1980, que era uma grande oportunidade, havia riscos.

A própria participação da Coamo na Bolsa de Chicago traz muitas oportunidades, mas está repleta de riscos! Industrializar traz riscos!

Certamente, a respeitabilidade que temos na Bolsa de Chicago foi conquistada pela confiança, pela nossa capacidade de enfrentar e vencer os riscos.

Por isso, quando enfrentamos riscos e vencemos, aprendemos com a situação e triunfamos. E quando enfrentamos riscos e perdemos, aprendemos com a situação e não voltaremos a cometer o mesmo erro.

Desta forma, afirmo que não mudaria nada de tudo o que vivi na minha trajetória. Mudar seria deixar de aprender, de reciclar as ideias... seria deixar de empreender!

Nas minhas palavras finais quero registrar a importância da espiritualidade. Sou católico e entrego minha vida a Deus. A religião fortalece, traz garra, esperança.

Digo a você também para que trabalhe sempre com dedicação e amor ao que faz. E que se está infeliz na carreira e profissão, que tenha forças e coragem para mudar. Escute a voz que vem de dentro do seu coração!

Tudo é questão do tipo de atitude que tomamos na vida! Haja sempre em busca daquilo que você almeja.

Sempre é tempo de começar um novo trajeto e de ser feliz!

Desejo a você muito sucesso e que Deus Ilumine e projeta o seu caminho!

José Aroldo Gallassini

José Aroldo Gallassini prestigia todas as edições da Copa Coamo.

Gallassini e membros da diretoria no nono entreposto de Campo Mourão.

Alegria de Gallassini ao pilotar o Jeep e relembrar dos tempos da Acarpa.

Representada por membros da diretoria, a Coamo sempre conquista prêmios e se posiciona entre as melhores empresas do Brasil.

As Assembleias Gerais Ordinárias contam com as presenças maciças dos cooperados e dos integrantes da diretoria.

Em 2024, conselheiros, diretores e colaboradores comemoraram os 54 anos de história da Coamo.

A diretoria e a equipe de comunicação festejam os 50 anos da Revista Coamo.

José Aroldo Gallassini em sua fazenda, onde trabalha com agricultura e pecuária.

Inauguração da indústria de rações.

A usina de etanol de milho é mais uma das importantes frentes industriais da Coamo.

O Memorial, inaugurado em 2024, conta a trajetória de sua maior referência, José Aroldo Gallassini, e da Coamo, principal Cooperativa Agrícola da América Latina.

COAMO

Memorial Coamo
coamo

Como grande anfitrião do Memorial, uma imagem virtual de Gallassini deseja boas-vindas na entrada e agradece aos visitantes na saída.

PREMIAÇÕES

A TRAJETÓRIA DE MAIS DE 55 ANOS de dedicação à agronomia e ao cooperativismo renderam ao presidente e idealizador da Coamo, José Aroldo Gallassini, uma vasta lista de premiações concedidas pelos segmentos e entidades que envolvem o cooperativismo, a agronomia e o empreendedorismo.

Entre as tantas homenagens recebidas, algumas delas são:

— Mérito Agronômico, pela Associação dos Engenheiros Agrônomos de Campo Mourão (1997), e Associação dos Engenheiros Agrônomos do Estado do Paraná (1998);

- Troféu "Guerreiro do Paraná", em Curitiba, pelo Movimento Pró-Paraná (2002);
- Título "O homem do ano de Comércio Exterior do Paraná em 2002", pela FIEP, CEXPAR e Jornal Indústria e Comércio (2003);
- Medalha do Mérito Industrial do Estado do Paraná, pela FIEP (2004);
- Medalha do Mérito do Sistema CONFEA/CREA, pelo Conselho Federal de Engenharia, Arquitetura e Agronomia/Conselho Regional de Engenharia, Arquitetura e Agronomia (2008);
- Título de "Mourãoense de Maior Expressão de todos os tempos", outorgado pelo Jornal Tribuna do Interior, de Campo Mourão (2009), através de representantes de diversos ramos da comunidade, por votação espontânea;
- Premiação "Personalidade Extensionista da Emater – Categoria Empresarial – Indústria, Comércio e Serviços (2010), em reconhecimento a contribuição para a extensão rural e desenvolvimento do Paraná;
- Título de Reconhecimento, homenagem do Rotary Clube Distrito 4630,

nas Conferências Distritais realizadas nos municípios de Cianorte (2010) e Goioerê (2015); e pelo Rotary Clube Distrito 4640 em Guarapuava (2015), pelos relevantes serviços prestados à comunidade;

- Título de Agrônomo Emérito pela Confederação dos Engenheiros Agrônomos do Brasil e a Associação dos Engenheiros Agrônomos do Maranhão, por ocasião do XXVII CBA, Congresso Brasileiro de Agronomia, e IV CONPIA, Congresso Pan-Americano de Engenheiros Agrônomos em São Luís, no Maranhão (2011), em reconhecimento por serviços relevantes prestados à Agronomia Brasileira;
- Título Destaque "A Lavoura 2011/12", outorgado pela Sociedade Nacional de Agricultura, a SNA (2012), no Rio de Janeiro;
- Comenda do Legislativo Catarinense na Assembleia Legislativa de Santa Catarina, em Florianópolis (2012);
- Comenda Ordem Estadual do Pinheiro, Condecoração "Grande Oficial", pelo Governo do Estado do Paraná, em Curitiba (2012).
- Comenda "Vida e Liberdade", pela Academia Mourãoense de Letras (2014);
- Comenda "Mérito Profissional", pela Câmara Municipal de Brusque, Santa Catarina, na sua terra natal (2014);
- Medalha "Amigo do Esportes", pelo Ministério dos Esportes;
- "Herói da Revolução Verde Brasileira", outorgado em Brasília pela FAO, Organização das Nações Unidas para Alimentação e Agricultura, nas comemorações dos 70 anos da entidade, durante o Fórum da Inovação, Agricultura e Alimentos, por sua atuação em prol do desenvolvimento da agricultura brasileira (2015);
- "Personalidade do Ano no Estado do Paraná 2015", concedido pela Associação dos Dirigentes de Vendas do Brasil – Seção do Paraná;
- "Comenda Acicam", outorgada pela Associação Comercial e Industrial de Campo Mourão (2015);
- Homenagem da Organização das Cooperativas Brasileiras (OCB) e Organização das Cooperativas do Estado do Paraná (Ocepar), pelos 50 anos da chegada de José Aroldo Gallassini a Campo Mourão, no evento Fórum dos Presidentes das Cooperativas do Paraná, realizado na sede da Coamo, em Campo Mourão, com a presença do ministro da Agricultura, Blairo Maggi, e demais autoridades.

TÍTULOS DE CIDADÃO HONORÁRIO

AO LONGO DA CARREIRA de presidente da Coamo, José Aroldo Gallassini recebeu mais de 50 títulos de Cidadão Honorário, como reconhecimento da força e da qualidade do trabalho que desenvolve à frente da cooperativa, além da transformação social e econômica que promove nos municípios.

Segue a relação completa dos títulos e dos municípios que concederem a honraria a José Aroldo Gallassini:

- 1990, pelo Município de Campo Mourão (PR);
- 1996, por Farol, (PR);
- 2003, por Mamborê, Coronel Domingos Soares, Coronel Vivida e Juranda (PR);
- 2004, por Luiziana (PR);
- 2005, por Mangueirinha (PR);
- 2007, por Cantagalo (PR);
- 2008, por Moreira Sales, Roncador, Boa Ventura de São Roque, Pitanga e Peabiru (PR); e por São Domingos (SC);
- 2009, por Fênix, Manoel Ribas, Candói, Pinhão e Araruna (PR);
- 2010, por Janiópolis, Ivaiporã, Boa Esperança, Corumbataí do Sul e Barbosa Ferraz (PR);
- 2011, por São João do Ivaí e Toledo (PR);
- 2012, por Reserva, Ariranha do Ivaí, Arapuã e Iretama(PR);
- 2013, por Palmas, Jardim Alegre e Brasilândia do Sul (PR);
- 2014, por Goioerê, Cândido de Abreu, Laguna Carapã (MS), Quinta do Sol, Engenheiro Beltrão e Nova Santa Rosa (PR);

- Em 2015, por Aral Moreira e Amambai (MS); Rancho Alegre do Oeste, Santa Maria do Oeste, São Pedro do Iguaçu, Cruzmaltina, Guarapuava (PR);
- 2016, por Nova Tebas (PR) e Caarapó (MS).
- 2017, por Marilândia do Sul (PR);
- 2018, por Maracaju e Sidrolândia (MS).

NÚMEROS DA COAMO

CONSOLIDADA COMO A PRINCIPAL cooperativa agrícola da América Latina, em 31 de dezembro de 2024 a Coamo fechou o ano com bons resultados, apesar da queda de safra e quebra de preços.

A Coamo mantinha 120 unidades de recebimento nos estados em que atua: Paraná, Mato Grosso do Sul e Santa Catarina.

A Credicoamo, cooperativa financeira, encerrou 2024 com mais de 32.000 associados e ativos totais administrados na ordem de R$ 5 bilhões.

A Credicoamo Corretora de Seguros, outra empresa do Grupo, emitiu mais de 30.000 apólices de seguros com aproximadamente R$ 250 milhões em prêmios, atendendo seu quadro social, funcionários e a comunidade em geral, nas mais diversas modalidades no segmento de seguros.

Ao todo, o Grupo Coamo e Credicoamo empregava mais de 13.000 colaboradores, sendo em torno de 10.000 efetivos e o restante temporários, distribuídos pelos mais variados setores de atuação. Mas a expressividade do Grupo Coamo gera a criação de milhares de outros empregos indiretos.

A frota da Coamo mantinha 1.052 caminhões próprios para operações de volumes de transportes (cargas in natura, insumos agrícolas e produtos industrializados).

Além disso, contava com 650 caminhões chamados de frota dedicada, composta por caminhões de 23 transportadoras parceiras que trabalharam exclusivamente para a Coamo durante o ano todo.

Para conseguir cumprir com o volume total de transporte, a Coamo contratava ainda, em média, mais 500 caminhões autônomos por dia no mercado "spot", que são fretes pagos à vista e com entrega imediata do produto ou serviço. Em determinados momentos, como no auge do escoamento das safras, a Coamo chega a movimentar mais de 3.000 caminhões por dia. Já a frota de veículos leves supera 1.020 unidades.

Quanto aos caminhões, movimentaram entre cargas in natura, insumos agrícolas e produtos industrializados, entre outros, em torno de 14 milhões de toneladas por ano.

A frota própria percorreu na temporada quase 50.000.000 milhões de quilômetros, o que representa dar 1.230 voltas ao mundo.

Para o presidente do Conselho de Administração da Coamo, José Aroldo Gallassini:

"Os números de 2024 são expressivos. Os resultados foram satisfatórios e alcançados pela somatória de uma sequência favorável de fatores, aliada ao excelente desempenho dos nossos cooperados, colaboradores e parceiros. Como presidente do Conselho da Coamo registro minha alegria não só pelos números alcançados, mas pelos benefícios que os mesmos podem trazer para nossa cadeia produtiva e os nossos cooperados".

PRINCÍPIOS

OS SETE PRINCÍPIOS DO cooperativismo que regem a filosofia do trabalho da Coamo:

1º – Adesão voluntária e livre;
2º – Gestão democrática;
3º – Participação econômica dos membros;
4º – Autonomia e independência;
5º – Educação, formação e informação;
6º – Intercooperação;
7º – Interesse pela comunidade.

RELAÇÃO DE ENTREVISTADOS

Abbas Ali Ayoub
Ademar Batista de Melo
Agenor Gallassini
Ágide Meneguette
Airton Galinari
Albino Gavlak
Albino Nespolo
Alcides Brunetta
Alcir José Goldoni
Altamiro Gallassini (Miro)
Alvaro Machado da Luz
Aníbal Bartz
Anselmo Coutinho Machado
Antonio Alvaro Massareto
Antonio Carlos Nasi
Antonio Granado Martinez
Arnaldo Lourenço de Souza
Antonio Sabino Guadagnin
Antonio Sérgio Gabriel
Aquiles de Oliveira Dias
Arno Gallassini
Attilio Fernando Facchini
Augusto Tezelli Neto
Auri Salvador
Carlos Augusto Albuquerque
Carlos Rodolfo Vasconcelos Kruger
Celso Luiz Paggi
Cezar Augusto Massaretto Bronzel
Clarisse Gallassini Costa
Claudio Francisco Bianchi Rizzatto
Darci Piana
Dilmar Antonio Peri
Dirce Luiza Gallassini
Divaldo Corrêa
Edenilson Carlos de Oliveira
Edson Battilani
Egon Portz
Egor Webster
Eloi Ricardo Cobbe Bonkoski
Eugenio Bohatch
Eugenio Stefanelo
Ezequiel Eluir Slompo
Fabiano Dissenha Ribas
Francisco Graziano Neto (Xico Graziano)
Franz Kaiser
Geraldo Laurani
Germano Ottmann
Getúlio Ferrari Júnior (Getulinho)
Gilberto José Muraro
Giovana Brunetta
Guntolf Van Kaick
Hans Henning Günther
Helio Kiugi Kumakura
Ilivaldo Duarte
Irene Gallassini
Isolde Inês Zimmer

Jaime Newton Mafezzolli
João Alves
João Douglas Fabrício
João Marco Nicaretta
João Paulo Koslovski
Joaquim Peres Montans
Joel Makohin
Jorge Luiz Scarpin Carrozza
José Aparecido Bernardo (Cido)
José Carlos Bertipalha
José Carlos Laurani
José Luiz Conrado
José Luiz Tejon Megido
José Luiz Sassi
José Roberto Ricken
Juacir João Wischneski
Jurandir Coronado Aguilar (Pároco da Catedral São José)
Juscelino Fernandes da Costa
Larissa Lorena Gallassini
Lenara Letícia Gallassini
Lindolfo Klabunde
Lisete Gallassini de Oliveira
Luciano Hang
Luis Antonio Corrêa Lucchesi
Manoel do Nascimento (Maneco)
Marcelo Sumiya
Marcos Francisco Kunitz
Maria Adelina da Cunha (irmã Adelina)
Maria da Conceição Montans Baer
Marli Pereira Gallassini
Marilene Pereira
Marlene Gallassini Boden Muller
Martin Kaiser
Mauro Zanin
Moacir José Ferri
Moacir Lisot
Miriam Izabel Pereira
Nei Cesconetto
Nelson Natalino Paludo
Nelson Teodoro de Oliveira (Nelsinho)
Nery José Thomé
Neville Pavan
Nevio Hanel
Norberto Anacleto Ortigara
Orlando Pessuti
Osni de Freitas Menezes
Paulo Cesar Gomes
Pedro Werle
Ricardo Accioly Calderari
Ricardo Rossi
Roberto Rodrigues
Rogério Trannin de Mello
Roselene Pereira Sassi
Rosemary Boden Muller
Rubens Niederheitmann
Rui Antonio Cruz
Ruth Maria Deitos
Samuel Milleo Filho
Sérgio Higino Kunitz
Silvio Tedéo
Tarcisio Albertini
Tarcísio Hübner
Tauillo Tezelli
Teodoro Lecheta Paitach
Vagner Hristov
Velci Luiz Trombini
Werner Tschoeke
Wilson Pereira de Godoy
Wilson Thiensen

ALGUMAS DAS OBRAS DE ELIAS AWAD

- *Viver e deixar viver* – Biografia de Samuel Klein, fundador da Casas Bahia (8ª edição);
- *A Arte de Inspirar Pessoas e Encantar Clientes* – Biografia de Mário Gazin, fundador da Gazin Holding (2ª. edição);
- Emilio Kallas – Biografia do fundador do Grupo Kallas;
- *José Aroldo Gallassini, uma visão compartilhada* – Biografia do presidente da Coamo, principal cooperativa agrícola da América Latina (2ª edição);
- *14 motivos para viver, vencer e ser feliz* – Trajetória de Oscar Schmidt, maior ídolo do basquete brasileiro (2ª Edição);
- *Cultura Organizacional – Livro sobre Cultura Organizacional das empresas e o Case do Grupo Gazin;*
- *Negócios & Música* – Biografia de Celso Ricardo de Moraes, presidente do Conselho do Grupo CRM (Kopenhagen, Lindt Brasil e Chocolates Brasil Cacau);
- *Sucessão: Decisiva e Necessária* – Case de sucessão de empresa familiar do Grupo Gazin;
- *Ensina-me a Ensinar / Ensina-me a Aprender* – Box com dois livros sobre a trajetória de Affonso Brandão Hennel, fundador da SEMP Toshiba e da TCL SEMP– livro traduzido para o idioma chinês;
- *Sucesso em Palavras* – 16 biografias de alguns dos principais empreendedores do Brasil, como Chieko Aoki, Viviane Senna, Sônia Hess, Alberto Saraiva, Washington Olivetto, João Carlos Martins, entre outros;

- *Mr. Fisk* – Biografia de Richard Hugh Fisk (Fundação Richard Hugh Fisk) – livro traduzido para o idioma inglês;
- *Nunca é tarde para realizar* – Biografia de Vicencio Paludo, fundador da Vipal Holding – livro traduzido para os idiomas inglês e espanhol;
- *Julio Simões* – Biografia do fundador da JSL Logística/SIMPAR – livro traduzido para o idioma inglês;
- *Armindo Dias* – Biografia do fundador do Grupo Arcel e da rede de hotéis Royal Palm Plaza;
- *João Uchôa* – Biografia do fundador da Universidade Estácio de Sá;
- *Sorte, Peito e Jeito* – Biografia de Sidney Tunda, fundador do Grupo Uniar, principal empresa de vendas de ar-condicionado da América Latina – Poloar e STR;
- *Fazer o que ama, amar o que faz* – Livro de textos e reflexões de Elias Awad:
- *Nas asas de um sonho* – Biografia de Roberto Vascon;
- *A indústria do sucesso* – Biografia de Domingos Rigoni, fundador da Movelar.

*Livros lançados pela Novo Século Editora

CONTATOS

eliasawad@eliasawad.com.br
palestras@eliasawad.com.br

SITE

www.eliasawad.com.br

PROGRAMA BIOGRAFIAS

www.youtube.com/eliasawad

"Focar nos princípios e agir com ética são as chaves para um sucesso que resista ao tempo."

@novoseculoeditora

Edição: 3ª
Fonte: Adobe Kis e Mundial

Compartilhando propósitos e conectando pessoas
Visite nosso site e fique por dentro dos nossos lançamentos:
www.gruponovoseculo.com.br